职业院校机械机电类、新能源装备制造类系列教材
湖南理工职业技术学院教材出版基金资助项目(项目编号 2020JC001)
湖南省职业教育教学改革研究项目(项目编号 ZJGB2020424)

机械制造基础

主　编　王建春　颜爱平　唐　波

副主编　冯玉洁　郭佳文　郝彦琴

邓先奇　赵菲菲

西安电子科技大学出版社

内 容 简 介

本书是机械制造类专业的基础用书。全书共 5 章。第 1 章主要介绍机械工程材料性能与机械制造中常用的材料；第 2 章主要介绍铸造、锻压、焊接 3 种常见的毛坯制造方法及原理；第 3 章为本书的重点，主要包括金属切削加工概述和 9 种常用的加工方法，并对数控机床进行了简单的介绍；第 4 章主要介绍机械零件制造工艺，并对基本的加工工艺过程进行了介绍；第 5 章结合当前先进制造技术的案例介绍了 8 类主流的先进加工方法。

本书详略得当、图文并茂，兼顾了职业院校的特点，既可作为高职院校机械制造技术专业的教材，也可供机械制造行业技术人员和机械加工爱好者参考。

图书在版编目(CIP)数据

机械制造基础 / 王建春，颜爱平，唐波主编. —西安：西安电子科技大学出版社，2021.12
ISBN 978-7-5606-6216-9

Ⅰ.①机… Ⅱ.①王… ②颜… ③唐… Ⅲ.①机械制作 Ⅳ.① TH

中国版本图书馆 CIP 数据核字(2021)第 201413 号

策划编辑 杨丕勇
责任编辑 孟晓梅 杨丕勇
出版发行 西安电子科技大学出版社(西安市太白南路 2 号)
电　　话 (029)88202421 88201467　　邮　　编 710071
网　　址 www.xduph.com　　电子邮箱 xdupfxb001@163.com
经　　销 新华书店
印刷单位 陕西天意印务有限责任公司
版　　次 2021 年 12 月第 1 版　2021 年 12 月第 1 次印刷
开　　本 787 毫米×1092 毫米 1/16 印张 15
字　　数 353 千字
印　　数 1～3000 册
定　　价 38.00 元
ISBN 978-7-5606-6216-9 / TH

XDUP 6518001-1

*****如有印装问题可调换*****

前　言

机械行业是制造业的基础性行业，近几年，无论是在工程机械、汽车制造、机械电子、航空航天，还是在新能源装备制造领域，中国制造技术都在发生革命性的变化，中国正由制造大国向“智造强国”转变。“机械制造基础”作为机械、机电、新能源装备制造类各专业的一门必修课程，其重要性不言而喻。但是，目前高职高专院校在开设与新能源装备制造领域相关的专业课程时，一般选择机械类的机械制造基础教材，这类教材理论性较强、实践性较弱、针对性较差，不适合理论基础较弱的职业院校学生，给教学过程带来很大的困扰；除此之外，近期出台的国家职业教育改革实施方案提出了“三教改革”的基本要求，明确指出应推广形式多样的新型活页式、工作手册式、智慧功能式教材，以及校企联合编制的能融入新工艺、新技术、新材料等的新型教材。鉴于此，我们编写了本书。

本书与传统机械制造基础教材不同之处就在于其针对性强，专门针对高职高专学生的学习特点，重实践轻理论、将理论知识融于案例中，重在培养和提高学生的实践动手能力。在编写过程中，作者深入企业进行了广泛调研，书中所有案例均来自一线制造企业，内容由浅入深，层次鲜明。希望本书能成为一本优秀的高职高专机械制造类基础教材。

本书由湖南理工职业技术学院的王建春、颜爱平及益阳职业技术学院的唐波任主编，并负责编写第 1 章至第 4 章；湖南理工职业技术学院的冯玉洁、郭佳文，怀化职业技术学院的郝彦琴，长沙南方职业学院的邓先奇，娄底技师学院的赵菲菲任副主编，其中，郝彦琴、邓先奇、赵菲菲负责编写第 4 章，冯玉洁、郭佳文负责编写第 5 章；全书由王建春修稿、统稿。本书在编写过程中得到了湖南江滨机器集团、广东明阳智能源集团股份公司提供的部分图片与素材支持，在此表示感谢。同时，本书得到了湖南理工职业技术学院教材出版基金的支持，西安电子科技大学出版社和行业内的许多专家也提出了许多宝贵意见，深表谢意。

由于编写者水平有限，书中难免有疏忽和不当之处，敬请广大读者批评指正！

编　者
2021 年 9 月

目　　录

第 1 章　机械工程材料

1.1　金属材料的性能

1.1.1　机械工程材料

机械工程材料是指用于制造各类机械零件、构件的材料，包括在机械制造过程中使用的各类工艺材料。机械工程材料是社会发展的物质基础，材料技术的进步往往代表着一个国家制造业进步的水平。随着我国机械工程材料的快速发展，机械工程材料广泛应用于各个领域，其产业链涉及广，已经成为新时期国民经济的重要基础和支柱性产业之一。机械工程材料种类繁多，分类的方式也大相径庭，在制造行业最普通的分类方法中以属性区分最为常见。按属性分类，机械工程材料可分为非金属材料和金属材料两大类，而其中金属材料的应用最为广泛。

1.1.2　金属材料

金属材料是指具有良好的导电性和导热性等物理属性，同时具有一定的强度和塑性，并具有光泽的材料，如铁、铜、铝、金、银、锌、镁等。

按功能和化学成分进行分类，金属材料可分为纯金属、合金和特种金属材料等。按外观颜色和组成元素来分类，金属材料可分为钢铁材料(或黑色金属)和非铁金属(或有色金属)两大类。

金属材料的加工方法主要包括热加工(如铸造、锻压、焊接、热处理等)和冷加工(如冲压加工、车削加工、铣削加工、钻削加工、刨削加工等)两大类。

1.1.3　金属材料的性能

在机械制造过程中，如何选择金属材料是关键一环，而选择金属材料时首先须了解材料的基本性能。金属材料的性能可以分为力学性能、物理性能、化学性能和工艺性能等。力学性能是指金属材料在外力作用下所显示的与弹性和非弹性反应相关或涉及应力应变关系的性能，主要包括强度、硬度、塑性、韧性、疲劳强度等。强度与塑性测试是金属材料力学性能常见的测试项目，均通过拉伸试验进行。其中，强度是指金属材料在力的作用下，抵抗永久变形和断裂的能力；塑性是指金属材料在断裂前发生不可逆永久变形的能力。拉伸试验是用静拉伸力对试样进行轴向拉伸，测量拉伸力和相应的伸长值，来测试其力学性能的试验方法。拉伸试验是机械加工过程中经常用到的检测方法。拉伸试验机结构如图1-1所示。

相对于传统的拉伸试验机，目前新型的拉伸试验机(见图1-2)具有试验力数字显示、试验速度连续可调、试样拉断自动停机、峰值保持等功能，同时还具备自动标定功能，即系统可自动实现示值准确度的标定；在整个试验过程中，可实时显示试验力、峰值、试验状态；可自动求取位移对应的试验力值；根据试验力的大小可切换适当的量程，以确保测量数据的准确性；试验参数输入完毕，可自动完成试验过程；试样断裂后，通过受力感应判断，移动横梁自动停止移动；具有机械和程控两级限位保护功能。新型拉伸试验机可对弯曲模量、弯曲强度、断裂伸长率、拉伸强度、拉断力等许多指标进行测试。

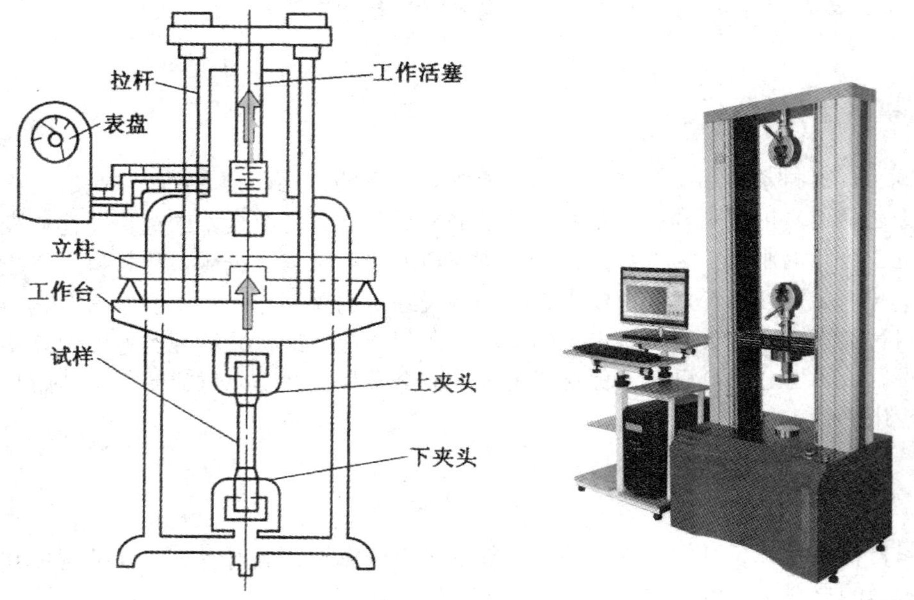

图1-1　拉伸试验机结构　　　　图1-2　新型拉伸试验机

拉伸试样尺寸应遵照国家标准(GB/T 228—2002)，常用的拉伸试样(有的科技书刊也称试棒)如图1-3所示。

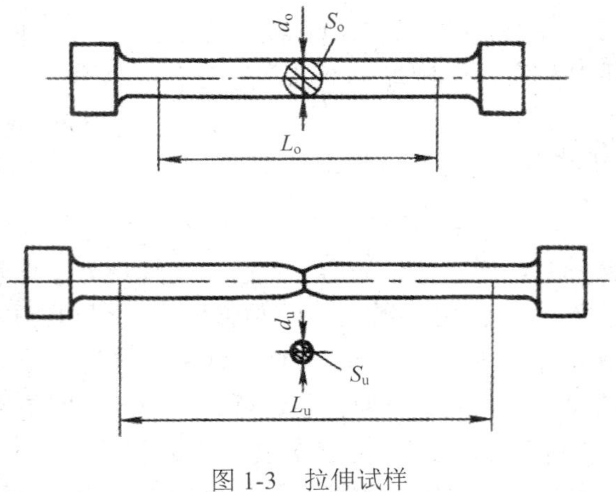

图1-3　拉伸试样

说明：图 1-3 中 S_o 为试样拉伸前截面积，S_u 为试样拉断后截面积，L_o、L_u 分别为试样拉伸前、后的长度，d_o、d_u 分别为试样拉伸前后断裂处截面的直径，按照国家标准，试样分长、短两种，其中短试样要求 $L_o \geqslant 5d_o$；长试样要求 $L_o \geqslant 10d_o$。

为了方便装夹试样，拉伸试验机夹头如图 1-4 所示，可以自由装夹、自由拆卸。

图 1-4　拉伸试验机夹头

1. 金属材料的力学性能

1) 强度

强度是指金属材料在外力的作用下，抵抗永久变形和断裂的能力。

按外力作用的性质不同，强度指标又可以分为抗拉强度、屈服强度、抗压强度、抗弯强度等。工程中常用的是屈服强度和抗拉强度，这两个强度指标可通过拉伸试验测出。应力是强度大小的通用表示，单位为兆帕(MPa)。

(1) 屈服强度。屈服强度包括上屈服强度和下屈服强度。

上屈服强度的计算公式为

$$R_{eH} = \frac{F_{eH}}{S_o} \tag{1-1}$$

式中，R_{eH}——上屈服强度，即试样发生屈服而使载荷首次下降前的最高应力(MPa)；

F_{eH}——上屈服载荷，即试样发生屈服而使载荷首次下降前的最高载荷(N)；

S_o——试样原始横截面积(mm^2)。

下屈服强度的计算公式为

$$R_{eL} = \frac{F_{eL}}{S_o} \tag{1-2}$$

式中，R_{eL}——下屈服强度，是指在屈服期间的恒定应力或不计初始瞬时效应时的最低应力(MPa)，下屈服强度与 2005 版旧标准中的屈服点含义基本一致；

F_{eL}——下屈服载荷，是指在屈服期间的恒定载荷或不计初始瞬时效应时的最低载荷(N)；

S_o——试样原始横截面积(单位为 mm^2)。

(2) 抗拉强度。试样或试棒在拉断前所能承受的最大应力称为抗拉强度，其计算公式为

$$R_{\mathrm{m}} = \frac{F_{\mathrm{m}}}{S_{\mathrm{o}}} \tag{1-3}$$

式中，R_{m}——抗拉强度(MPa)；

F_{m}——试样拉断前承受的最大载荷(N)；

S_{o}——试样原始横截面积(mm^2)。

在机械设计中，设计师一般非常重视材料的抗拉强度，抗拉强度 R_{m} 是机械零件设计和选材的重要依据。

2) 塑性

塑性是指金属材料在载荷作用下产生塑性变形而不被破坏的能力。金属材料的变形分为弹性变形和塑性变形两种，弹性变形是材料在外力作用下产生变形，当外力去除后变形完全消失的现象。高分子材料容易产生弹性变形。塑性变形是材料在外力作用下产生变形，当外力去除后不可自行恢复的现象。金属材料、塑料等容易出现塑性变形。评价材料塑性的指标主要有两个，即伸长率与断面收缩率，两者值越大，表示材料塑性越好。

试样被拉断后，标距的伸长量与原始标距的百分比称为伸长率，用符号 δ 表示。其计算公式为

$$\delta = \frac{L_{\mathrm{u}} - L_{\mathrm{o}}}{L_{\mathrm{o}}} \times 100\% \tag{1-4}$$

式中，L_{o}——试样的原始长度(mm)；

L_{u}——试样拉断后的长度(mm)。

试样被拉断后，断口处横截面积的减小量与试样原始横截面积之比的百分数称为断面收缩率，用符号 ψ 表示。其计算公式为

$$\psi = \frac{S_{\mathrm{o}} - S_{\mathrm{u}}}{S_{\mathrm{o}}} \times 100\% \tag{1-5}$$

式中，S_{o}——试样原始横截面积(mm^2)；

S_{u}——试样拉断后断口的横截面积(mm^2)。

塑性好的金属材料不仅能顺利进行锻打、锻压、卷制、轧制等成形加工，加工性能较好，而且在金属零件使用过程中偶尔遇到超载时，可产生塑性变形，避免金属零件发生突然断裂。一般来说，金属材料的化学成分越单纯，其塑性越好；相反，化学成分越复杂，其塑性越低。例如，纯金属的塑性最好，而合金的塑性则会相对降低。

3) 硬度

金属材料抵抗硬物体压入其表面的能力称为硬度。根据试验方法和适用范围不同，常见硬度有洛氏硬度、维氏硬度、布氏硬度、肖氏硬度、显微硬度和高温硬度等。对于管材，一般使用布氏、洛氏、维氏 3 种硬度。

(1) 布氏硬度的测试原理：用一定大小的试验力 F(N)(力的单位通常为公斤力(kgf)，1 kgf = 9.8 N)把直径为 D(mm)的淬火钢球或硬质合金球压入被测金属的表面，如图 1-5(a)所示，保持规定时间后再卸除试验力，用读数显微镜测出压痕平均直径 d(mm)，然后按公式求出布氏硬度 HB 值，或者根据压痕直径 d，从已备好的布氏硬度表中查出 HB 值。测

试原理和对比压痕直径 d 如图 1-5(b)所示。一般来说，布氏硬度值越小，材料越软，其压痕直径越大；反之，布氏硬度值越大，材料越硬，其压痕直径越小。布氏硬度测试的优点是压痕面积大，能在较大范围内反映材料的平均硬度，具有较高的测量精度，测得的硬度值也较准确，数据重复性强。

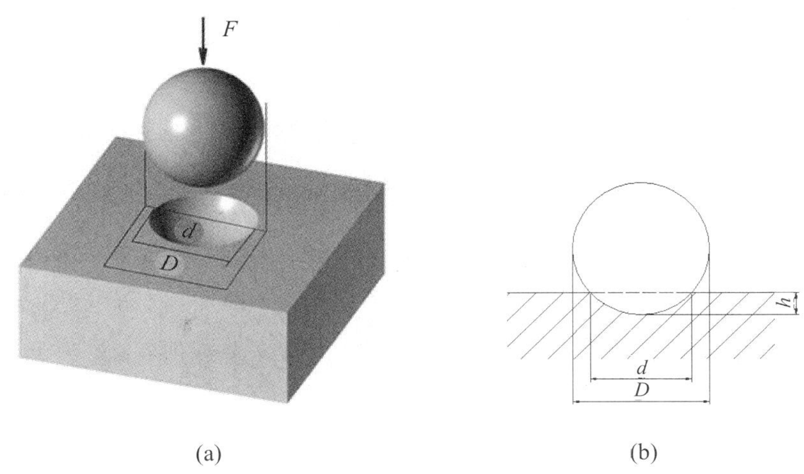

图 1-5　布氏硬度测试原理

布氏硬度测试的一般范围为 8～650 HBW。在测试过程中，当压头为钢球时，适用于测试布氏硬度值在 450 以下的材料，测得的布氏硬度用符号 HBS 表示。当压头为硬质合金球时，适用于测试布氏硬度在 650 以下的材料，测得的布氏硬度用符号 HBW 表示，其实验设备如图 1-6 所示。布氏硬度测试适用于测试非铁合金、铸铁、各种退火及调质钢材的硬度，不宜测试太硬、太小、太薄和表面不允许有较大压痕的试样或精加工的精密工件。

图 1-6　布氏硬度计

(2) 根据压头类型和主载荷不同，洛氏硬度(HR)分为 3 个标尺，分别为 A、B、C，其试验原理是：以锥角为 120° 的金刚石圆锥体或直径为 1.5875 mm 的球(淬火钢球或硬质合金球)压入试样表面，试验时先加初试验力，然后再加主试验力，压入试样表面后，去除主试验力，在保留初试验力时，根据试样残余压痕深度增量来衡量试样的硬度，硬度高的金属材料的残余压痕深度增量小。其中，HRA 用于测量高硬度材料，如硬质合金、表面淬硬层和渗碳层；HRB 用于测量低硬度材料，如有色金属和退火、正火后钢材；HRC 用于测量中等硬度材料，如调质钢、淬火钢等。例如，55HRC 表示用“C”标尺测定的洛氏硬度值是 55，其测试原理如图 1-7 所示。

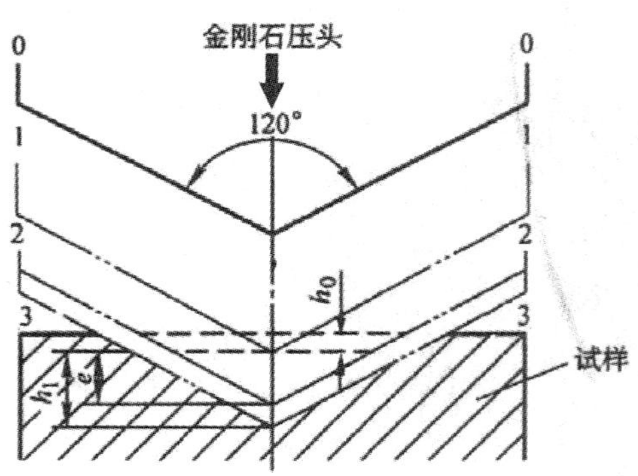

图 1-7　洛氏硬度测试原理

洛氏硬度值由压入深度 h 的大小确定，h 越大，硬度越低；反之，则硬度越高。一般来说，初试验力压入深度为 h_0，e 为主试验力持续阶段深度，h_1 是最终的测试结果。

(3) 维氏硬度的测试原理：用规定的试验力将顶部两相对面夹角为 136° 的金刚石正四棱锥体压头压入试样表面，保持规定的时间后撤除试验力，测量试样表面压痕对角线长度，如图 1-8(a)所示，目前常用的维氏硬度计如图 1-8(b)所示。

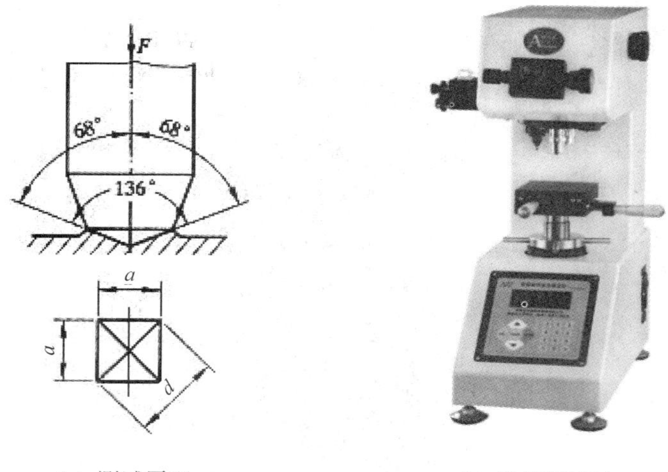

(a) 测试原理　　(b) 维氏硬度计

图 1-8　维氏硬度测试

维氏硬度测试原理与布氏硬度有类似之处，都是用规定的试验外力将一定形状压头压入试样，硬度值均为试验力除以压痕表面积之商；不同之处是，维氏硬度用的压头是金刚石正四棱锥，最后测量的也不是压痕深度，而是压痕对角线长度，维氏硬度的表示符号为 HV。

维氏硬度计算公式如下：

$$\mathrm{HV}=\frac{0.102\times 2F\sin\left(\dfrac{136}{2}\right)}{d^2}=0.1891\frac{F}{d^2} \tag{1-6}$$

式中，F——试验力(N)，如果试验力采用 kgf 为单位，则无需乘以 0.102；

d——压痕两对角线的算术平均值(mm)。

硬度是衡量金属材料软硬程度的一种性能指标，也指金属材料抵抗局部变形，特别是塑性变形、压痕或划痕的能力。硬度越高，材料的耐磨性越好。

4) 冲击韧性

冲击韧性是指金属材料抵抗冲击载荷的能力，其值以冲击韧度 α_k 表示。冲击韧性的测试一般用如下类似的设备进行(见图 1-9)。冲击韧性一般是用一次摆锤冲击试验来测定，摆锤冲断试样所作的冲击吸收功 A_k 与试样横截面积 S 的比值，即为材料的冲击韧度值，材料的冲击韧度值越大，说明其韧性越好。金属材料的抗多次冲击的能力取决于其强度和塑性两项指标，而且随着冲击能量大小的不同，金属材料的强度和塑性的表现作用不同。

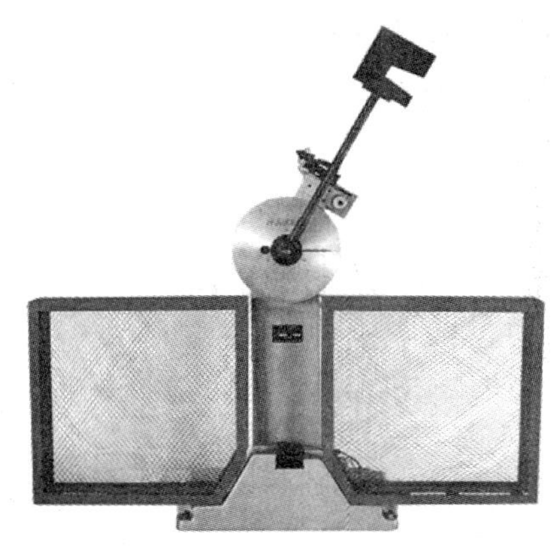

图 1-9　冲击韧性测试设备

在进行实验时，用试样缺口处的截面积 S 去除 A_k，可得到材料的冲击韧度(冲击值)指标，即 $\alpha_k = A_k/S$，其单位为 kJ/m^2 或 J/cm^2；故冲击韧度 α_k 表示材料在冲击载荷作用下抵抗变形和断裂的能力，α_k 值的大小表示材料的韧性好坏，通常把 α_k 值高的材料称为韧性材料，把 α_k 值低的材料称为脆性材料。α_k 值大小取决于材料及其状态，同时与试样的形状、尺寸有很大关系，α_k 值大小受材料的内部结构缺陷影响显著，对显微组织的变化也很敏感，如夹杂物、偏析、内部裂纹、气泡、热处理钢的回火脆性、晶粒粗化等都会使 α_k 值明显降低。同种材料的试样，缺口越深、越尖锐，缺口处应力集中程度越大，也越容易变形和断裂；冲击功越小，材料表现出来的脆性越高，因此不同类型和尺寸的试样，其 α_k 或 A_k 值不能直接比较。同时，材料的 α_k 值随温度的降低而减小。在某一温度范围内，α_k 值发生急剧降低的现象称为冷脆，此温度范围称为“韧脆转变温度(T_k)”。

断裂韧性是表征材料阻止裂纹扩展的能力，是度量材料的韧性好坏的一个定量指标，在加载速度和温度一定的条件下，对某种材料而言，它是一个常数。当裂纹尺寸一定时，材料的断裂韧性值越大，其裂纹失稳扩展所需的临界应力就越大；当给定外力时，材料的断裂韧性值越高，其裂纹达到失稳扩展时的临界尺寸就越大。

5) 疲劳强度

疲劳是指材料、零件和构件在循环应力或应变作用下，在某点或某些点产生局部的永久性损伤，并在一定循环次数后形成裂纹，或使裂纹进一步扩展直到完全断裂的现象，也就是工业中常常说到的“疲劳失效”。在损坏的机械零件中，因疲劳失效造成的损坏达 90%以上。一般金属材料的疲劳强度随着抗拉强度的提高而提高，大量实验表明，疲劳断裂首先是在零件的应力集中区域产生，并形成微小的“微裂源”；随后，在循环应力的作用下，微小裂纹不断扩展和长大，形成裂纹“扩展区”。由于微小裂纹不断扩展，零件的有效工作面积逐渐减小，因此，零件所受到的工作应力会不断增大，当工作应力超过金属材料的断裂强度时，突然发生疲劳断裂，最后形成“瞬断区”，致使零件完全丧失其使用功能，所以消除零部件疲劳的影响是机械制造过程中必须考虑的因素。

2. 金属材料的其他性能

金属材料的其他性能包括物理性能、化学性能和工艺性能。

1) 物理性能

金属材料的性能除了力学性能外，物理性能也是很重要的，其主要包含以下 6 个方面：

(1) 密度：单位体积材料的质量。

(2) 熔点：材料的熔化温度。

(3) 热膨胀性：材料在不同温度的热膨胀性通常用线胀系数表示。

(4) 磁性：材料能导磁的性能。

(5) 导电性：材料传导电流的能力。各种金属材料的导电性各不相同，通常银的导电性最好，其次是铜和金。

(6) 导热性：材料传导热的性能。通常金属材料的导热性均较好。

2) 化学性能

化学性能是指金属在常温或高温时抵抗各种化学作用的能力，在此不做详细介绍。

3) 工艺性能

工艺性能是指材料在加工制造工艺过程中适应加工的性能，主要包括铸造性、锻造性、焊接性、切削加工性、热处理工艺性等。

铸造性是指金属及合金在铸造工艺中获得优良铸件的能力；焊接性是指金属材料对焊接加工的适应能力；锻造性是指用锻压成形方法获得优良锻件的难易程度；切削加工性主要用于评价切削加工金属的难易程度；热处理工艺性是金属材料经过热处理后其组织和性能改变的能力。

1.2　机械制造中常用的材料

1.2.1　铁碳合金

铁碳合金是以铁和碳为组元的二元合金，工业上获得广泛应用的碳钢和铸铁就是铁碳合金。一般含碳少于 0.0218%的合金称为工业纯铁；含碳低于 2.11%的铁碳合金称为钢；含碳高于 2.11%的合金称为铸铁。在碳钢和铸铁中除碳元素之外，还含有硅、锰、硫、磷、氮、氢、氧等一些杂质，这些杂质是在冶炼过程中由生铁、脱氧剂和燃料等带入的。这些杂质会对钢铁性能产生较大影响。钢铁材料适用范围广的原因，首先在于其可用的成分跨度大，从近于无碳的工业纯铁到含碳 4%左右的铸铁，在此范围内合金的金相结构和微观组织都发生了很大的变化；另外，还在于可采用各种热加工工艺，尤其是金属热处理技术，比如回火、调质、淬火等大幅改变某一成分合金的性能和组织。

铁碳合金按碳的质量分数和室温平衡组织的不同，可分为工业纯铁、钢和铸铁(即生铁)3 类。铸铁是一种应用广泛的铁碳合金，在机械制造尤其是设备底座与复杂结构的零件制造过程中应用最为普遍。

常见的铸铁有灰铸铁、可锻铸铁、球墨铸铁和蠕墨铸铁 4 种。

(1) 灰铸铁。灰铸铁的化学成分为：$W_C = 2.5\% \sim 4.0\%$，$W_{Si} = 1.0\% \sim 2.5\%$，$W_{Mn} = 0.6\% \sim 1.3\%$，$W_S \leqslant 0.15\%$，$W_P \leqslant 0.30\%$。由于灰铸铁中片状石墨的存在，灰铸铁具有优良的铸造性，良好的切削加工性、减震性、减磨性和较低的缺口敏感性，其抗压强度和硬度接近碳素钢。

(2) 可锻铸铁。与灰铸铁相比，可锻铸铁中的碳和硅质量分数低一些，一般 $W_C = 2.2\% \sim 2.8\%$，$W_{Si} = 1.2\% \sim 1.8\%$。可锻铸铁的组织性能均匀，力学性能比灰铸铁高，但不能进行锻压加工。其中黑心可锻铸铁具有较高的塑性和韧性，而珠光体可锻铸铁则具有较高的强度、硬度和耐磨性。

(3) 球墨铸铁。与灰铸铁相比，球墨铸铁具有较高的强度、良好的塑性和韧性，通过各种热处理，可以明显提高其力学性能。但球墨铸铁的收缩率较大，流动性较差，对原材料及处理工艺要求较高。球墨铸铁的牌号由“QT”和其后面两组数字组成。“QT”是“球铁”两字汉语拼音首字母，两组数字分别表示其最低抗拉强度和最低伸长率。

(4) 蠕墨铸铁。蠕墨铸铁的原铁液一般为含高碳硅的共晶或过共晶化学成分。蠕墨铸铁的力学性能介于灰铸铁和球墨铸铁之间；其在铸造性、减震性和导热性等方面都比球墨铸铁好；切削加工性与球墨铸铁相似，比灰铸铁稍差。

1.2.2　非合金钢

钢是含碳量在 0.04%～2.3%之间的铁碳合金。为了保证其韧性和塑性，含碳量一般不超过 1.7%。钢的主要元素是铁、碳，同时具有少量其他元素，按化学成分不同一般分为合金钢与非合金钢。非合金钢可以从以下 4 个方面分类：

(1) 按碳的质量分数高低，非合金钢可分为高碳钢、中碳钢和低碳钢 3 类。其成分明细分别如下：

① 高碳钢：常称工具钢，含碳量为 0.60%～1.03%，含锰量为 0.30%～0.90%，含磷量不超过 0.04%，含硫量不超过 0.05%。高碳钢的强度很高，普遍用于车床、钻床、铣床等对硬度要求高的部件的切削、钻孔等。

② 中碳钢：含碳量为 0.25%～0.55%，含锰量为 0.30%～1.00%，含磷量不超过 0.04%，含硫量不超过 0.05%，有镇静钢、半镇静钢、沸腾钢等多种产品。

③ 低碳钢：含碳量为 0.06%～0.28%，含锰量为 0.25%～1%，含磷量不超过 0.04%，含硫量不超过 0.05%，常用于焊接和切削，制造链条、铆钉、螺栓、普通轴类等。

(2) 按主要质量等级和主要性能或使用特性，非合金钢可分为普通质量非合金钢、优质非合金钢和特殊质量非合金钢 3 类。

普通质量非合金钢中应用最多的是碳素结构钢。碳素结构钢牌号由屈服强度字母、屈服强度数值、质量等级符号、脱氧方法 4 部分按顺序组成。碳素结构钢的牌号、尺寸、外形、重量及允许偏差、技术要求、检验规则、试验方法、标志、包装和质量证明书要求可通过 GB/T 700—2006 标准进行查询。其质量等级分 A、B、C、D 4 级，从前至后质量等级依次提高。屈服强度用“屈”的汉语拼音字母“Q”和一组与强度有关的数字表示。脱氧方法用 Z、F、TZ 分别表示镇静钢、沸腾钢、特殊镇静钢。在牌号中“Z”可以省略。例如，Q265AF，表示 $R_{eH}\geqslant$265 MPa，质量是 A 级的沸腾碳素结构钢。

优质非合金钢的牌号用两位数字表示，两位数字表示该钢的平均碳的质量分数的万分之几。例如，45 钢表示平均碳的质量分数为 0.45%的优质碳素结构钢；08 钢表示平均碳的质量分数为 0.08%的优质碳素结构钢。

特殊质量非合金钢中的碳素工具钢的牌号以“碳”字汉语拼音首字母“T”开头，后面的数字表示平均碳的质量分数的千分数。例如，T7 表示平均碳的质量分数为 0.70%的碳素工具钢。如果是高级优质碳素工具钢，则在牌号后面加字母“A”，例如，T10A 表示平均碳的质量分数为 1.00%的高级优质碳素工具钢。

(3) 按用途，非合金钢可分为碳素结构钢和碳素工具钢。碳素结构钢主要用于制造各种机械零件和工程结构件，其碳的质量分数一般都大于 0.70%。碳素工具钢主要用于制造工具、模具、刃具、量具等。碳素工具钢中碳的质量分数都在 0.70%以上，而且此类钢都是优质钢和高级优质钢，质量较好，有害杂质元素(S、P)含量较少。碳素工具钢在生产中很常见，其牌号以“碳”的汉语拼音首字首“T”开头，其后的数字表示平均碳的质量分数的千分数。例如，T8 表示平均碳的质量分数为 0.80%的碳素工具钢，如果是高级优质碳素工具钢，则在钢的牌号后面加字母“A”，例如，T12A 表示平均碳的质量分数为 1.20%的高级优质碳素工具钢。

平常我们生活中所说的碳素钢通常是指含碳量小于 1.35%的铁碳合金，其中还含有限量以内的硅、锰和磷、硫等杂质及其他微量的残余元素。碳素钢是近代工业中使用最早、用量最大的基本材料。世界各工业发达国家，在不断努力增加低合金高强度钢和合金钢产量的同时，也非常注意改进碳素钢质量，扩大其使用范围。

(4) 按专业，非合金钢可分为锅炉用钢、桥梁用钢、矿用钢、钢轨钢等；按冶炼方法，非合金钢可分为氧气转炉钢、电弧炉钢等，但平时这种叫法很少见。

1.2.3　合金钢和低合金钢

合金钢是指钢里除铁、碳外，还加入了其他的合金元素，也就是在普通碳素钢基础上添加适量的一种或多种合金元素而构成的铁碳合金。根据添加元素的不同，及采取适当的加工工艺，可提高材料的强度、耐磨性、耐腐蚀性、韧性、耐低温性、耐高温性、无磁性等特殊性能。

钢中加入的合金元素主要包括钛(Ti)、镍(Ni)、钨(W)、硅(Si)、锰(Mn)、铬(Cr)、钼(Mo)、钒(V)、铌(Nb)、钴(Co)、铝(Al)、硼(B)及稀土元素(RE)等。

合金元素在钢中主要以两种形式存在，一种形式是与碳化合形成合金碳化物；另一种形式是溶入铁素体中形成合金铁素体。

低合金高强度结构钢的合金元素以锰为主，此外，还有硅、钒、钛、铝、铌、铬、镍、氮、稀土等元素，一般钢中合金元素的总的质量分数不超过 3.5%。常见牌号有 Q345、Q390、Q420、Q460、Q500、Q550、Q620、Q690 等，其中钒、钛、铌、锆等在钢中是强碳化物形成元素，只要有足够的碳，在适当条件下，就能形成各自的碳化物，在缺碳或高温条件下，则以原子状态进入固溶体中；铬、钨、锰、钼为碳化物形成元素，其中一部分以原子状态进入固溶体中，另一部分形成置换式合金渗碳体；铜、铝、镍、钴、硅等不形成碳化物元素，一般以原子状态存在于固溶体中。

1.2.4　合金钢的分类与牌号

合金钢种类很多，通常按合金元素含量多少分为低合金钢(合金元素含量＜5%)、中合金钢(合金元素含量为 5%～10%)和高合金钢(合金元素含量＞10%)；按质量不同，可将合金钢分为优质合金钢、特质合金钢；按特性和用途不同，可将合金钢分为合金结构钢、耐酸钢、耐磨钢、耐热钢、合金工具钢、滚动轴承钢、不锈钢、合金弹簧钢和特殊性能钢(如永磁钢、软磁钢、无磁钢)等；按用途不同，可将合金钢分为 8 大类，分别为轴承钢、弹簧钢、合金结构钢、合金工具钢、高速工具钢、耐热不起皮钢、不锈钢、电工用硅钢。在机械加工中，常用的机械结构用合金钢有合金弹簧钢(60Si2Mn、50CrVA)、高碳铬轴承钢(GCr15)、合金工具钢(9SiCr、9Mn2V、5CrW2Si)、高速钢(W18Cr4V、W9Mo3Cr4V、W18Cr4V2Co8)、铸造合金钢等。

1.2.5　非铁金属及其合金

非铁金属及其合金是指除钢铁材料以外的其他金属材料的总称，如铝、镁、铜、锌、锡、铅、镍、钛、金、银、铂、钒、钼等金属及其合金。目前应用最广的是铝及铝合金、铜及铜合金、钛及钛合金、硬质合金、粉末冶金 5 大类。其中粉末冶金是制取金属粉末，用金属粉末(或金属与非金属粉末的混合物)作原料，经混料、压制(成形)、烧结，再根据需要进行辅助加工和后续处理(如浸渍、熔浸、蒸汽处理、热处理、化学热处理和电镀等)制成材料和制品的冶金工艺。

1.2.6　非金属材料

在机械制造中，除了大量使用金属材料外，也使用少量非金属材料来替代金属材料，以达到降低重量和节约成本的目的，目前市面上多见的非金属材料主要有塑料、橡胶、胶黏剂、纤维、陶瓷和复合材料等。随着科技的进步，新型的纳米材料、高温材料、功能材料、形状记忆材料、非晶态材料等也广泛应用于制造业。

在选用材料时，我们应考虑材料的使用性能(即“质优”)、加工工艺性能(即“易加工”)以及经济性(即“实惠”)3 方面的要求。只有综合地对这 3 个方面进行考虑，才能使所选的材料发挥最佳的价值，产品制造才能真正实现物廉价美，又能满足使用性能。

第2章 毛坯成型

2.1 铸造成型

2.1.1 铸造概述

铸造是把熔化后的金属浇注到与所需零件的形状以及尺寸相似的铸型型腔中，冷却凝固获得毛坯的方法。这种通过铸造得到的毛坯称为铸件。

1. 铸造特点

铸造的优点如下：

(1) 能铸造出外形、内腔较复杂的箱体、壳体、底座、支架等零件，铸件的大小和重量几乎不受限制。

(2) 铸件加工余量较少，节省了材料及切削加工工时，成本较低。

铸造的缺点如下：

(1) 铸造过程较复杂，易产生缺陷，力学性能较低。

(2) 生产条件较差。

2. 铸造的应用

铸造在机器制造业中广泛应用，生产的铸件在各种机器中占很大的比例，例如，在机床、内燃机中，铸件所占的重量比为70%～90%，在压气机中为60%～80%，在拖拉机中为50%～70%，在各种农业机械中为40%～70%。

3. 铸造方法

铸造分为砂型铸造与特种铸造。砂型铸造分为手工造型与机器造型两类。特种铸造分为金属型铸造、离心铸造、熔模铸造、压力铸造等。其中，砂型铸造是最基本、应用最普遍的铸造方法。

2.1.2 砂型铸造

砂型铸造是指利用一定性能的原材料作为造型材料，在砂型中生产铸件的方法。砂型铸造的适应性较强，几乎不受铸件的形状尺寸、材质、质量及生产批量的限制。

1. 砂型铸造的工艺过程、砂型结构组成、模样和芯盒

1) 砂型铸造的工艺过程

砂型铸造的工艺过程包括制造模样和芯盒、制备型砂及芯砂、造型、造芯、合箱、熔化金属及浇注、铸件凝固后开型落砂、表面清理及质量检验。对于大型铸件的铸型及型芯，还需在合箱前烘干，如图 2-1 所示为砂型铸造生产过程。

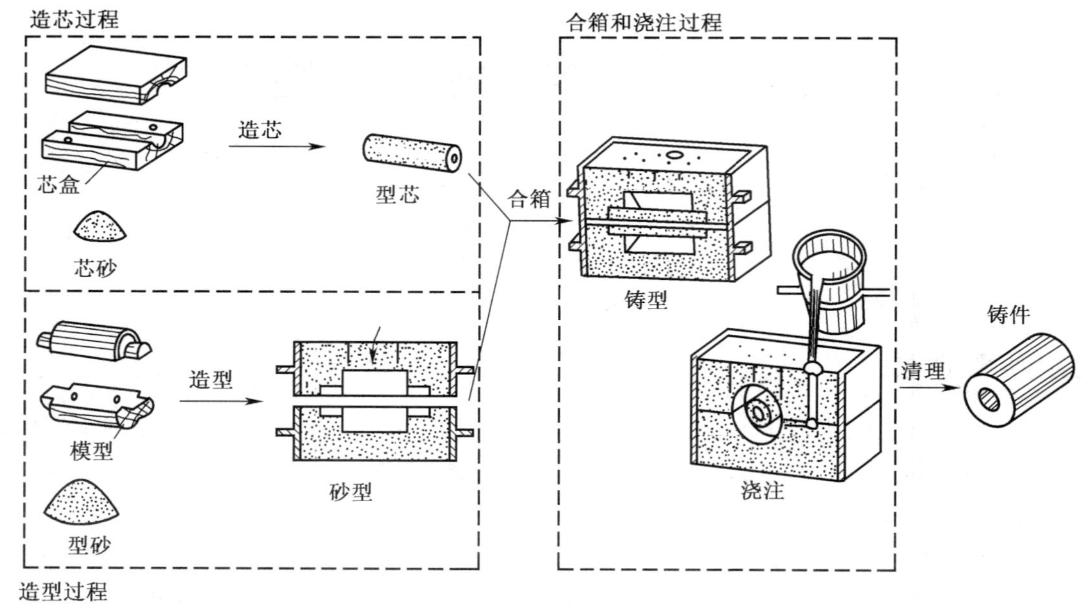

图 2-1　砂型铸造生产过程

2) 砂型的结构组成

砂型结构如图 2-2 所示，上、下两砂箱中充满紧实型砂，连同砂箱分别叫做上砂型、下砂型。取出砂型中的模样后留下的空腔称为型腔。在上、下砂型间的结合面称为分型面。有些铸件需要使用型芯，其目的主要是获得铸件的内孔，型芯外伸的部分称为芯头，用来支撑和定位砂芯。在铸型中用以放置芯头的空腔称为芯座。

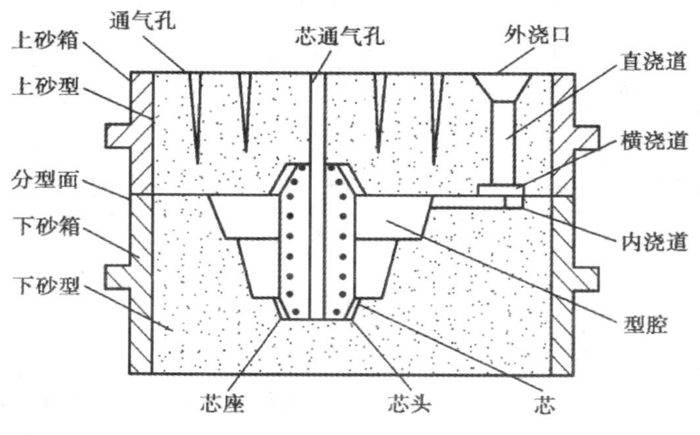

图 2-2　砂型结构

砂型结构还包括外浇口及浇道，外浇口及各浇道的布置如图 2-3 所示。从外浇口浇入的金属液经过直浇道、横浇道以及内浇道流入型腔。由通气孔排出型砂以及型腔中的气体，由芯通气孔排出被高温金属液所包围的气体。

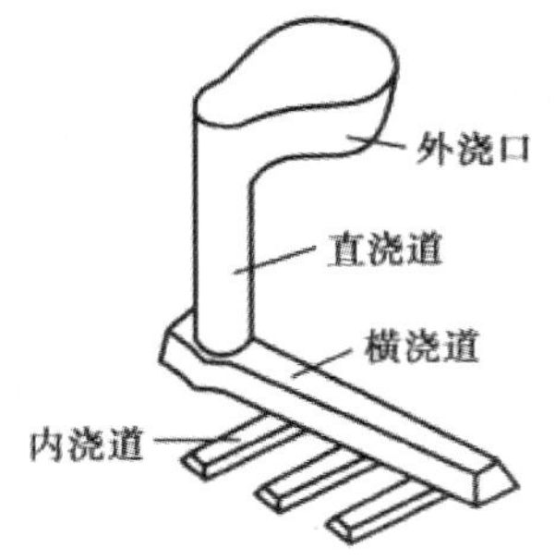

图 2-3 外浇口及各浇道的布置

3) 模样和芯盒

造芯、造型时用的模具是芯盒和模样。芯盒用来造芯，模样用来造型。芯盒用来形成铸件的内腔，模样用来形成铸件的外形。在大批量生产中，模样和芯盒常用塑料或铝合金制造，在小批量生产中常用木材制造。

在制造模样和芯盒之前，要以零件图作为依据，同时考虑铸造工艺的特点，绘制制造工艺图。在绘制时，通常主要考虑零件的加工余量、分型面、拔模斜度、芯头和芯座、铸造圆角及收缩余量等。

2. 型砂、芯砂

制造铸型用的材料称为造型材料，制造型芯用的材料称为造芯材料，它们都是由型砂、芯砂、黏结剂、水和附加物按一定比例混合制成的。

黏结剂的种类较多，主要有黏土、合脂、桐油、水玻璃等，其中黏土应用最广。型砂、芯砂用黏土作为黏结剂的称为黏土砂，其他分别称为合脂砂、水玻璃砂、油砂等。黏土砂结构如图 2-4 所示。

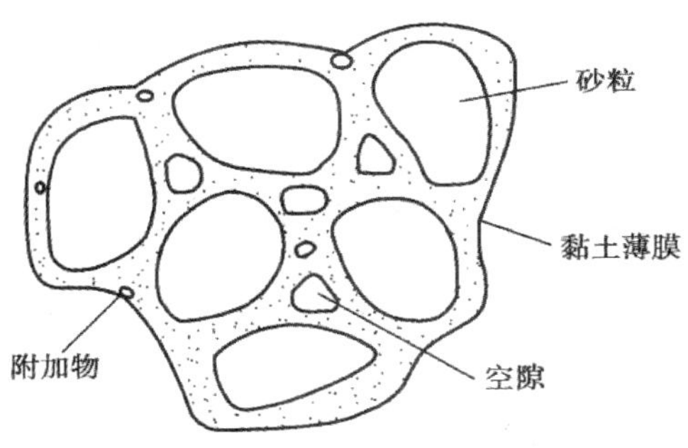

图 2-4 黏土砂结构

1) 型砂、芯砂的组成

型砂、芯砂主要由原砂、水、黏结剂及附加物等组成。

原砂的主要成分是石英(SiO_2)，铸造时要求原砂中 SiO_2 的含量为 85%～97%，以大小均匀、圆形颗粒为佳。

常用的黏结剂是黏土，能使砂粒黏结在一起。黏土分普通黏土及膨润土。普通黏土主要用在干型型砂中，而膨润土黏结性较好，普遍用在湿型型砂中。

常用的附加物有木屑、煤粉等，用来改善型砂、芯砂的性能。木屑可以改善透气性；

煤粉能使铸件的表面光洁，防止铸件黏砂。

水能使原砂和黏土混合成一体，且具有一定的透气性和强度。若水分过多，湿度过大，容易造成型砂的强度低，在造型时操作困难，易黏模；若水分过少，则型砂干而脆，使造型及拔模都很困难。因此水分的量要适当，当水与黏土的质量比为 1∶3 时，型砂的强度达到最大值。

为使铸件的表面光滑，常在铸型型腔的表面覆盖一层耐火材料，以防止铸件表面黏砂，这层材料称为扑料。对于湿型表面，通常在铸钢件表面扑撒一层石英粉，在铸铁件表面扑撒石墨粉或者滑石粉；对于干型表面，铸钢件表面常用黏土水剂和石英粉，铸铁件表面常用黏土水剂和石墨粉。

2) 型砂、芯砂应具备的主要功能

型砂、芯砂应具备流动性、透气性、溃散性、耐火性、强度、韧性等主要功能。

3) 型砂、芯砂的制备

(1) 型砂、芯砂组成物配制。

型砂、芯砂组成物必须按照一定的比例进行配制，主要是为了保证型砂、芯砂的性能要求。

型砂又有面砂与背砂之分，与液态金属接触的面层型砂的要求比对背部型砂要求高。

(2) 型砂、芯砂的制备方法。

配砂的工艺会影响到型砂、芯砂的性能。一般来说，混制得越均匀，型砂、芯砂的性能就越好。

常用混砂机来进行型砂、芯砂混制，目前常用的混砂机是碾轮式混砂机，如图 2-5 所示。

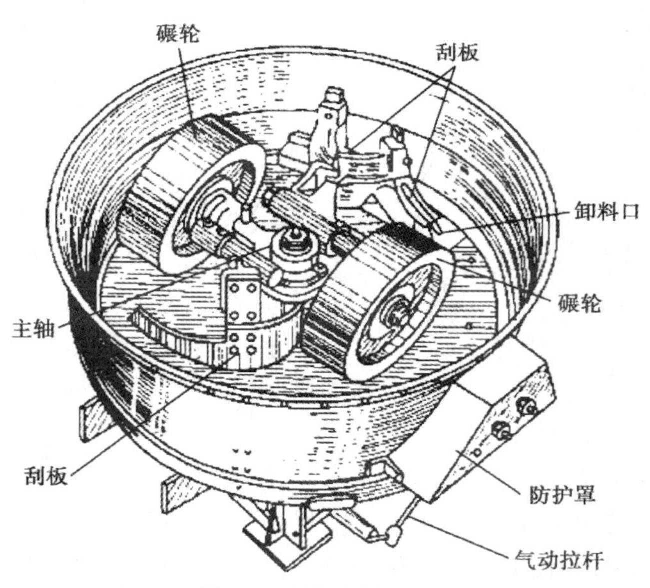

图 2-5 碾轮式混砂机

检测型砂、芯砂的性能应用性能试验仪。对于单件、小批量生产，可用如图 2-6 所示的型砂性能手捏检验法检测。当型砂的湿度适当时，可用手把型砂捏成团，手松开后型砂不松散，手上也不会黏砂，砂团抛向空中应能散开。

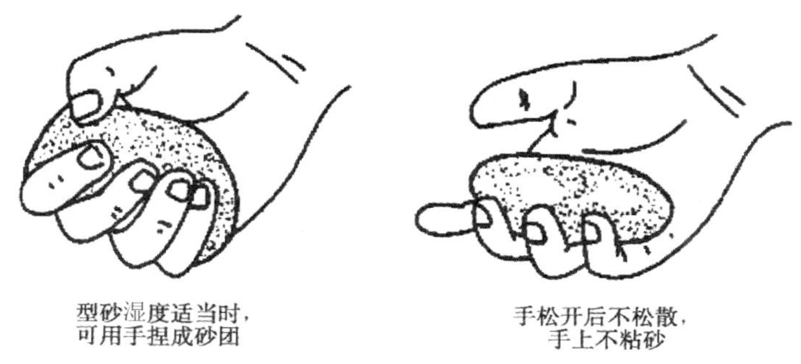

型砂湿度适当时，
可用手捏成砂团
手松开后不松散，
手上不粘砂

图 2-6 型砂性能手捏检验法

3. 砂箱及造型工具

如图 2-7 所示为砂箱及造型工具。

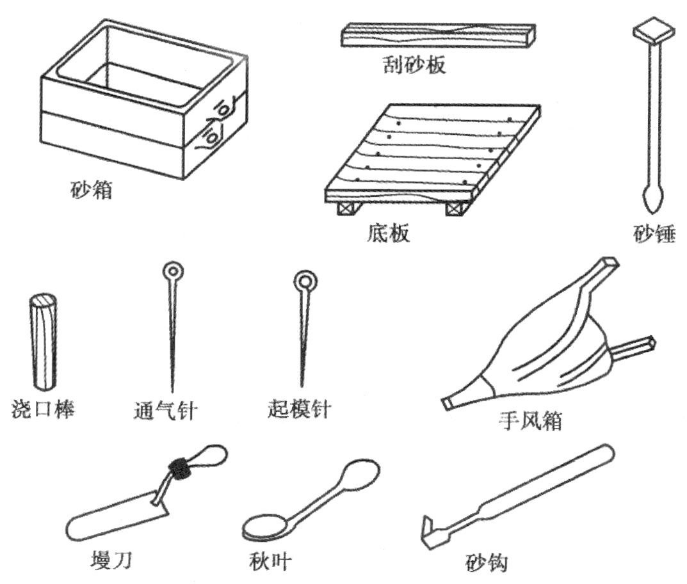

图 2-7 砂箱及造型工具

砂箱的主要作用是支撑砂型，防止砂型发生变形或者损坏，常用灰铸铁或者铝合金制造。

砂锤用于紧砂；底板用于模样的放置；墁刀用于挖沟槽及修平面；起模针用于取出模型；通气针用于穿通气孔；手风箱用于吹掉落在型腔中的散砂及模样上的分型砂；秋叶用于修凹曲面；砂钩用于勾出砂型中的散砂及修深而窄的底面或侧面。

4. 造型与造芯

铸造生产中最主要的工序是造型与造芯，其质量直接影响铸件的尺寸精度。造型分机器造型和手工造型两类。

1) 机器造型

机器造型是指利用机器来完成造型的操作过程，如填砂、紧实、拔模等。机器造型大大地提高了劳动生产率，其主要应用于大量或大批生产中，是基本的造型方法。

机器造型按照紧实的方式不同，分为震击造型、压实造型、射砂造型和抛砂造型。震击造型工作原理如图 2-8 所示，图中 h 为震击活塞移动的高度范围。

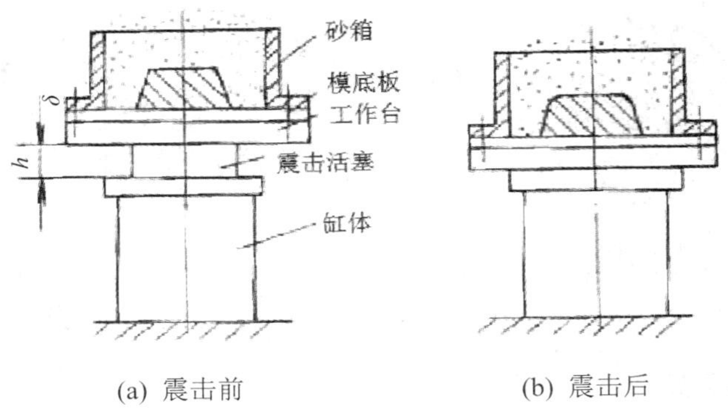

(a) 震击前　　(b) 震击后

图 2-8　震击造型工作原理

压实造型工作原理如图 2-9 所示，图中 H_0 为压实前型砂高度，H 为压实后型砂高度。

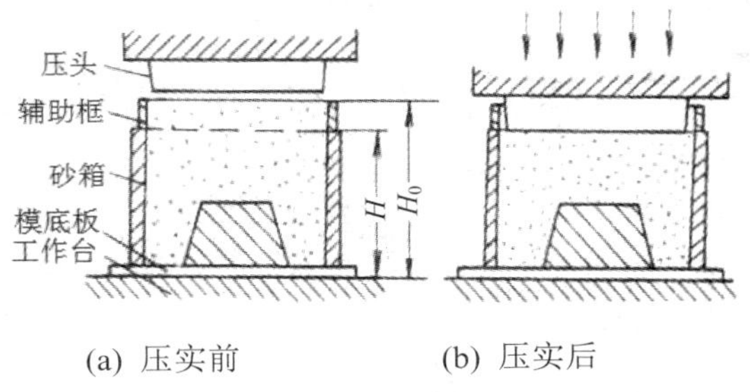

(a) 压实前　　(b) 压实后

图 2-9　压实造型工作原理

射砂造型工作原理如图 2-10 所示，它是利用储气筒 8 中的压缩空气通过进气阀 7 将型砂均匀地射入砂箱预紧实，然后再施加压力进行压实的。

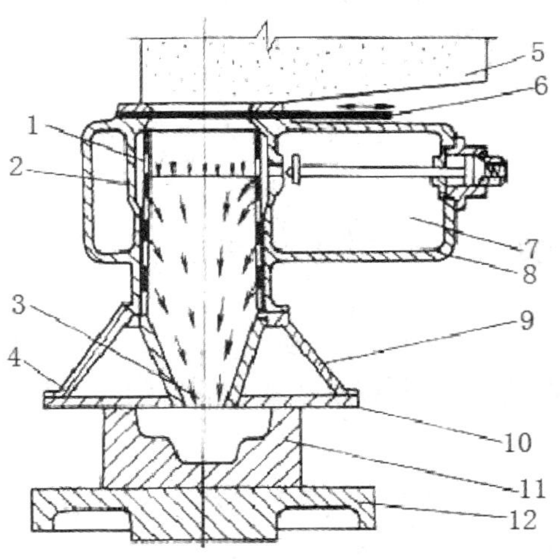

1—射砂筒；2—射膛；3—射砂孔；4—排气孔；5—砂斗；6—砂闸板；7—进气阀；

8—储气筒；9—射砂头；10—射砂板；11—芯盒；12—工作台

图 2-10　射砂造型工作原理

抛砂造型工作原理如图 2-11 所示，它是利用旋转叶片抛出砂团来紧实砂型的。

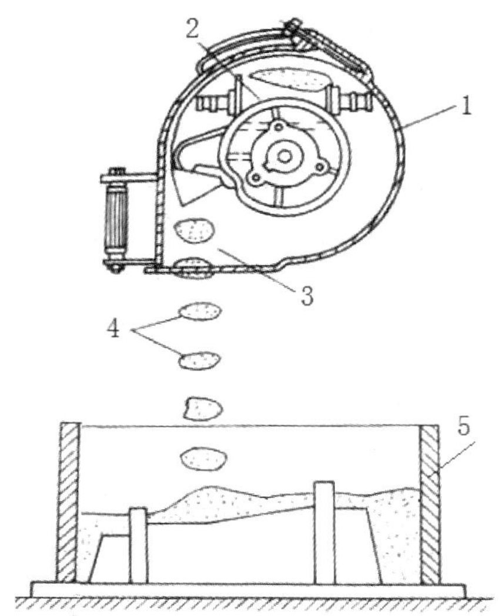

1—外壳；2—型砂入口；3—砂团出口；4—被紧实的砂团；5—砂箱

图 2-11　抛砂造型工作原理

常用的造型机为震动式造型机，其工作原理如图 2-12 所示。

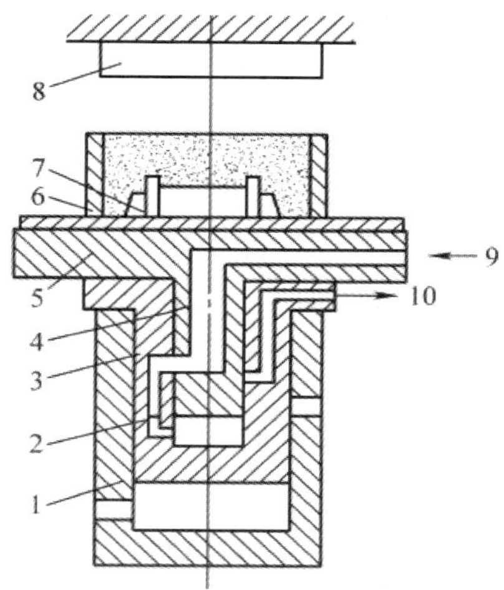

1—压实气缸；2—震实气缸；3—压实活塞；4—震实活塞；5—工作台；

6—砂箱；7—模板；8—压头；9—震实进气口；10—震实排气口

图 2-12　震动式造型机工作原理

工作台 5 上面固定模板 7，其上面放置已填满了型砂的砂箱 6，从压缩机来的压缩空气可沿着震实进气口 9 一直进入到震实活塞 4 的底部，同时举起工作台 5 及砂箱 6，当震实活塞 4 上升至震实排气口 10 处于打开的位置后，震实活塞下面的压力不断下降，工作台不断下落，产生震击。上述工作过程反复多次，一直到型砂被震紧。然后再将型砂堆高，并使之高出砂箱上平面，将压缩空气导入到压实气缸 1 的下面，同时压实活塞 3 不断上升，工作台及砂箱被一起抬起，直到顶到上面的压头 8，通过压头将型砂压实。压实后压实气缸 1 排气，其排气靠工作台和砂箱的自量下降完成，这样完成紧砂的全过程。

大多数的造型机装有拔模机构，主要有顶箱、漏模及翻转 3 种拔模机构，如图 2-13 所示。拔模动力大多为压缩空气。

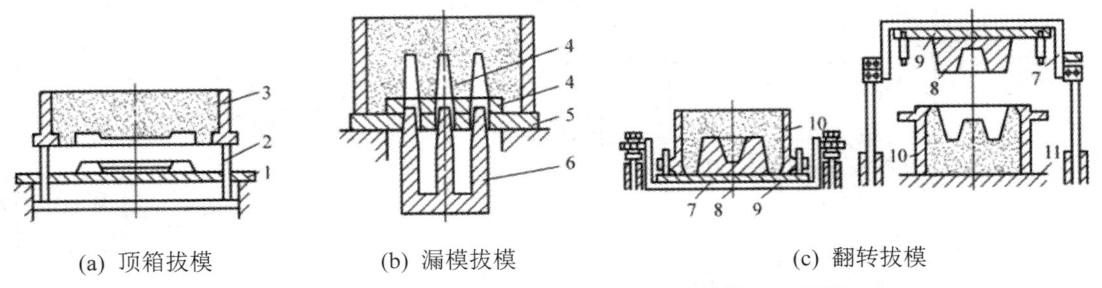

(a) 顶箱拔模　(b) 漏模拔模　(c) 翻转拔模

1—模板；2—顶杆；3、10—砂箱；4、6、8—模样；5—漏板；

7—翻转台；9—底板；10—承受台

图 2-13　拔模机构

2) 手工造型

手工造型主要用于小批量或单件生产，主要包括分模造型、整模造型、三箱造型、假箱造型、挖砂造型及刮板造型等多种方法。

(1) 整模造型。整模造型的模样是一个整体，在造型时，其模样全部放在一个砂箱(下砂箱)内，分型面为平面。其工艺过程如图 2-14 所示。

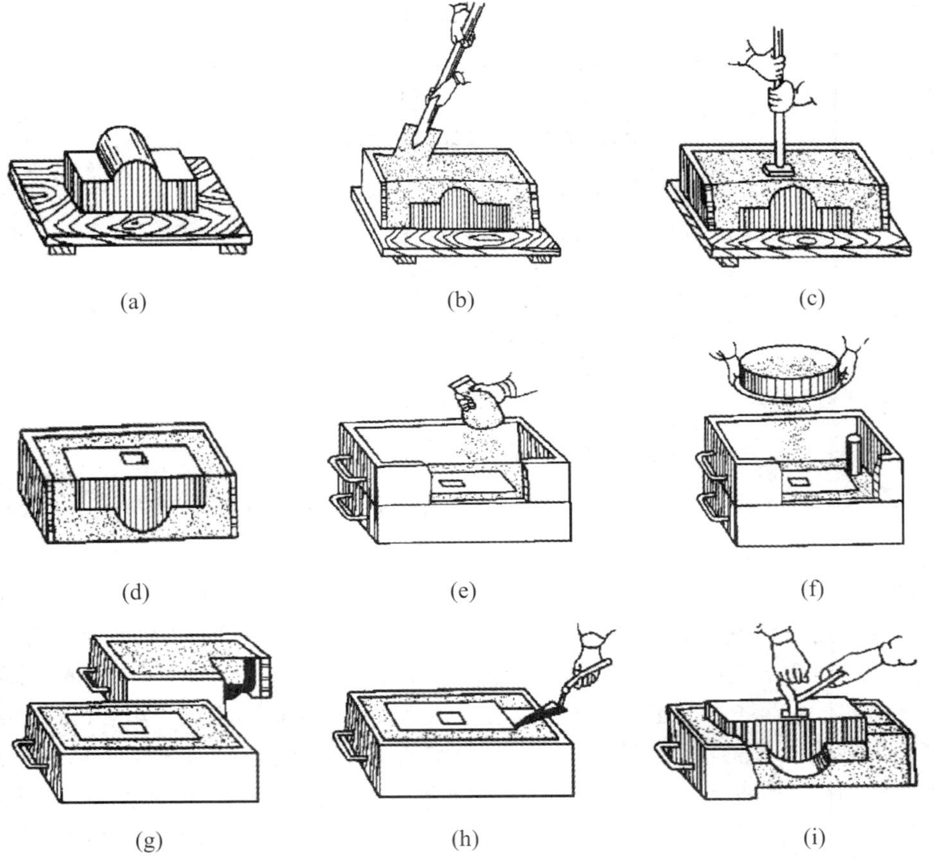

(a)　(b)　(c)　(d)　(e)　(f)　(g)　(h)　(i)

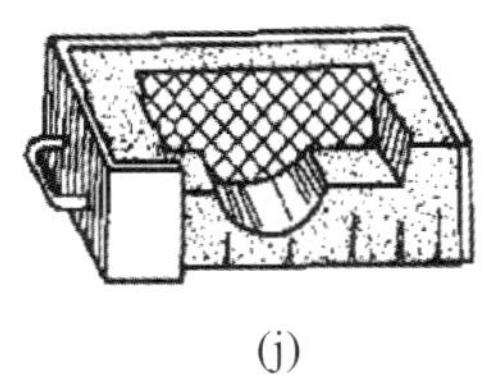
(j)

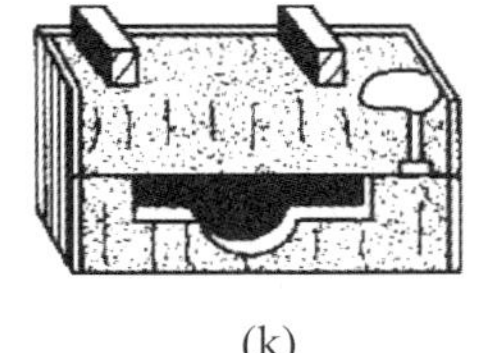
(k)

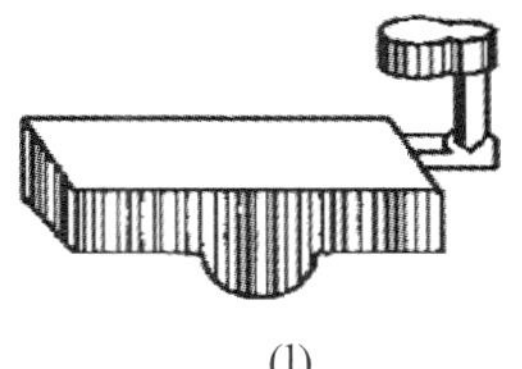
(l)

图 2-14 整模造型工艺过程

说明：

(a)—在底板上放置模样；(b)—摆好下砂箱，撒上面砂，再加填背砂；(c)—均匀捣实并刮去多余型砂；(d)—翻转下砂箱，用墁刀修光分型面；(e)—套上上砂箱，撒分型砂；(f)—放浇口棒，充砂并紧实，刮平，扎通气孔，拔浇口棒，挖外浇口，划合箱线；(g)—取下上砂箱；(h)—在下砂箱上挖出内浇道，用毛笔蘸水把模样边缘润湿；(i)—用起模针取出模样；(j)—修型，吹去多余砂粒；(k)—合箱，紧固上、下砂型或上压铁；(l)—浇注。

整模造型操作过程简单，铸件不会因上、下砂型的错位而产生错型缺陷，铸件形状、尺寸较准确。整模造型主要应用于一端为平面且为最大截面的铸件，如轴承座、压盖及齿轮环等。

(2) 分模造型。分模造型方法常应用于最大截面在中间的铸件。模样沿其最大截面处分为上、下两个半模，并且用销钉定位两个半模。造型时，以模样上分开的平面作为分型面，在上、下砂箱内分别放置模样。如图 2-15 所示为套筒铸件的分模造型过程。

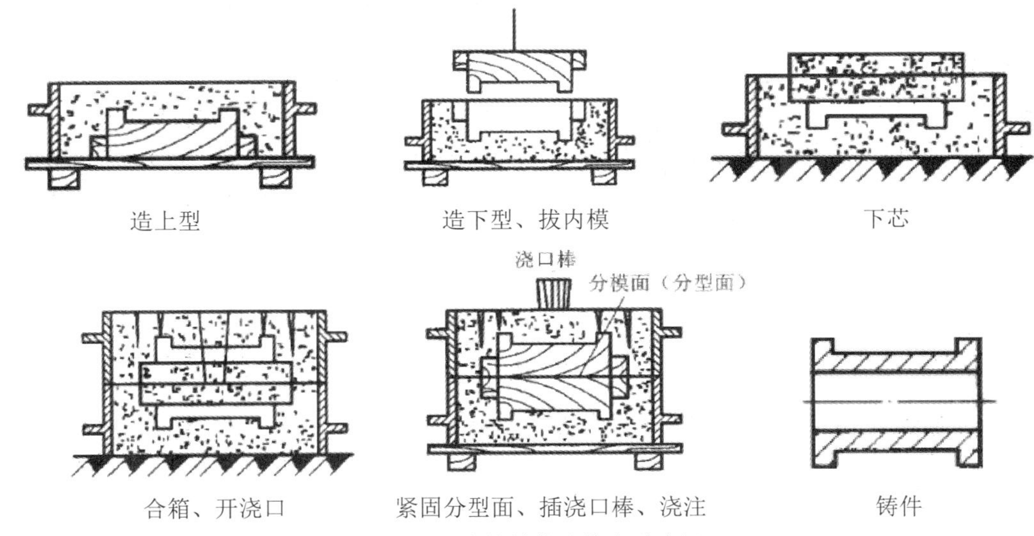

图 2-15 套筒铸件分模造型过程

使用分模造型时，型腔分别处于上砂型、下砂型中。修型和拔模比较方便，但在合箱时要注意不要使上、下砂型错位，否则会产生错型缺陷。

分模造型在模样的外形最大截面位置处设有分模面，分模面一般为平面，也可根据铸件的不同形状设计为阶梯面或曲面等。其造型方法操作较简单，主要适用于铸造复杂形状的铸件，尤其是有孔的铸件，如箱体、阀体、套筒与管子等。

(3) 三箱造型。当铸件外形为中间截面小、两端截面大时，铸件模样应该从小截面位置处分开，并分为上、中、下 3 部分。这种有 3 个砂箱、2 个分型面的造型方法称为三箱造型。三箱造型示意图如图 2-16 所示。

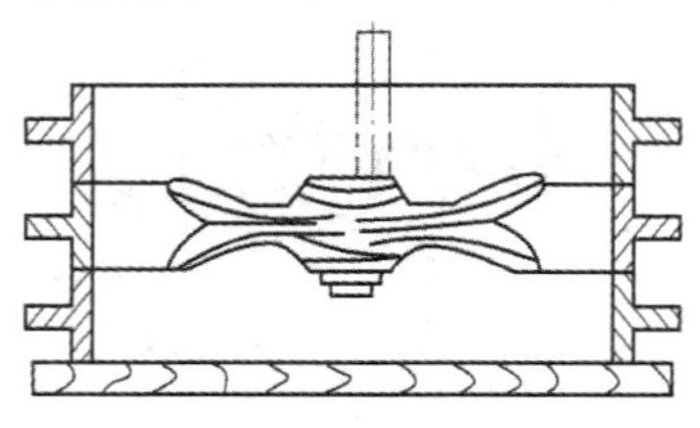

图 2-16　三箱造型示意图

三箱造型生产率较低、操作复杂。分型面多会增大错型的可能性，同时中箱的高度要求要适当。三箱造型方法只适用于小批量或单件生产。

(4) 挖砂造型。有些铸件的外形轮廓为阶梯面或曲面，其最大截面也为曲面，而制造分模或模样太薄有困难，在不便把模样分成两半时，可将模样制为整体铸造，造型时，用手工的方法挖去那些阻碍拔模造型的型砂，这种方法称为挖砂造型。手工挖砂造型过程如图 2-17 所示。

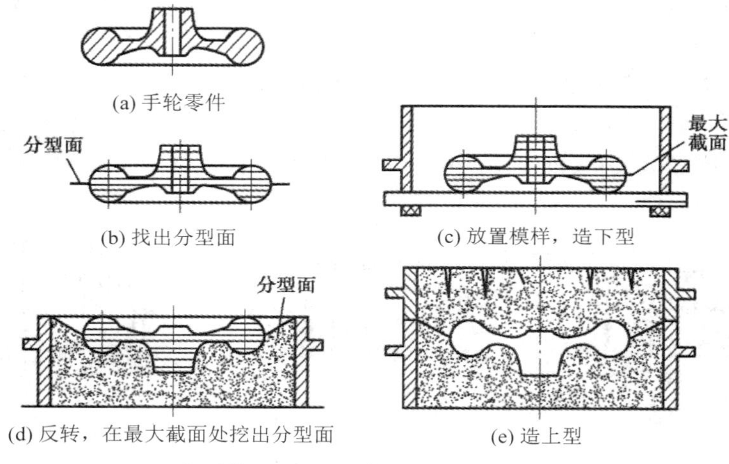

图 2-17　手工挖砂造型过程

在挖砂造型时，每次造型需挖砂一次，生产率低，操作过程相当麻烦，对操作者技术水平和熟练程度要求较高。同时因很难保证准确挖出模样的最大截面，在铸件的分型面处会产生毛刺，这样会影响铸件外形及尺寸精度，因此挖砂造型只适应于单件、小批量生产。

(5) 假箱造型。造型时将模样放置在已成型的木质底板上，如图 2-18(a)所示，这种造型方法称为假箱造型。也可以用强度高、含黏土量多的型砂紧实制成砂质成型底板，这种成型底板称为假箱，如图 2-18(b)所示。

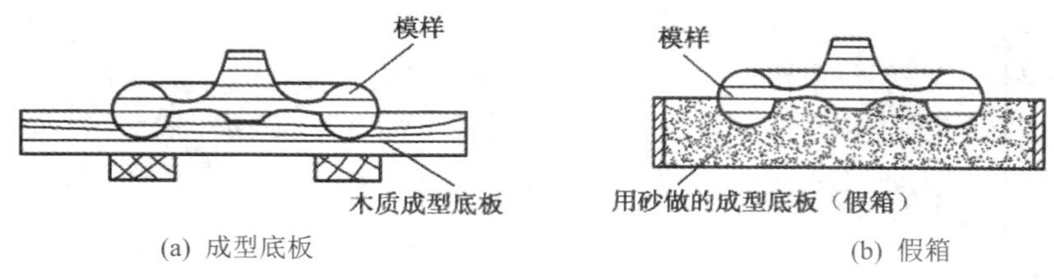

图 2-18　假箱造型

在假箱造型时，将模样先放在假箱或成型底板上造下砂型，再翻转造上砂型。用假箱造型可以省去挖砂过程，其主要应用于小批量或者成批生产。

(6) 活块造型。制作模样时，先将零件上能妨碍拔模的小凸台、肋等制成活动的模样，称为活块。在活块造型拔模时，应先取出模样的主体，再从侧面取出活块，这种造型方法称为活块造型，其过程如图 2-19 所示。

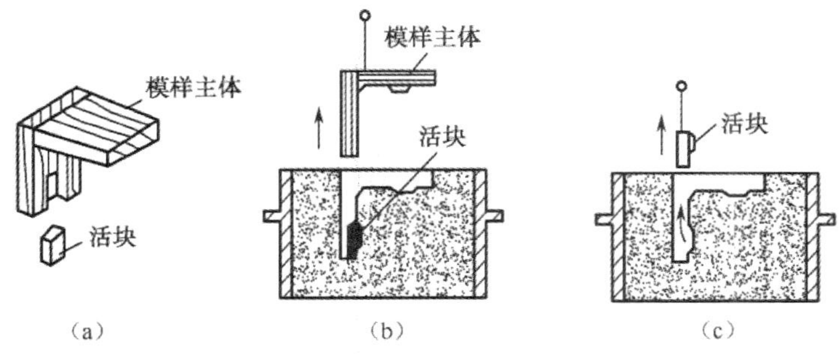

图 2-19　活块造型过程

活块主要用燕尾形状或销子与模样的主体连接，在造型过程中应注意防止活块移动或紧坏。活块造型的铸件尺寸精度比较低，效率较低，一般只能适用于单件、小批量生产。

(7) 刮板造型。对于大、中型回转体铸件，若其形状为等截面，且生产批量很少，则在造型时模样可采用一个与铸件的截面形状相同的刮板来代替，用刮板来刮出模型的型腔，这种造型方法称为刮板造型。刮板造型法适用于铸造如飞轮、带轮、弯管等铸件。如图 2-20 所示为圆盖铸件的刮板造型过程。

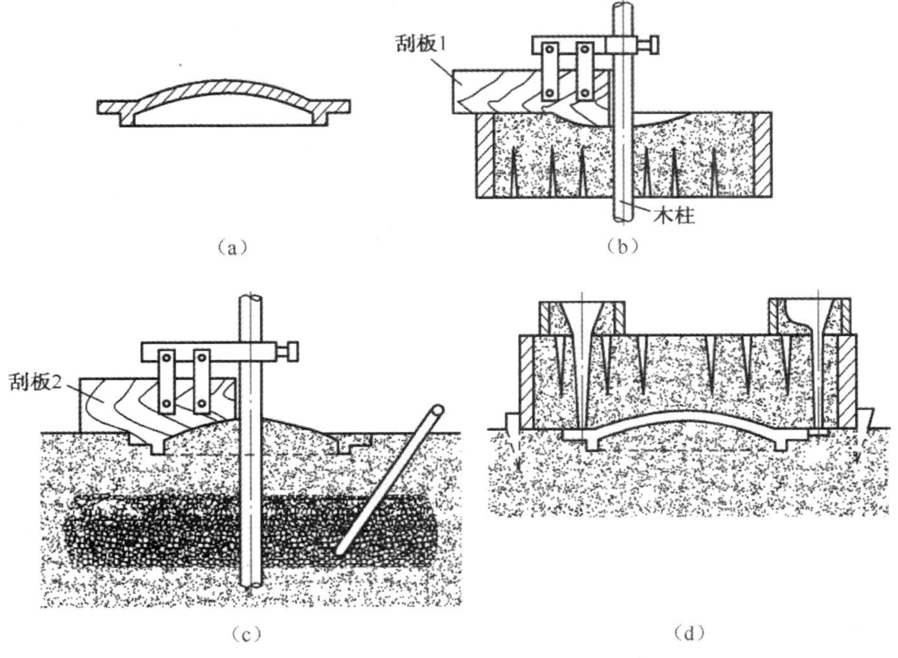

图 2-20　圆盖铸件的刮板造型过程

刮板造型能减少模样制造所需费用、节约材料、缩短生产周期，同时铸件尺寸越大，越能显示这些优点。但刮板造型操作对操作者的技术水平要求高，生产率低，只能适用于具有等截面的大、中型回转体铸件的单件、小批量生产。

3) 造芯

(1) 芯的用途及要求。芯主要用来形成铸件的内腔，也可用来形成铸件的局部外形。由于芯在浇注过程中受到高温金属液流的冲击，并且浇注后芯大部分被金属液所包围，因此，要求芯具有高的强度、透气性、韧性和耐火性，并且要便于清理。

芯砂除了应按要求配制外，在造芯的过程中还要采取以下措施来满足上述性能的要求：

① 提高强度，在芯中放置芯骨，以便于下芯以及吊运。中、大芯子的芯骨可用铸铁浇铸成骨架，小芯子的芯骨可用铁钉、铁丝制成。

② 提高排气能力，在芯中设置通气孔。通气孔应贯穿芯子内部，并从芯头引出。对于形状简单的芯子，通气孔可用通气针扎出；对于形状比较复杂的芯子，可按如图 2-21(a)所示方法，事先在芯中埋放蜡线，在烘干时蜡线燃烧或熔化形成通气孔；在制作大芯子时，为了改善韧性和易于排出气体，可如图 2-21(b)所示在芯的内部埋放焦炭，用来减少砂层的厚度，并增加孔隙。

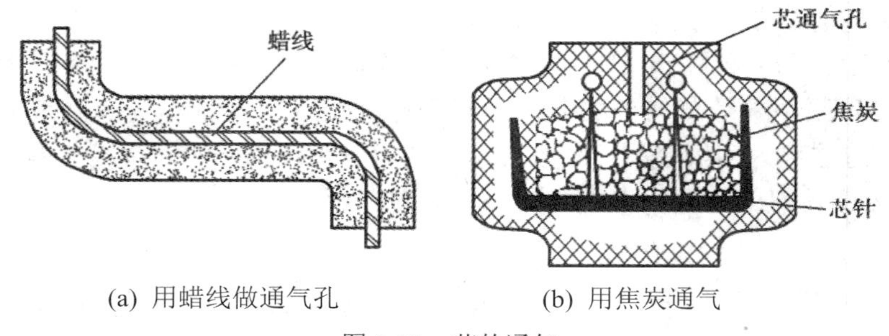

(a) 用蜡线做通气孔　　(b) 用焦炭通气

图 2-21　芯的通气

③ 防止铸件粘砂，可在芯的表面刷涂一层耐火材料。铸铁件的芯一般用石墨粉来作涂料。

④ 提高芯的透气性和强度，可将芯烘干。烘干温度一般与造芯材料的成分有关，油砂芯为 180～240℃，黏土芯为 250～350℃。

(2) 造芯方法。可用机器或手工造芯，成批、大量生产过程中，大多采用机器造芯；单件、小批量生产中，多数采用手工造芯。

手工造芯时可用芯盒，也可以用刮板。如图 2-22(a)所示为手工芯盒造芯。

在制造尺寸较大、形状较简单的芯时，为降低制芯的成本，还可采用手工刮板造芯，其过程如图 2-22(b)所示。在造芯过程时，导向刮板放置在底板上，其可沿着导板移动，能将多余的砂从已紧实的芯坯上刮去，然后将两个已制好的半芯烘干，再胶合成整体。

手工芯盒造芯的应用最普遍，如图 2-23 所示为手工芯盒造芯全过程。造芯前要先检查芯盒内腔表面是否光滑，定位销钉配合是否满足要求，如图 2-23(a)所示；合模后填入型砂前检查内腔整体形状是否满足设计尺寸要求，如有偏差，需进行修正，如图 2-23(b)所示；为了增加芯的支撑强度可以在中心加入芯骨，如图 2-23(c)所示；为了增强型砂的透气性，填砂后一般用通气针在不影响铸造外形的地方插上一些通气孔，如图 2-23(d)所示；填砂足够后，使用橡胶锤子敲击芯盒，通过震动使型砂紧固，如图 2-23(e)所示；最后松开芯盒，在芯的外表面刷一层耐高温涂料，如图 2-23(f)所示，以利于铸造时芯的快速脱落。

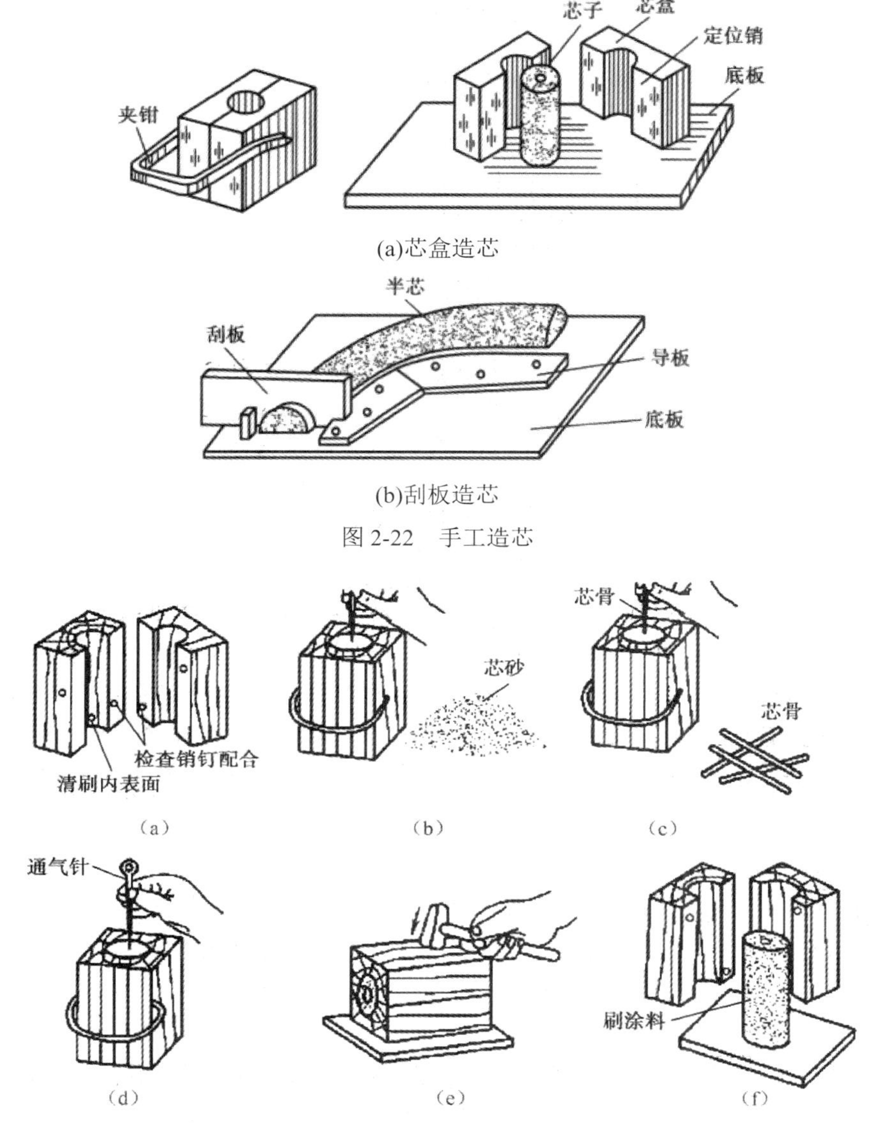

图 2-22　手工造芯

图 2-23　手工芯盒造芯全过程

5. 铸造的熔炼与浇注

铸造的熔炼是保证获得高质量铸件的重要环节，其主要目的是得到一定温度和成分的铁液。铸造熔炼应满足铁液温度高、化学成分符合要求、燃料消耗少、生产率高等条件。

铸造熔炼的设备主要有冲天炉、电弧炉、反射炉及工频炉等。因冲天炉结构简单、成本低、操作方便，并且能连续生产，目前是使用较多的熔炼设备。

1) 冲天炉结构

冲天炉结构如图 2-24 所示，它是圆柱形竖立炉。冲天炉的结构形式较多，但主要的结构基本是相似的。冲天炉主要由炉体、炉底、前炉、加料装置、烟囱等组成。

冲天炉的大小用每小时能熔炼出的铁水吨数来表示，最常用的冲天炉大小为 1.5～10 t/h。

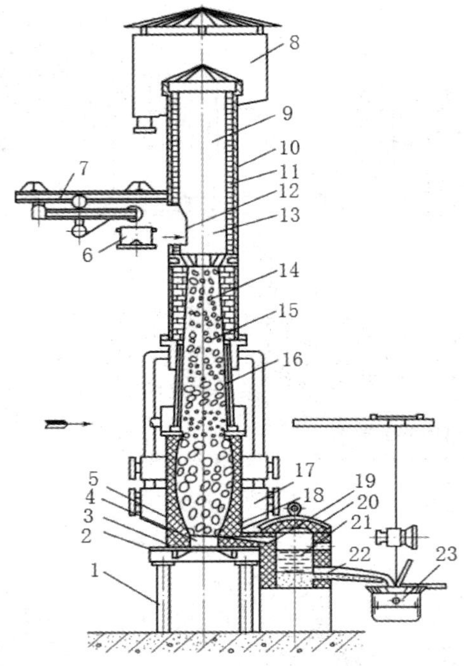

1—支柱；2—炉底板；3—炉底门；4—炉底；5—风口；6—加料桶；7—加料机；8—火花罩；9—烟囱；10—铸铁砖；11—翻火砖；12—加料口；13—炉身；14—层焦；15—金属料；16—密筋炉胆；17—风槽；18—炉缸；19—过道；20—前炉；21—出渣口；22—出铁口；23—铁水包

图 2-24　冲天炉结构

2) *冲天炉的炉料*

冲天炉的炉料主要由金属炉料、溶剂及燃料等组成。

金属炉料是用高炉生铁、回炉铁、铁合金及废钢按一定比例配置的。其中主要的金属炉料是高炉生铁；铁合金主要用来配制合金铸铁或调整铁液中的化学成分；回炉铁可以降低铁液中的含碳量。

常用的燃料是焦炭，铸铁熔炼热量由燃烧焦炭提供。焦炭的燃烧情况能直接影响到铁液的成分和温度。每批炉料中的金属炉料与焦炭重量之比称为铁焦比，铁焦比一般取 10∶1。

溶剂的主要作用是造渣。焦炭中的灰分、金属炉料中的氧化物等相互作用会形成熔渣，熔渣的吸热量大、熔点低。如果不及时排除，熔渣会粘附在焦炭上，直接影响到焦炭的燃烧。而加入溶剂后，可以降低熔渣的熔点并能使之稀释，使铁水与熔渣分离，有利于熔渣顺利地从出渣口排出。常用的溶剂有萤石和石灰石，溶剂的加入量通常为金属炉料重量的 3%～4%。

3) *浇注*

浇注是将熔炼的金属从浇包注入铸型的过程，是铸造生产中的一个重要环节。浇注过程中应严格遵守浇注操作规程，以保证铸件质量、工作安全及提高生产率。

浇包是一种浇注容器，用来盛放、浇注和输送熔融金属，如图 2-25 所示是常用的浇包。浇包有抬包和手提浇包两种，抬包容量为 25～100 kg，由 2～6 人抬着浇注；手提浇包容量为 15～20 kg。更大容量的浇包是吊包，要用吊车吊运。浇包外壳用钢板制作，内衬是耐火材料。

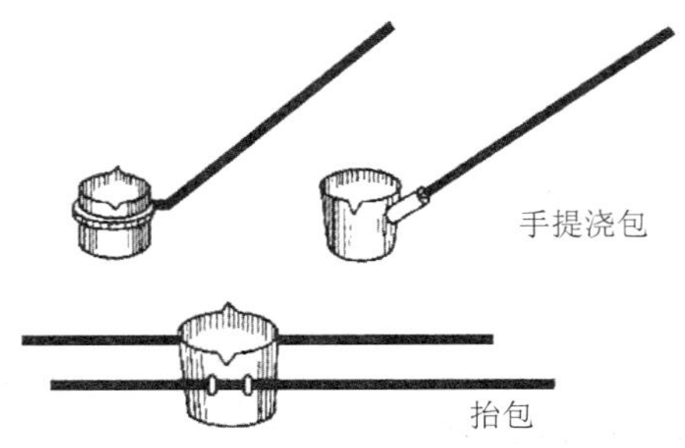

图 2-25　常用的浇包

在浇注时要注意控制好浇注速度和浇注温度。

(1) 浇注速度。浇注速度是指在单位时间内浇入到铸型中的金属液重量。要求浇注速度适中。浇注速度太快，金属液会冲刷铸型，致使铸型中的气体不能及时排出，铸件中产生气孔等缺陷。浇注速度太慢，型腔会充不满，容易导致铸件产生浇不足、冷隔等缺陷。浇注速度要根据铸件的壁厚和形状来确定，对于壁薄和形状复杂的铸件，浇注速度应快些。

(2) 浇注温度。浇注温度过低，铸件会产生浇不足、冷隔和皮下气孔等缺陷；浇注温度过高，液体收缩大，铁液中含气量大，对型砂的热作用剧烈，易导致铸件产生缩孔、气孔、黏砂和缩松等缺陷。

浇注温度与金属的种类、铸件的大小以及壁厚有关，对于中、小型灰铸件，其浇注温度一般为 1260～1350℃；对于形状较复杂以及壁薄的铸件，其浇注温度一般为 1350～1400℃。

4) 铸造铝合金的熔炼

铸造铝合金是一种应用广泛的轻合金，铝合金熔炼一般采用电阻坩锅炉(见图 2-26)或焦炭坩锅炉(见图 2-27)。

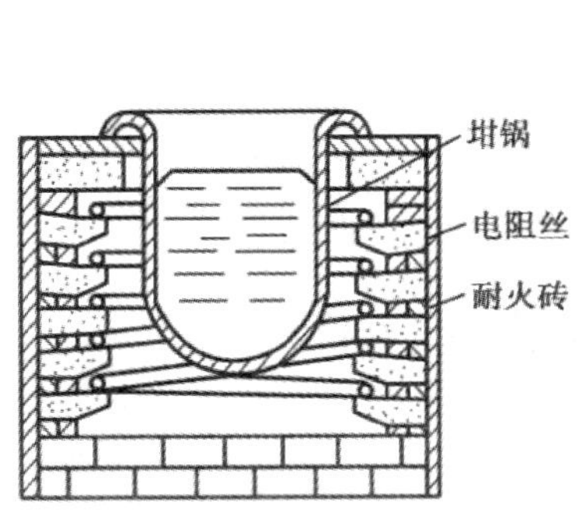

图 2-26　电阻坩锅炉

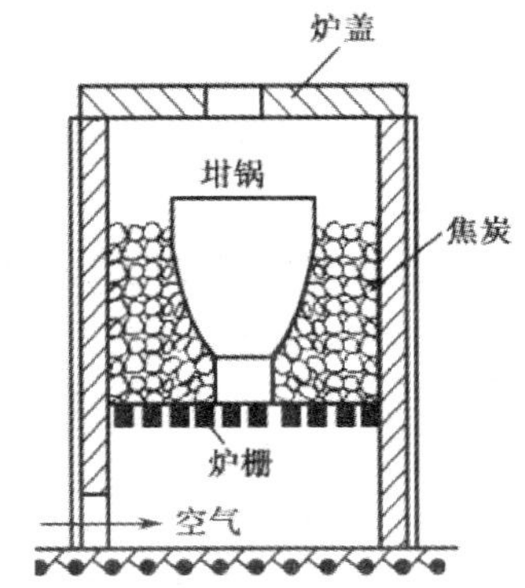

图 2-27　焦炭坩锅炉

铝合金容易在高温下氧化，并且吸气(如氢气等)的能力很强。氧化物(Al_2O_3)常呈固态悬浮在铝液中，在其表面上形成一层致密的 Al_2O_3 薄膜。被吸收在液体合金上的气体受到薄膜的阻碍不容易排出来，就在铸件中形成分散的小气孔和非金属夹杂物，从而降低铸件的力学性能。为防止铝合金吸气和氧化，在熔炼时需加入溶剂，铝合金液体便可在溶剂层的覆盖下进行熔炼。在铝合金液体被加热到700～730℃时，在其中加入精炼剂，进行去气精炼，在铝液中的夹杂物和溶解的气体被带到合金液面，并被去除，从而净化金属液，提高合金的力学性能。

6. 铸件的落砂、清理

1) 铸件的落砂

铸件的落砂是指把铸件与型砂及砂箱分开的过程，该过程应在铸件得到充分冷却后再进行。

落砂不宜过早，否则会使铸件冷却得太快，容易导致铸件产生内应力、表面硬皮、裂纹以及变形等缺陷；落砂也不能太迟，否则会影响生产率。通常对于重量小于 10 kg、形状简单的铸件，落砂一般在浇注 1 h 左右后就可以进行。

小型铸件采用手工落砂，用手锤和铁钩进行。由于型砂温度高、灰尘多，手工落砂的劳动条件较差，且生产率低。为提高生产率及改善劳动条件，常采用震动落砂机落砂，如图 2-28 所示为惯性震动落砂机的工作原理以及外形图。震动落砂机的主轴两端的不平衡偏心套会在旋转时产生惯性，使上面的砂箱与机身一起产生震动，完成落砂。

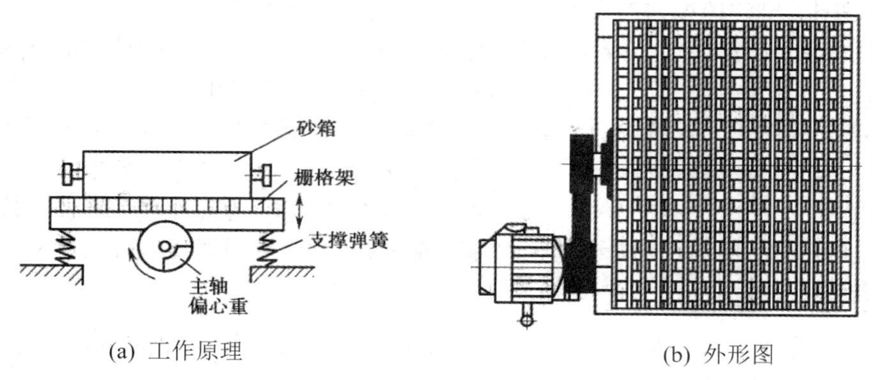

(a) 工作原理　　(b) 外形图

图 2-28　惯性震动落砂机

2) 铸件的清理

铸件落砂后必须清理，包括清除芯砂、表面砂、浇冒口、氧化皮和飞边等。对于铸钢件上的浇冒口，因铸钢件塑性较好，要用气割切除；小型灰铸件上的浇冒口，可用大锤或手锤敲掉，在敲击时应注意选好敲击方向，避免敲坏铸件，同时注意人身安全，不要正对他人敲打；有色金属件上的浇冒口多用锯削去除。

铸件内腔的芯砂可用机械方法或手工清除。机械方法清除可采用震砂机、水爆清砂或水力清砂等方法；手工清除可用手锤、钢凿、风铲、钩铲和铁棍等工具，用其轻轻敲击铸件，震松芯子，使其掉落，或者用工具慢慢铲削芯子。一般用锉刀、钢丝刷或黎刀等工具清除表面粘砂、浇冒口余痕和飞边。

由于手工清理的条件差、效率低、劳动强度大，现在多用机械代替。常用的机械清理工具有清理滚筒、抛丸及喷砂机等，如图 2-29 所示为最简单又普遍使用的清理滚筒。通常在滚筒中装入一些用白口铸铁制成的铁粒来提高清理效率，滚筒转动时，白口铁粒和铸件互相摩擦、撞击，从而清理干净铸件的表面，产生的灰尘由滚筒端部的出气口吸走。

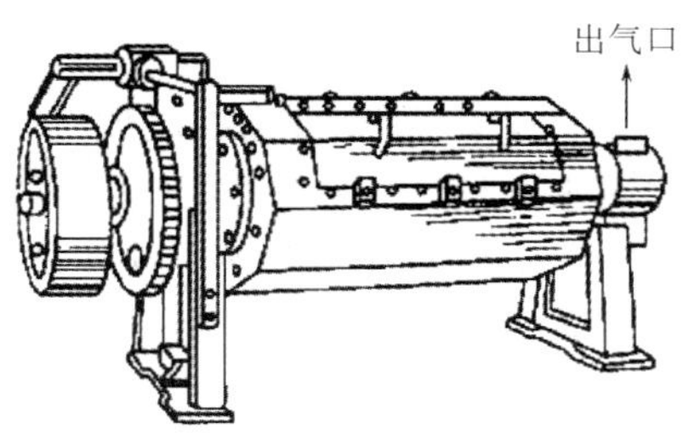

图 2-29 清理滚筒

7. 铸件缺陷分析

铸件清理后，要经过检验，并分析和找出造成缺陷的原因，采取措施防止缺陷继续发生。

常见的铸件缺陷及产生的主要原因如下：

1) 气孔

气孔是指在铸件内部的表面上呈圆形或梨形的孔眼，孔的内壁较光滑，如图 2-30 所示。气孔产生的主要原因有透气性太差或砂型太紧；修型、拔模时刷水过多或型砂含水过多；浇冒口的设置不当造成气体排出困难；芯未烘干或型芯的通气孔被堵塞等。

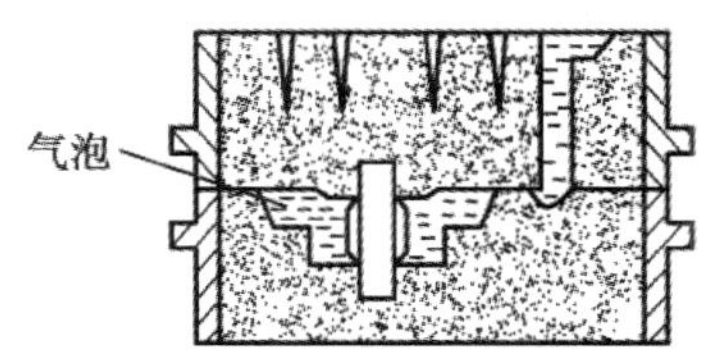

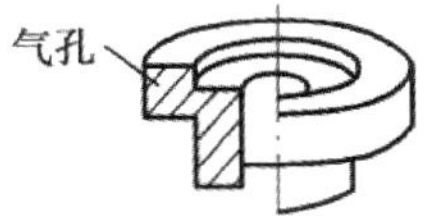

图 2-30 气孔

2) 缩孔

缩孔一般出现在铸件最后凝固处，孔的形状不规则，内壁较粗糙，如图 2-31 所示。产生缩孔的原因有铁水的化学成分不合格或浇注温度太高，造成收缩量过大；铸件壁厚设计不均匀；冒口尺寸小，补缩能力差或开设浇冒口的位置不对等。

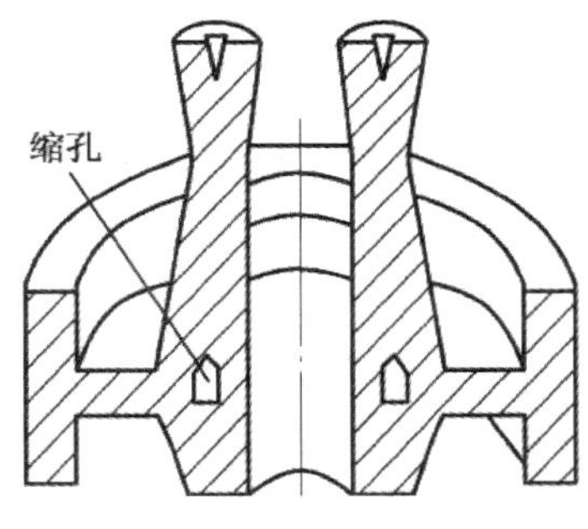

图 2-31 缩孔

3) 砂眼

砂眼是指铸件的表面上或内部充满型砂的孔眼，如图 2-32 所示。砂眼产生的原因主要有芯的强度不够，容易被铁水冲坏；未吹干净造型时洒落在型腔内的型砂；未紧实型砂，被铁水卷入或冲垮；砂型合箱时局部被损坏；由于内浇道方向不对，铁水冲坏砂型等。

4) 裂纹

裂纹有热裂纹和冷裂纹之分。热裂纹是指在高温下形成的裂纹，热裂纹的形状曲折且不规则、裂缝宽、裂纹短、断面氧化严重。冷裂纹是指在较低温度下形成的裂纹，冷裂纹较平直、没有分叉、细小、断面轻微氧化或未氧化。铸件的结构设计不合理是裂纹产生的主要原因。如图 2-33 所示为采用直轮辐的带轮铸件，当合金的收缩率较大时，轮辐易被拉裂。另外，由于型砂、芯砂的韧性差，浇口的位置不对，铸件的各个部分冷却不均匀，也会产生裂纹。落砂过早，浇注速度太慢、浇注温度不高，铸铁中磷、硫含量高也是产生裂纹的原因。

5) 冷隔

冷隔是指铸件内未完全融合的洼坑和缝隙，如图 2-34 所示。冷隔一般出现在薄壁处、离内浇道较远处或金属的汇合处，其交接处呈现圆滑状。冷隔的产生是由于浇注速度太慢、浇注温度太低或浇注时位置不当、浇道太小或发生中断造成的。

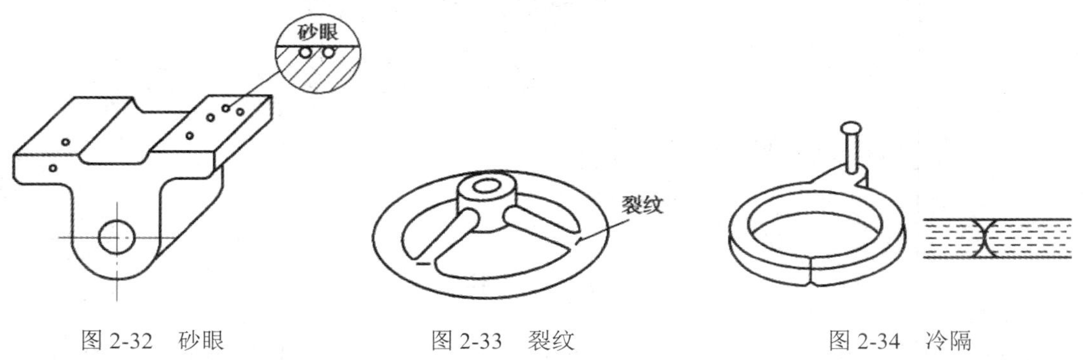

图 2-32　砂眼　　　　图 2-33　裂纹　　　　图 2-34　冷隔

6) 浇不足

浇不足即铸件未浇满。浇不足是由于浇注速度太慢、浇注温度太低或铸件局部过薄以及结构不合理、未开出气口或浇道太小、浇注时中断等造成的。

7) 错型

错型是指铸件沿着分型面产生的相对位置的错移。造成错型的原因是造型时分模的上、下半模未对准，砂箱的定位销或合箱线不准确，合箱时未对准上、下砂型。

由此可见，铸件的缺陷分析非常复杂，不只是因为铸造的牵扯面较广、工艺过程环节较多，还因为同一种缺陷，有可能是由于多种不利因素的综合作用所造成的，因此分析铸件缺陷一定要对每一个铸件进行具体情况分析，同时在分析前要做好调查研究工作。

铸件是否为废品，要根据铸件的技术要求、用途以及缺陷所产生的严重程度、部位等情况来确定。

2.1.3 特种铸造

特种铸造与砂型铸造有着显著区别。特种铸造主要包括金属型铸造、离心铸造、压力铸造、低压铸造及熔模铸造等。

1. 金属型铸造

金属型铸造是指将液态的金属浇入到金属铸型中来获得铸件的方法。金属铸型因可以重复多次使用，也称永久性铸型。

如图 2-35 所示为铝活塞金属型铸造，它由左半型 1 与右半型 2 组成。金属型采用垂直分型，由组合式的型腔构成活塞内腔。待铸件冷却凝固后，首先取出中间的型芯 4，然后取出左、右两侧的型芯 3，再沿着水平方向拔出左、右销孔型芯 5，最后把两个半型分开，即可取出铸件。

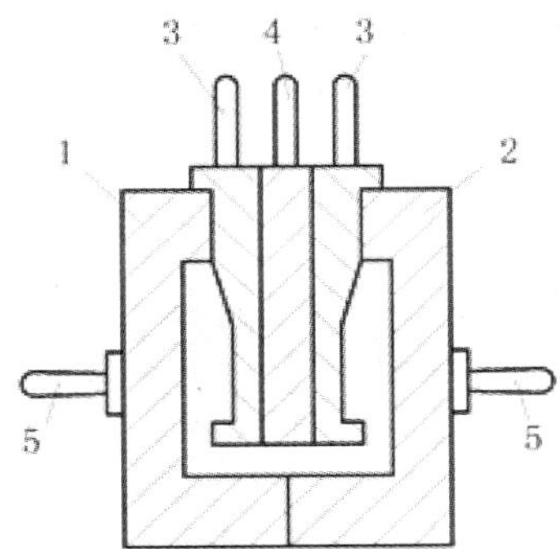

1—左半型；2—右半型；3、4—组合型芯；5—销孔型芯

图 2-35 铝活塞金属型铸造示意图

金属型铸造的优点如下：

(1) 生产工序较简单，易实现自动化、机械化，提高了生产率。制造的铸件尺寸精度较高，加工余量小，因此可节省切削的加工工时，甚至无切削加工。但由于合金冷凝速度快，降低了金属的流动性，要求铸件的形状不能太复杂，其壁厚也受到了限制，所以工艺过程要求较严格。另外金属型的造价高，主要应用于大批量生产的小型有色合金铸件。

(2) 铸件的精度高。铸件的尺寸精度可达到 IT14～IT12，其表面粗糙度值为 Ra12.5～6.3 μm。金属型铸件冷却快、热导性强、组织致密，且力学性能明显提高。例如，用铜合金与铝合金金属型铸造的铸件的 σ_b 要比砂型铸造的铸件提高 10%～20%。

(3) “一型多铸”。金属型可铸造上万次，避免了砂型铸造过程中的繁重造型工作，既节约了大量的型砂，同时又提高了利用率，改善了劳动条件。

2. 离心铸造

将熔融的金属注入到高速旋转的铸型中，金属在离心力作用下逐渐填充铸型并冷却结晶，获得铸件，这种方法称为离心铸造，如图 2-36 所示。离心铸造过程必须在专门的离心铸造机上完成。

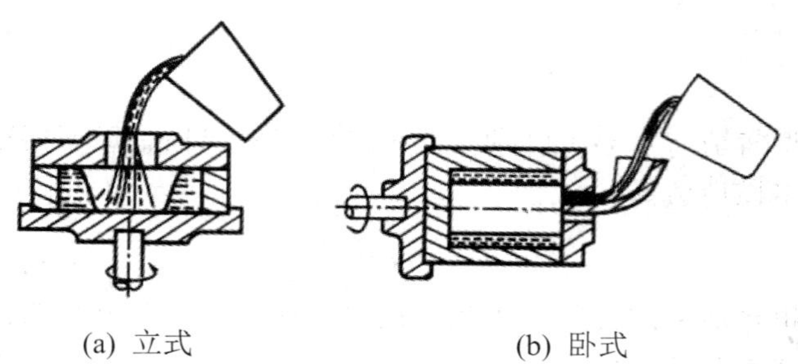

(a) 立式　　(b) 卧式

图 2-36　离心铸造

离心铸造工艺简单，不需要浇冒口，不需型芯，金属的利用率和生产率高，成本较低。其在离心力的作用下，金属液中的夹杂物和气体由于比重较小，集中在铸件的内表面上，金属液由外表面逐渐向内表面凝固。铸件的组织致密，无气孔、缩孔、夹渣等缺陷，其机械性能高，金属液充型能力得到了提高。由于利用的内孔是由自由表面形成的，内表面的质量差，尺寸误差大，且不适合比重偏析大的合金。

目前，离心铸造主要应用于空心回转体的铸造，如活塞环、铸铁管、滑动轴承及气缸套等，也可用来生产双金属铸件。

3. 压力铸造

压力铸造是指在高压下，将液态的合金迅速压入到金属铸型中，在压力的作用下合金凝固，从而获得铸件的方法，简称压铸。压力铸造常用的比压为 5～150 MPa，金属液的流速很高，填充铸型时间只有 0.01～0.2 s。如图 2-37 所示为立式压铸机工作过程示意图。

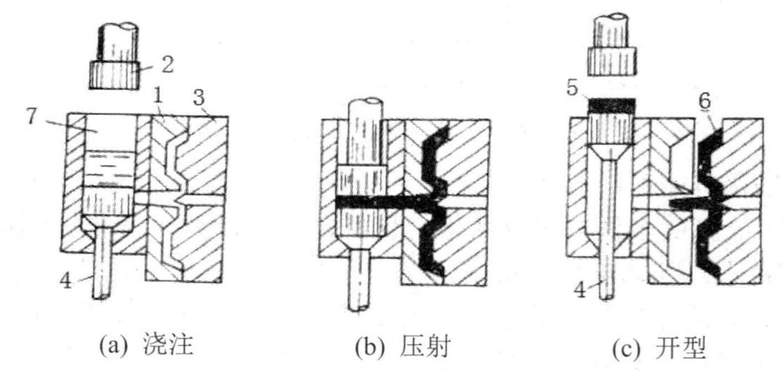

(a) 浇注　　(b) 压射　　(c) 开型

1—定型；2—压射活塞；3—动型；4—下活塞；5—余料；6—压铸件；7—压室

图 2-37　立式压铸机工作过程示意图

压力铸造的优点如下：

(1) 铸件的硬度和强度都较高。其抗拉强度要比砂型铸造高 25%～30%。由于压型的激冷作用，表层在压力作用下结晶，其结晶细密。

(2) 可以压铸出镶嵌件及形状复杂的薄壁件。

(3) 铸件的表面质量及精度比其他铸造方法都高，其表面粗糙度可达 *Ra*3.2～0.8 μm，尺寸精度可达 IT11～IT13。因而压力铸造件仅个别的部位需加工或可以不经过机械加工即可使用。

(4) 生产率极高。压力铸造的生产率较其他铸造方法均高。

压力铸造虽然是实现少屑、无屑加工的有效途径，但仍然有许多不足，其缺点如下：

(1) 由于黑色金属熔点高，造成压型的寿命较短，目前黑色金属的压铸在生产中应用得不多。

(2) 压力铸造的速度极高，因此型腔中的气体很难完全排除，在铸件中存留气孔的几率较大。

(3) 压铸型成本高、制造周期长，一般只适用于大批量的生产中。

压力铸造主要应用在有色金属的小、中铸件的大量生产中，其中铝合金压铸件所占的比例最高，达 30%～35%，其次是锌合金。

4. 低压铸造

低压铸造是指介于压力铸造与金属型铸造间的一种铸造方法，如图 2-38 所示。低压铸造是在较低压力下，把金属液注入到型腔，同时在压力下凝固而获得铸件的方法。

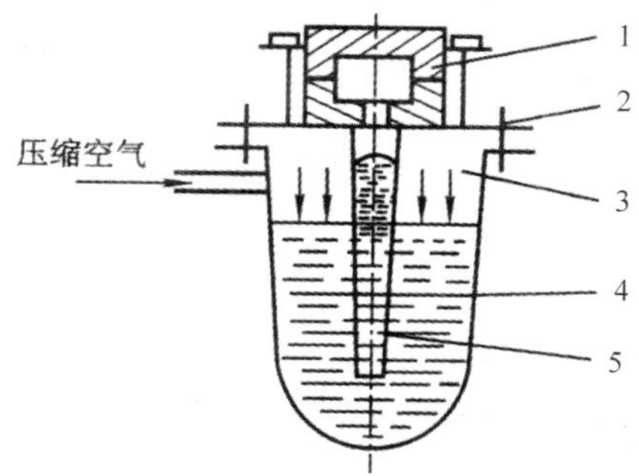

1—铸型；2—密封盖；3—坩埚；4—金属液；5—升液导管

图 2-38　低压铸造

5. 熔模铸造

熔模铸造是指用易熔材料(如蜡料)制成模样，在模样表面上刷耐火涂料，硬化后将模样熔化并排出型外，以此获得带浇注系统、无分型面、无拔模斜度的整体铸型来进行铸造的方法。如图 2-39 所示为熔模铸造工艺过程。

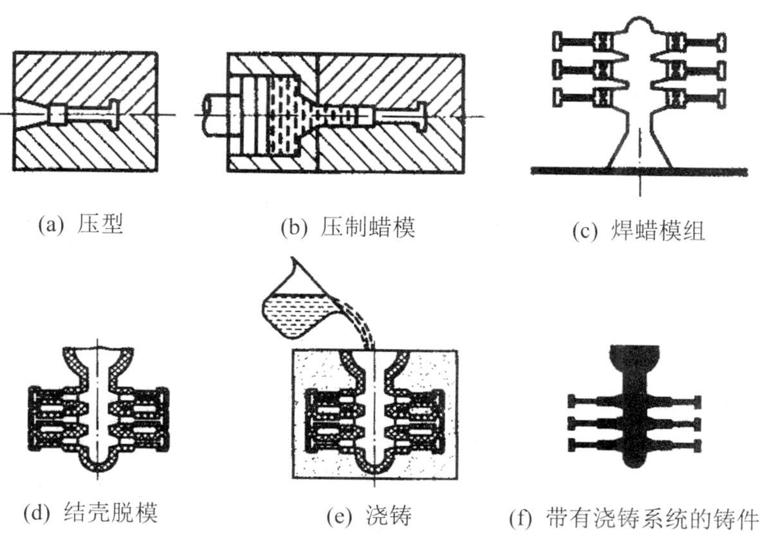

(a) 压型　(b) 压制蜡模　(c) 焊蜡模组

(d) 结壳脱模　(e) 浇铸　(f) 带有浇铸系统的铸件

图 2-39　熔模铸造工艺过程

熔模铸造的优点如下：

(1) 成型壳体采用高级耐火材料，能铸造各种合金。对于那些难切削加工、高熔点的合金可采用此方法。

(2) 制成的铸件表面光洁，表面粗糙度为 *Ra*12.5～1.6 μm；尺寸与形状精确，尺寸精度可达 IT11～IT14，可实现少或无切削加工。

(3) 不受生产批量的限制，适用于单件、成批、大量生产。

(4) 可铸出不便分型以及形状较复杂的薄壁铸件。铸件壁厚最小可达 0.3 mm，可铸出的孔径最小为 0.5 mm。

熔模铸造的主要缺点是工艺过程复杂、材料昂贵、生产周期长，其成本是砂型铸造的数倍。由于蜡模容易变形，要求铸件重量、尺寸都不能太大。

目前，熔模铸造广泛应用于机械、航空、汽车、动力、拖拉机及仪表等工业部门，用于大量生产的小型铸件。难于切削加工和形状复杂的铸件更适合采用熔模铸造。

2.1.4　铸件结构的工艺性

铸件结构的工艺性是指铸件本身的结构符合铸造的生产要求，即铸件整个加工工艺过程要有利于保证产品质量，应从下述几个方面考虑铸件结构的工艺性。

1. 铸件结构应有利于避免产生铸件缺陷

缩孔、裂纹、缩松、变形、冷隔、浇不足等铸件的缺陷，有时是因铸件结构的不合理而引起的，因此在设计铸件的结构时应考虑下述几方面：

(1) 力求铸件的壁厚均匀。铸件的壁厚应均匀，避免厚大截面，防止热节的形成及产生缩松、晶粒粗大、缩孔等缺陷，同时能减少铸造的热应力及所导致的裂纹和变形等缺陷。如图 2-40 所示为铸件顶盖的两种结构设计，图(b)中壁厚结构的均匀性明显优于图(a)。

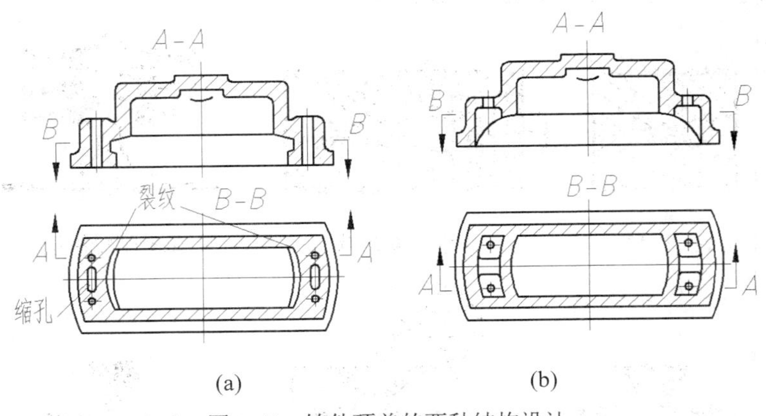

图 2-40　铸件顶盖的两种结构设计

设计时应尽量减少铸件上筋条分布的交叉，防止形成较大的热节。在如图 2-41 所示的筋条分布中，将(a)图的交叉接头改成(b)图的交错接头，或者采用(c)图的环形接头，可减少金属的积聚，以避免产生缩松、缩孔等缺陷。

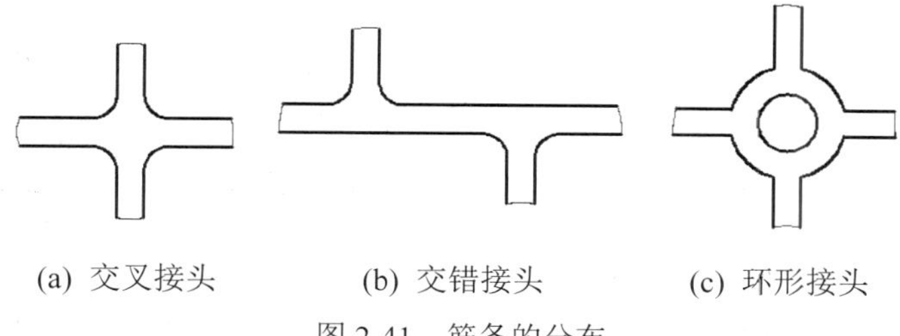

图 2-41　筋条的分布

(2) 壁厚合理。为防止浇不足、冷隔或白口等缺陷的产生，应视合金铸件的大小以及铸造方法的不同，限制最小壁厚。既要减小壁厚，同时又要保证铸件强度，可采用如图 2-42 所示的加强筋结构。

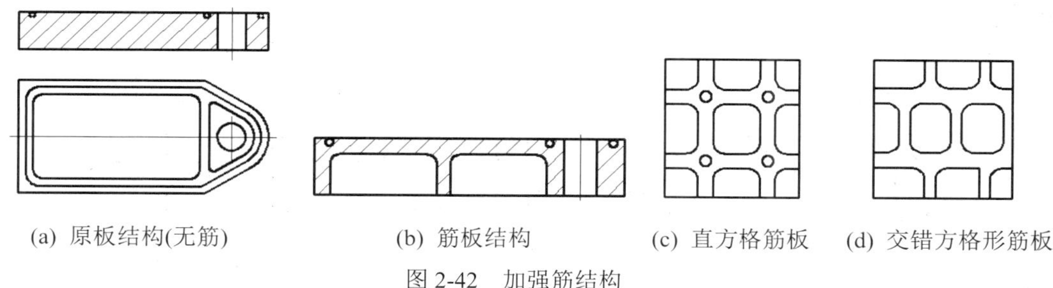

图 2-42　加强筋结构

(3) 避免较大的水平面。由于铸件上水平方向的平面较大，金属液在浇注时液面上升较慢，铸型表面长时间处于烘烤状态，容易使铸件产生浇不足、夹砂等缺陷，同时也不利于排除气体、夹渣等。因此，在设计时要避免过大水平面，尽量采用如图 2-43 所示的倾斜结构来代替。

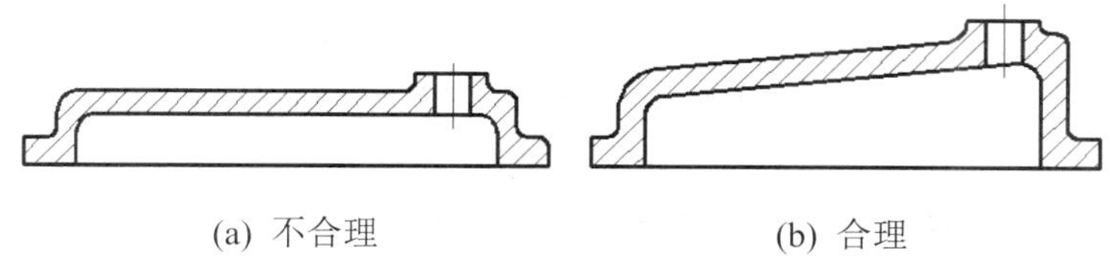

图 2-43　倾斜结构

(4) 铸件壁的正确连接。铸件的不同壁厚应逐渐过渡连接，如图 2-44 所示。

铸件交接和拐弯连接处应尽量采用如图 2-45(b)所示的圆角连接，避免采用如图 2-46(a)所示的锐角结构，建议改成如图 2-46(b)所示的过渡结构，这样可以避免因应力集中而产生的开裂。

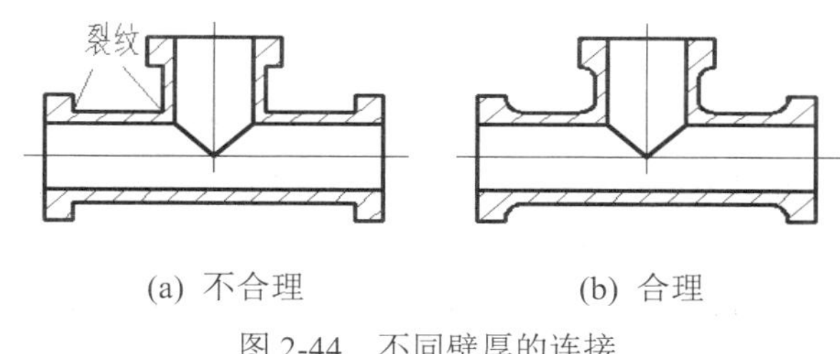

图 2-44　不同壁厚的连接

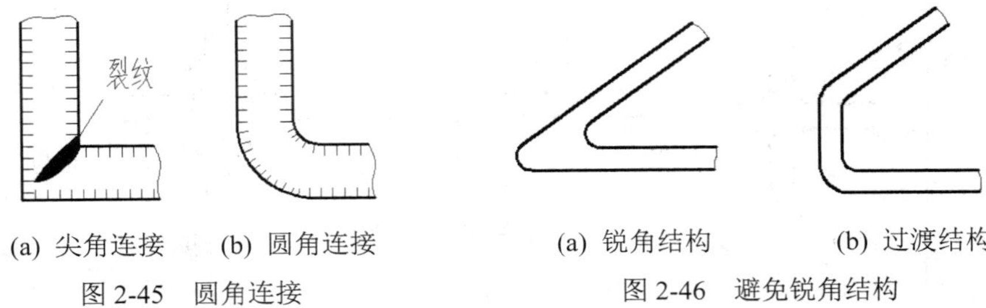

(a) 尖角连接　(b) 圆角连接

图 2-45　圆角连接

(a) 锐角结构　(b) 过渡结构

图 2-46　避免锐角结构

2. 铸件结构应有利于简化铸造工艺

为了简化铸造工艺及减少造型、造芯的工作量，以便清理和下芯，对铸件结构要求如下：

(1) 铸件的结构斜度。铸件上不加工且垂直于分型面的结构最好设计成斜度，以便于拔模。

如图 2-47 中的(a)、(b)、(c)、(d)铸件结构未设计成斜度，不便于拔模，而(e)、(f)、(g)、(h)的结构带一定斜度。对于结构不允许有斜度的铸件，在模样上应留出拔模斜度。

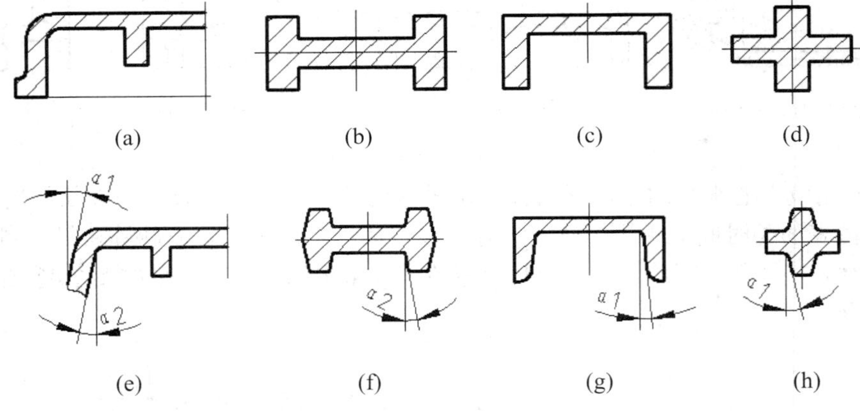

图 2-47　结构斜度的设计

(2) 铸件的内腔结构应符合工艺要求。用型芯来形成铸件的内腔会增加成本，并延长生产周期。设计时，铸件结构应尽量少用或不用型芯。

如图 2-48 所示是悬臂支架结构设计的两种方案，图(a)采用了方形空心截面，必须要用型芯，而图(b)改用工字形截面后，可以省掉型芯。

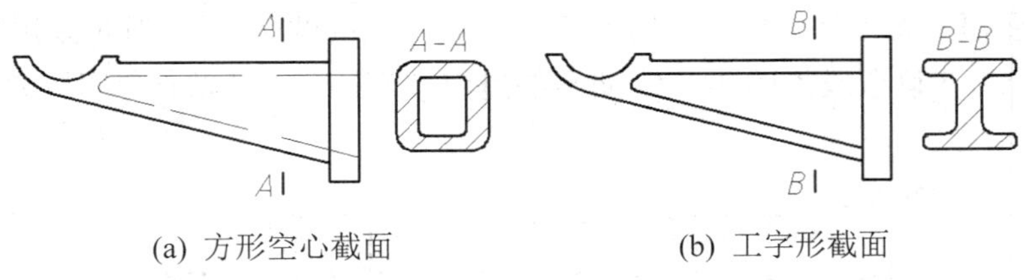

(a) 方形空心截面　　(b) 工字形截面

图 2-48　悬臂支架结构设计的两种方案

(3) 应尽量简化铸件外形。在能满足零件的使用要求的前提下，铸件外形应尽量简化。为便于造型，应减少分型面来获得优质铸件。如图 2-49(a)、(b)所示为铸造端盖的两种结构，图(a)中分型面明显多于图(b)，给铸件的制造增加了难度，且图(b)中的结构重量也较轻，属于优化的外形结构。

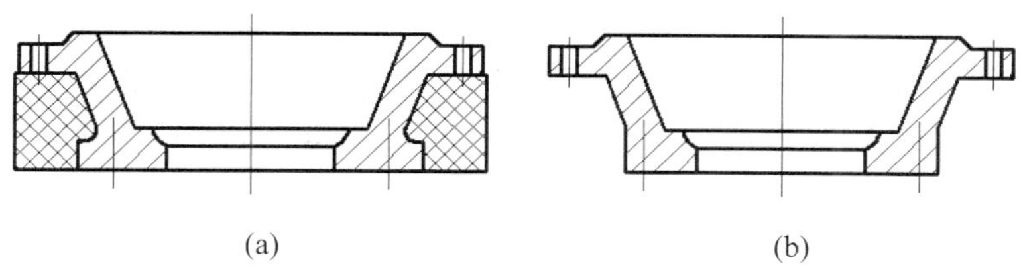

(a)　　(b)

图 2-49　铸造端盖的两种结构

(4) 组合铸件的应用。对于形状复杂或大型铸件，可以采用组合结构，即把整体结构分成若干个小铸件来设计，然后生产加工各小铸件，最后用焊接的方法或用螺栓连接成整体。

如图 2-50(a)所示为大型坐标镗床床身的组合铸件，图(b)为水压机工作缸的组合铸件，两者均是由 3 部分组合而成。

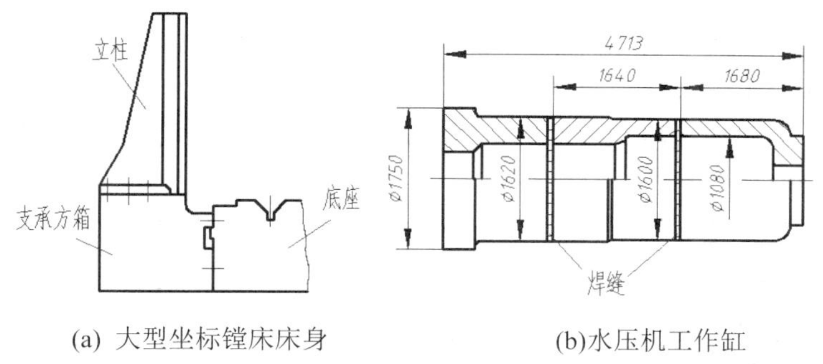

(a) 大型坐标镗床床身　　(b)水压机工作缸

图 2-50　组合铸件

3. 铸件结构应有利于后续加工

如图 2-51 所示为电机端盖的铸造件。图(a)不便于装夹，图(b)是经改进后采用了工艺搭子的结构，能使电机端盖定位环 ϕD 和轴孔 ϕd 在一次装夹中完成，能较好地保证图纸规定的同轴度要求。

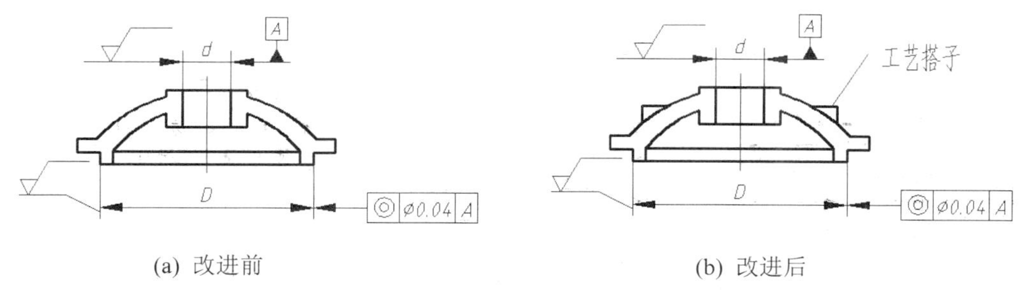

(a) 改进前　　(b) 改进后

图 2-51　电机端盖的铸造件

2.2 锻 压 成 型

2.2.1 锻压概述

锻压是指在锻造或冲压等外力作用下，使坯料产生塑性变形，从而获得零件所需的形状、尺寸以及性能等的加工方法。锻压是机械制造中的一种重要加工方法。

按成形方式不同，铸造可分为自由锻、模锻。按操作方式和设备不同，自由锻又分为手工自由锻和机器自由锻。对于中、小型的锻件，常以圆钢、方钢作为原材料，在锻造前先把原材料锯切或剪切成所需长度。通常锻造是在加热的状态下进行的，而冲压是在室温下进行的，且大多以板料作为原材料。

锻造后，金属材料的内部组织更加均匀、致密，强度以及冲击韧性都得到了提高。因此对于承受冲击载荷及重载的重要零件，多选择锻件毛坯；而冲压件具有结构轻、强度大及刚度高等优点。

2.2.2 锻造

1. 坯料加热的目的和要求

锻造前要加热金属坯料，以获得较低的变形抗力和良好塑性，有利于锻造成形。

按热源不同，金属加热分为电炉加热、火焰炉加热。电炉加热的热源是电能，火焰炉加热的热源是燃料。

由于加热过程中会产生氧化、裂纹、过烧、过热及脱碳等缺陷，应严格控制锻造温度。

2. 锻造温度范围

锻造温度范围是指锻件由始锻温度到终锻温度的间隔。始锻温度是指锻坯开始锻造时的温度，终锻温度是指锻坯终止锻造时的温度。一般来说，始锻温度以使锻坯不产生过烧、过热等缺陷为前提下应尽可能取高些；而终锻温度则使锻坯在锻造中以不产生冷变形强化为前提下，应尽可能低些，以便减少加热次数及提高劳动生产率。如表 2-1 所示为常用金属的锻造温度范围。

表 2-1 常用金属的锻造温度范围

金属种类	温度/℃	
	始锻温度	终锻温度
含碳 0.3%以下的碳钢	1200～1250	800
含碳 0.3%～0.5%的碳钢	1150～1200	800
含碳 0.5%～0.9%的碳钢	1100～1150	800
含碳 0.9%～1. 5%的碳钢	1050～1100	800
合金结构钢	1150～1200	850
低合金工具钢	1100～1150	850
高速钢	1100～1150	900
硬铝	470	380

在锻造时，金属的温度可用仪表测量，但在实际生产中，锻工一般都通过观察金属坯料的火色来判断加热温度。如表 2-2 所示为碳钢的加热温度与火色的关系。

表 2-2　碳钢的加热温度与火色的关系

温度/℃	1300	1200	1100	900	800	700	600
火色	黄白	淡黄	黄	淡红	樱红	暗红	赤褐

3. 锻件的冷却

锻件锻造后需冷却，冷却是锻造过程的重要环节，冷却方法选择不当，会使锻件产生裂纹、变形等缺陷。锻件常见的冷却方法如下：

1) 空冷

空冷是指热态锻件在空气中自然冷却的方法，其冷却速度较快。

2) 灰砂冷

灰砂冷是指把热态的锻件埋入炉砂、炉灰或炉渣中缓慢冷却的方法。

3) 炉冷

炉冷是指把热态的锻件放入炉中缓慢冷却的方法，其冷却速度要低于灰砂冷。

一般来说，锻件的形状越复杂，体积越大，碳及合金元素的含量越高，其冷却的速度应越缓慢。

4) 坑冷

坑冷是指把热态的锻件放在地坑中缓慢冷却的方法。

4. 自由锻

自由锻是指坯料在上、下铁砧间受到压力或冲击作用后产生变形，从而获得锻件所需几何形状的方法，如图 2-52 所示。

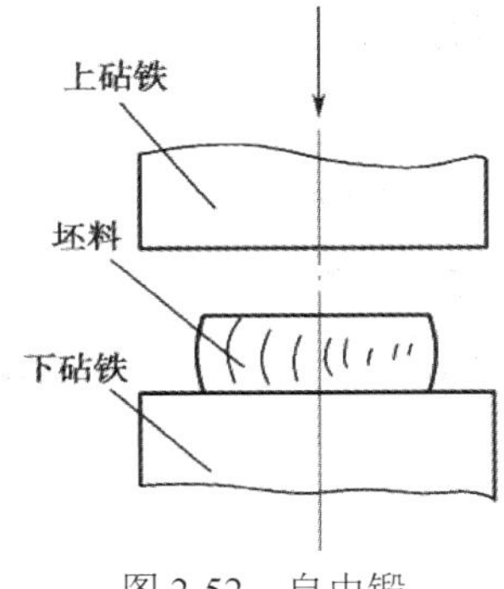

图 2-52　自由锻

自由锻的基本工序包括墩粗、拔长、冲孔、弯曲、错移及扭转等。

因劳动强度大，生产效率低，手工自由锻仅适用于修配或小型、小批、简单锻件的生产。在现代工业生产中，手工自由锻逐渐被机器自由锻代替，特别是在重型机械的制造中尤显重要，机器自由锻已成为锻造的主要方法。

1) 自由锻基本工序

(1) 墩粗。墩粗是指减小毛坯高度、增大横断面积的锻造工序，常用于圆盘类、齿轮坯的锻造。墩粗主要有 3 种形式：

① 完全墩粗。如图 2-53(a)所示，将坯料竖直放置在砧面上，通过上砧锤击，坯料产

生塑性变形，高度减小、横截面积增大。

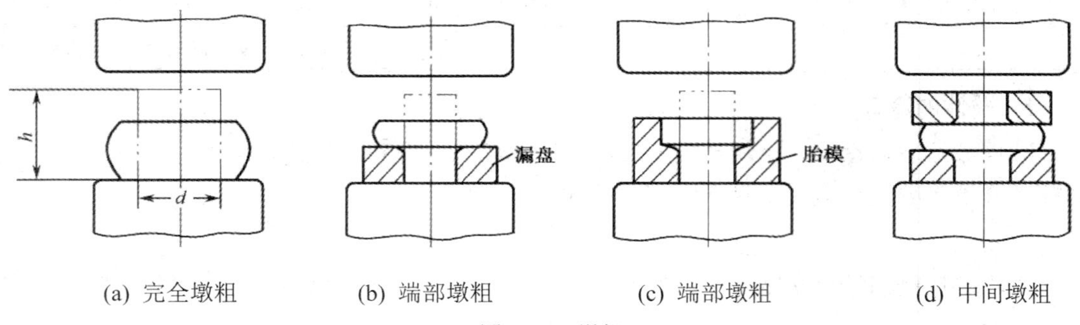

(a) 完全墩粗　　(b) 端部墩粗　　(c) 端部墩粗　　(d) 中间墩粗

图 2-53　墩粗

② 端部墩粗。坯料加热后，将其一端放在胎模或漏盘内，限制此端部的塑性变形后，再锤击另一端，使坯料墩粗成型。如图 2-53(b)所示为采用漏盘的端部墩粗，大多用于小批量生产中；如图 2-53(c)所示为采用胎模的端部墩粗，大多用于大批量生产中。若单件生产时，可先全部加热坯料，然后在水中激冷不需墩粗的部位，再进行墩粗或只局部加热需要墩粗的部位。

③ 中间墩粗。如图 2-53(d)所示，对于两端断面小、中间断面大的锻件可采用这种方法锻造。坯料墩粗前，两端需先拔细，然后将坯料竖立在两个漏盘中间，通过锤击使坯料中间的部分墩粗。

(2) 拔长。拔长是指使坯料的横断面积减小、长度增加的锻造工序，主要有以下两种方法：

① 心轴上拔长。如图 2-54(a)所示为空心坯料在心轴上拔长。锻造前，先把心轴插入已冲孔的坯料中，再当作实心坯料拔长。

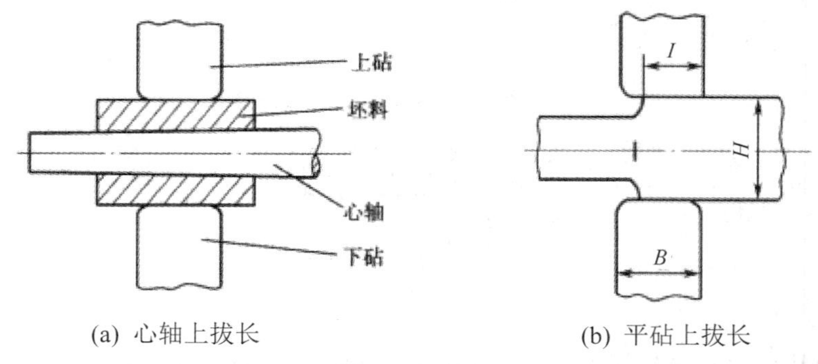

(a) 心轴上拔长　　(b) 平砧上拔长

图 2-54　拔长

② 平砧上拔长。如图 2-54(b)所示是在锻锤上、下平砧间拔长。坯料从右向左送进，每次送进量为 I。

(3) 冲孔。冲孔是指用冲头在已墩粗的坯料上冲出不透孔或透孔的锻造工序。冲孔常用于锻造环套类、齿轮坯及杆类等空心锻件。冲孔方法主要有以下两种：

① 单面冲孔法。如图 2-55 所示，冲孔时将坯料放置于垫环上，将冲头大端对准冲孔的位置，锤击冲头并将其打入坯料，直至穿透为止。单面冲孔法可用于加工厚度小的坯料。

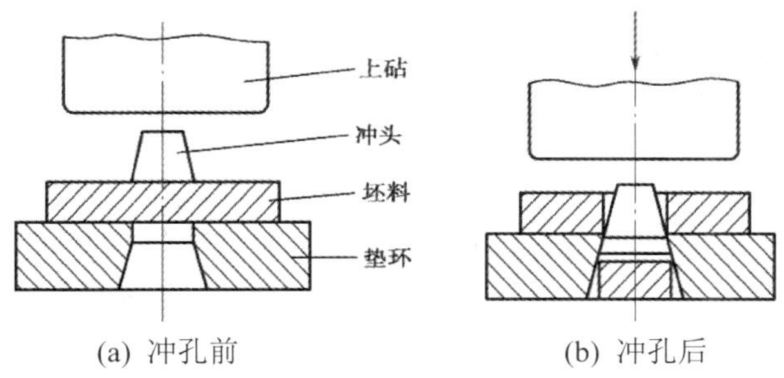

(a) 冲孔前　　(b) 冲孔后

图 2-55　单面冲孔过程

② 双面冲孔法。如图 2-56 所示，在坯料上用冲头冲至 2/3～3/4 的深度时，拔出冲头，将坯料翻转，再从反面用冲头对准位置，将孔冲出来。

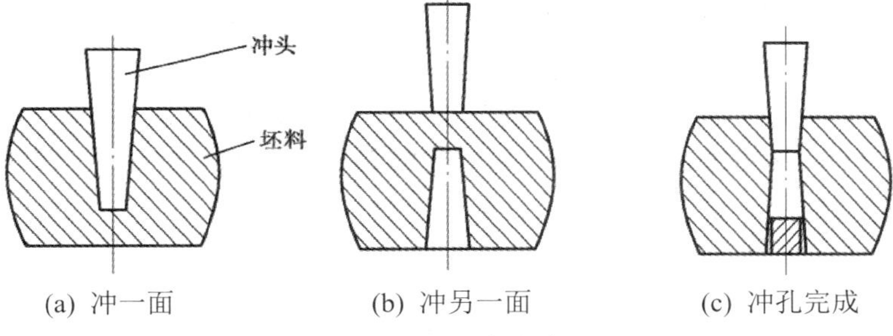

(a) 冲一面　　(b) 冲另一面　　(c) 冲孔完成

图 2-56　双面冲孔过程

(4) 弯曲。弯曲是指将毛坯在一定的工模具上弯成所规定的外形的锻造工序，常用于锻造弯板、角尺及吊钩等弯曲轴线的锻件。弯曲方法主要有以下两种：

① 垫模弯曲法。如图 2-57 所示，在垫模中将毛坯弯曲得到尺寸和形状较准确的小型锻件。

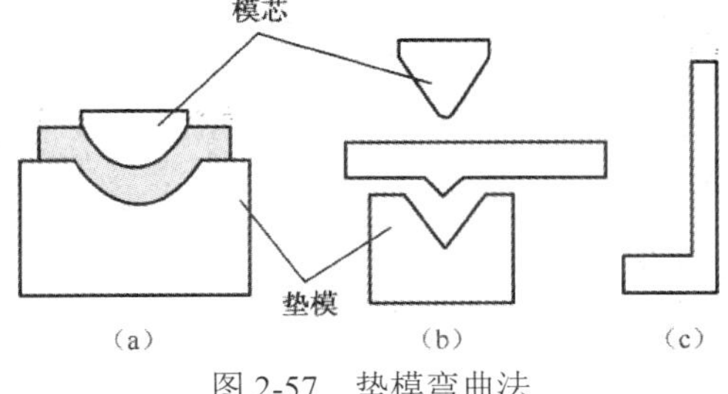

图 2-57　垫模弯曲法

② 锻锤压紧弯曲法。如图 2-58 所示，上、下砧压紧坯料的一端，用吊车拉或用大锤打击另一端，使坯料弯曲成型。

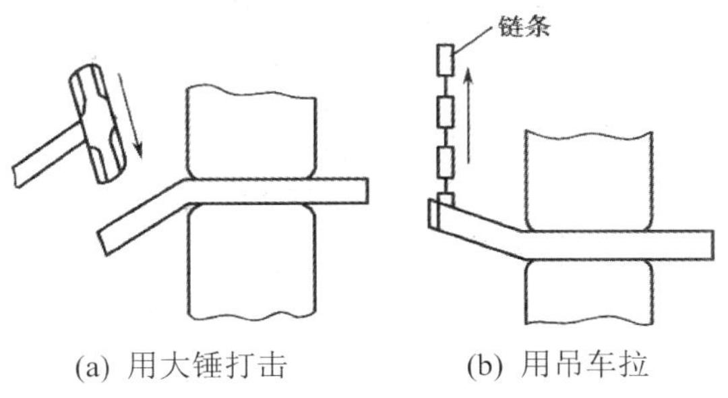

(a) 用大锤打击　　(b) 用吊车拉

图 2-58　锻锤压紧弯曲法

(5) 错移。错移是指将坯料的一部分相对另一部分平行错开一段距离的锻造工序，如图 2-59 所示，错移常用于锻造曲轴类零件。

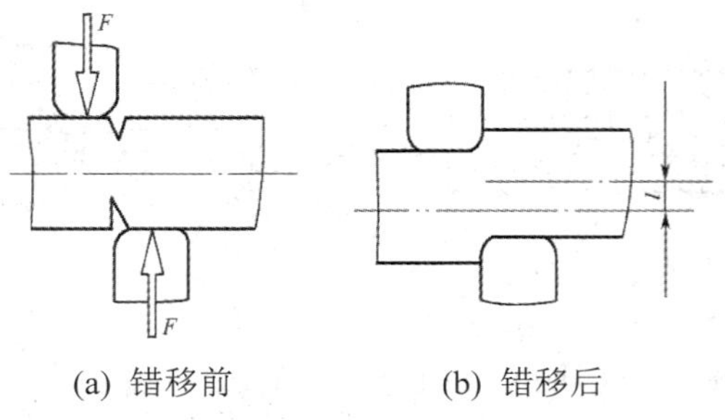

(a) 错移前　　(b) 错移后

图 2-59　错移过程

错移前，先局部切割坯料，在切口的两侧分别施加方向相反、大小相等且垂直于轴线的压力或冲击力，使坯料错移。

(6) 扭转。扭转是将坯料的一部分相对于另一部分绕其轴线旋转一定角度的锻造工序。小型坯料的扭转角度不大时，可用如图 2-60 所示的锤击扭转方法扭转。扭转常用于锻造麻花钻、多拐弯曲件及校正某些锻件。

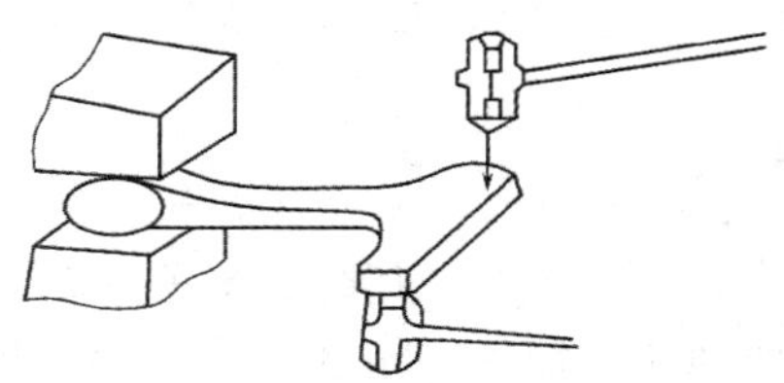

图 2-60　锤击扭转方法

2) 自由锻的生产特点和应用

自由锻时，坯料只有部分位置与上、下砧铁接触产生塑性变形，其余部分为自由表面。自由锻要求锻造的设备吨位较小；自由锻工艺灵活性较大，在更改锻件的品种时，准备时间较短；锻件精度不高，不能锻造形状复杂的锻件；生产率低，应用于单件、小批量生产中，是大型锻件的主要生产方法。

5. 模锻

模锻是将坯料放置在一定形状的锻模模膛内，在压力或冲击力的作用下将坯料充满整个模膛的方法，如图 2-61 所示。

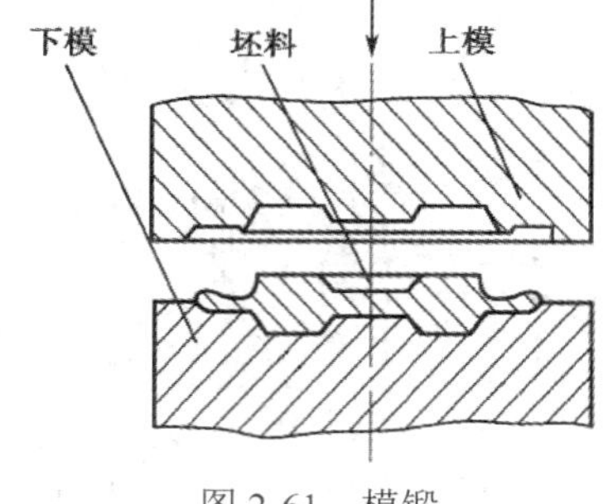

图 2-61　模锻

因为大多数金属是在热态下模锻的，也称热模锻。模锻与自由锻相比，能够锻出尺寸比较准确、形状更为复杂的锻件，生产效率较高，可大量生产尺寸与形状基本相同的锻件，便于在后续的加工过程中采用自动生产线和自动机床。

模锻后的锻件内部会形成流线，流线是带有一定方向性的纤维组织。模锻时，应选定合理的模具和工艺，使零件的外形与流线的分布一致，可显著提高锻件的机械性能。模锻要用专用模具，制造模具的材料必须用优质合金工具钢，模膛要求精度高、形状复杂、生产周期长、加工量大、价格昂贵。

模锻一般适用于大批量生产，在批量不大，但对锻件的性能和形状有较高要求的场合也可用模锻。模锻件相对于自由锻件毛坯，其加工余量小、精度高。

锻件的加工余量需要考虑切削加工所需的余量，金属流动和充填状态，模具的制造精度以及使用过程中金属的冷缩、磨损及表面氧化，锻造需要的圆角、斜度及锻造偏差等。在实际生产中，都按标准选用锻件的加工余量。

6. 胎膜锻

胎膜锻是指在自由锻设备上采用可移动的模具来生产锻件的一种锻造方法。胎膜先不固定在砧座或锤头上，用时再放上去。胎模锻广泛应用在小型锻件生产上。胎模种类较多，胎模锻工艺较灵活。掌握胎模锻工艺的关键是要了解胎模的成型特点与结构。

1) 胎模的种类

根据结构特点，胎模可以分为扣模、摔子、合模和套模4种。

(1) 扣模。扣模相当于锤锻模成型具有模膛作用的胎模，多用于简单非回转体轴类锻件局部或整体的成型。扣模一般由上扣和下扣组成，如图2-62(a)所示，或者只有下扣，上扣由上砧代替，称为单扣，如图2-62(b)所示。

在扣模中锻造时，坯料不翻转，但扣形后需将坯料翻转90°，再在锤砧上平整侧面。

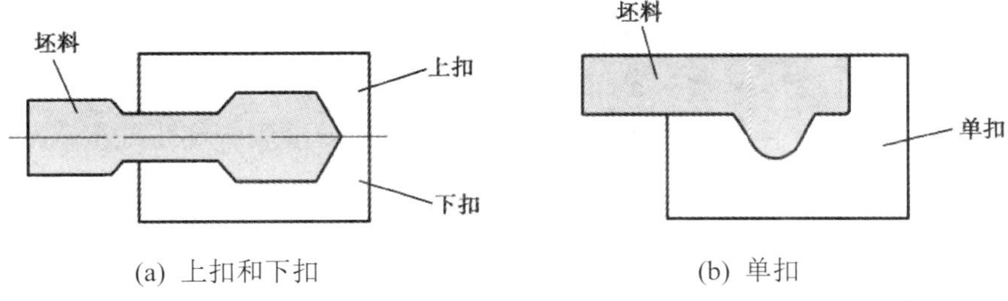

(a) 上扣和下扣　　(b) 单扣

图2-62　扣模

(2) 摔子。摔子是用于锻造回转体或对称锻件的一种简单胎模。它有整形和制坯之分。如图2-63所示为锻造圆形断面时用的光摔和锻造台阶轴时用的型摔。

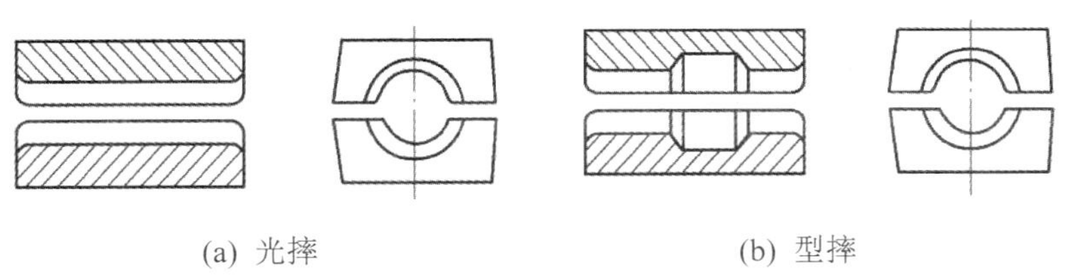
(a) 光摔　　(b) 型摔

图2-63　摔子

(3) 合模。合模由上模、下模和导向装置组成，如图2-64所示。在上模、下模的分模面上，环绕模膛开有飞边槽，锻造时多余的金属被挤入飞边槽中。锻件成型后须将飞边切除。合模锻多用于非回转体类且形状比较复杂的锻件，如连杆、叉形锻件等。

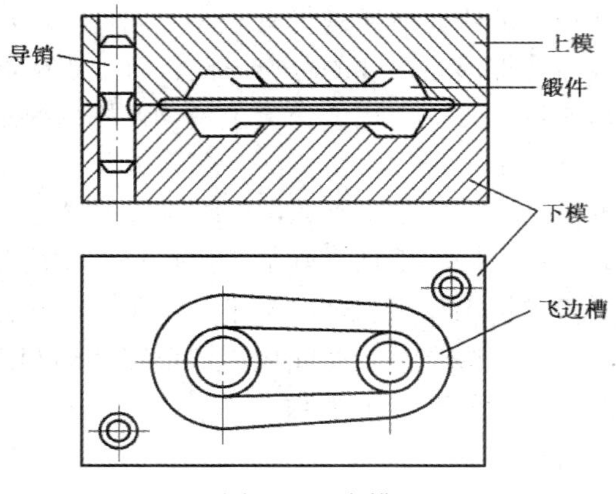

图 2-64　合模

与前述几种胎模锻相比，合模锻生产的锻件精度和生产率都比较高，但是模具制造也比较复杂，所需锻锤的吨位也比较大。

(4) 套模。套模有开式套模和闭式套模两种。最简单的开式套模只有下模(套模)，没有模垫，卡模由卡砧代替，如图 2-65(a)所示。如图 2-65(b)所示为有模垫的开式套模，其模垫的作用是使坯料的下端面成型。开式套模主要用于回转体锻件(如齿轮、法兰盘等)的成型。

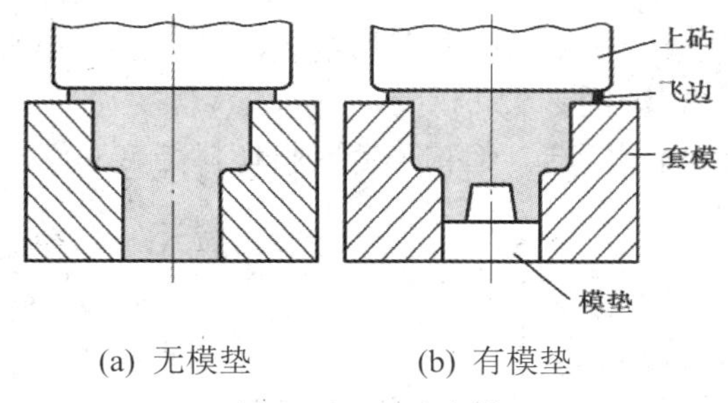

(a) 无模垫　　(b) 有模垫

图 2-65　开式套模

闭式套模是由模套和上模垫、下模垫组成的，也可以只有上模垫，如图 2-66 所示。它与开式套模的不同之处在于，上砧的打击力是通过上模垫作用于坯料上的，坯料在模膛内成型，一般不产生飞边或毛刺。闭式套模主要用于凸台和凹坑的回转体锻件，也可用于非回转体锻件。

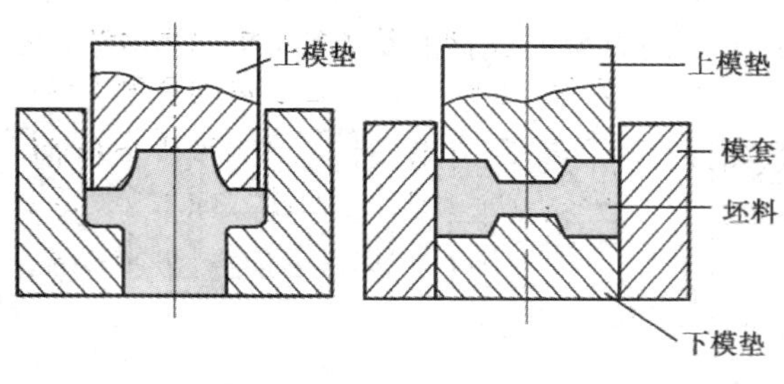

(a) 无下模垫　　(b) 有下模垫

图 2-66　闭式套模

2) 胎膜锻的特点和应用

胎膜锻与自由锻相比有以下优点：

(1) 锻件的形状由模膛控制，坯料成型较快，生产率比自由锻高1～5倍。

(2) 坯料在模膛内成型，锻件表面较光洁，尺寸较精确，流线组织分布较合理，质量较高。

(3) 锻件余块少，加工余量较小，可节省金属材料，同时又减少了机械加工工时。

(4) 能锻出形状比较复杂的锻件。

胎膜锻也具有一些缺点：胎膜的使用寿命较短；只能生产小型锻件；需要吨位较大的锻锤；劳动强度较大，一般要靠人力来搬动胎膜；用于生产小、中批量的锻件。

7. 锤上模锻

1) 锻模的种类

锻模是指使坯料成型以获得模锻件的工具，分单模膛锻模、多模膛锻模。

(1) 单模膛锻模。单模膛锻模和锻件成型过程如图2-67所示。将加热好的坯料放在下模模膛内，将上模、下模在分模面上锻打，直至上模、下模在分模面上近乎接触为止。切去周围的飞边，即得到锻件。

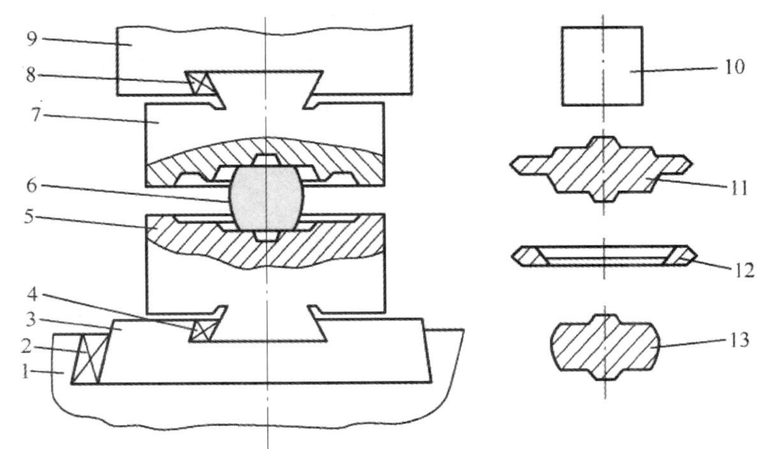

1—砧座；2、4、8—楔铁；3—模座；5—下模；6—坯料；7—上模；9—锤头；10—坯料；11—带飞边的锻件；12—切下的飞边；13—成型锻件

图2-67 单模膛锻模和锻件成型过程

(2) 多模膛锻模。多模膛锻模是指在同一副锻模上能够进行各种墩粗、拔长及弯曲等预锻工序和终锻工序。对于形状较复杂的锻件，必须经过几道预锻工序才能使坯料的形状接近锻件形状，最后才能在终锻模膛中成型。

如图2-68所示为弯曲轴线类锻件的锻模和锻件成型过程。坯料8在延伸模膛3中被拔长为延伸坯料9；延伸坯料9在滚压模膛4中被滚压成非等截面滚压坯料10；滚压坯料10在弯曲模膛7中产生弯曲形成弯曲坯料11；弯曲坯料11在预锻模膛6中初步成型，得到带有飞边的预锻坯料12；预锻坯料12最后在终锻模膛5锻造，得到带飞边锻件13；切掉飞边后即得到所需要的锻件1。

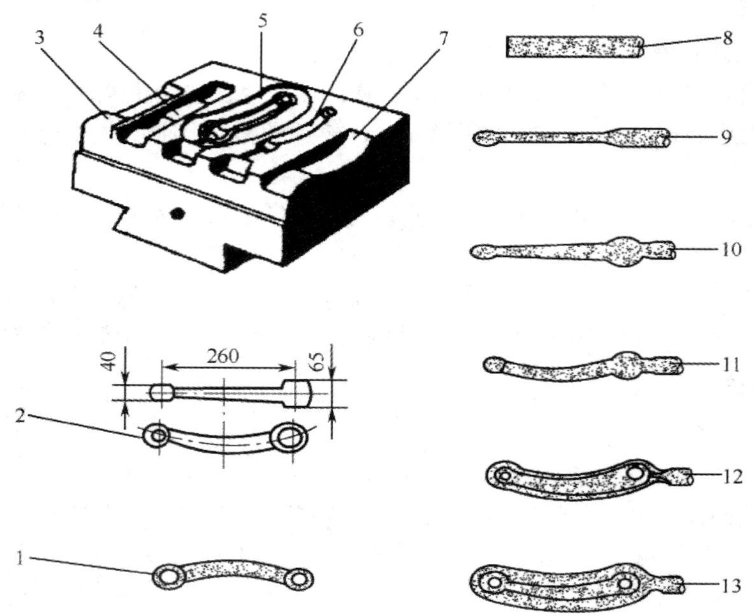

1—锻件；2—零件图；3—延伸模膛；4—滚压模膛；5—终锻模膛；6—预锻模膛；7—弯曲模腔；8—坯料；9—延伸坯料；10—滚压坯料；11—弯曲坯料；12—预锻坯料；13—带飞边锻件

图 2-68　弯曲轴线类锻件的锻模和锻件成型过程

2) 锤上模锻的特点和应用

锤上模锻与胎膜锻、自由锻比较，有以下优点：

(1) 操作简单，劳动强度比胎膜锻、自由锻都低。

(2) 表面质量高，尺寸准确，加工余量小，余块少甚至没有，可节省大量金属材料及机械加工工时，生产率高。

2.2.3　冲压

冲压是指利用冲模使板料成型或分离而得到零件的加工方法。通常在室温下进行，故又称为冷冲压。

1. 板料冲压的特点

板料冲压的特点如下：

(1) 产品具有较低的表面粗糙度和足够的精度，互换性好。

(2) 需要专门的冲模，冲模制造周期较长、费用高。

(3) 冲压过程操作简单，便于实现自动化、机械化。

(4) 能获得刚度和强度较高、材料消耗少、质量轻的零件。

2. 冲压设备

常用的冲压设备主要有冲床、剪板机等。

(1) 冲床。冲床的传动机构大多为曲柄连杆滑块机构，故又称曲柄压力机。如图 2-69

所示为开式双柱可倾斜式冲床。它是通用性冲床，适用于各种金属板料的剪切、落料、冲孔、成形、弯曲、浅拉深等多种冲压工艺，是冲压生产中的主要设备之一。

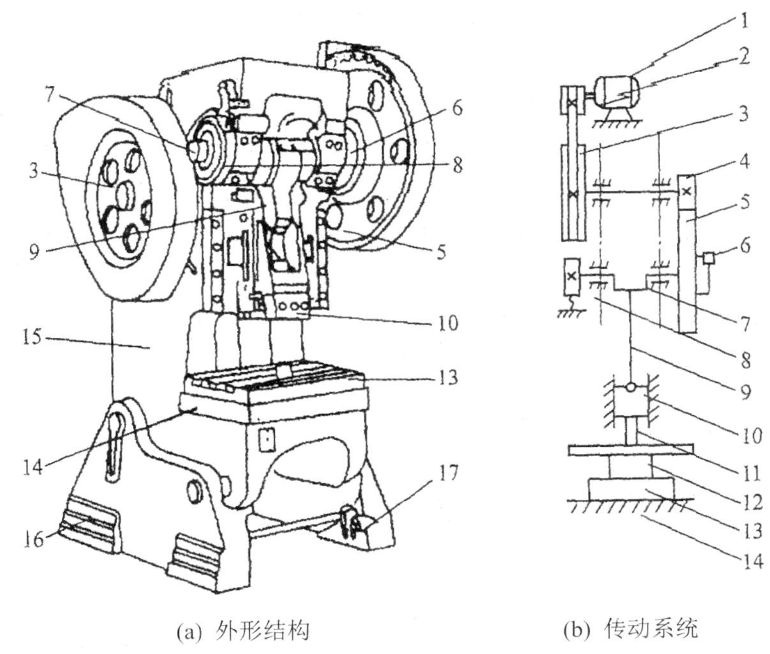

(a) 外形结构　　(b) 传动系统

1—电动机；2、3—带轮；4、5—齿轮；6—离合器；7—曲轴；8—制动器；9—连杆；10—滑块；11—上模；12—下模；13—垫板；14—工作台；15—床身；16—底座；17—脚踏板

图 2-69　开式双柱可倾斜式冲床

(2) 剪板机。如图 2-70 所示为剪板机外观结构及其工作原理。

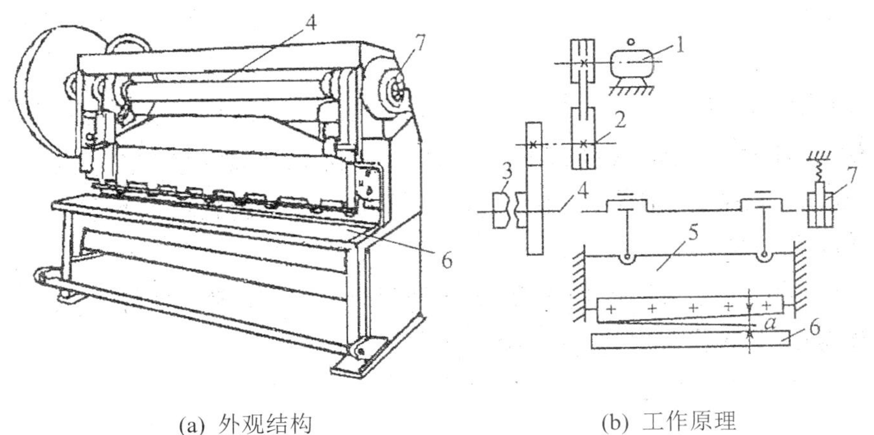

(a) 外观结构　　(b) 工作原理

1—电动机；2—主轴；3—离合器；4—曲轴；5—滑块；6—工作台；7—制动器

图 2-70　剪板机

剪板机是用来剪裁直线边缘的板料、毛坯的机床，其外观结构如图 2-70(a)所示。剪板机工作原理如图 2-70(b)所示，上刀片固定在滑块 5 上，下刀片固定在工作台 6 上，床面上安装有托球，以便于板料的送进移动，后挡料板用于板料定位，位置由调位销进行调节。

工作时通过电动机 1 带动主轴 2 高速旋转，通过离合器 3 的开合，启动与停止曲轴 4 的动力传递，通过滑块的上下移动进行剪切。剪切工艺应能保证被剪板料剪切表面的直线性和平行度要求，并尽量减少板材扭曲，以获得高质量的工件。

3. 冲压的基本工序

冲压的基本工序分为成型工序和分离工序两大类。成型工序是指坯料在不破裂的条件下使其一部分相对于另一部分产生塑性变形而获得一定形状和尺寸的冲压件的工序，如拉深(见图 2-71)、弯曲等。分离工序是指使坯料的一部分与另一部分产生相互分离的冲压件的工序，如冲孔、切断、落料、切边、切口等，如表 2-3 所示为常见分离工序。

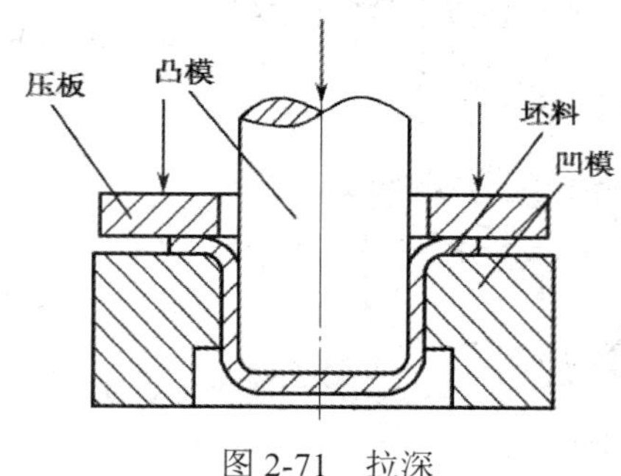

图 2-71　拉深

表 2-3　常见分离工序

工序名称	简　　图	特点及应用范围
切断		用剪刀或冲模切断板材，切断线不封闭
落料	工件 废料	用冲模沿封闭线冲切板料，冲下来的部分为工件
冲孔	工件 废料	用冲模沿封闭线冲切板料，冲下来的部分为废料
切口		在坯料上沿不封闭线冲出缺口，切口部分发生弯曲，如通风板
切边	废料	将制件的边缘部分切掉，切下来的为废料

4. 冲压件的结构工艺性

冲压件的结构工艺性是指在设计冲压件形状、结构、尺寸、精度要求及材料等方面时，尽可能做到使模具的使用寿命长、产品制造容易、节省材料、同时少出现废品。

1) 弯曲件的结构工艺性要求

(1) 如图 2-72(a)所示，弯曲边长 h 应满足 $h \geqslant R + 2t$。h 过小，弯曲边支持在模具上的长度过小，易导致坯料向其长边方向位移，降低弯曲精度。

(2) 弯曲半径应不小于坯料的最小弯曲半径，但也不应过大，否则不易控制回弹。

(3) 在弯曲附近的孔容易产生变形。因此，应按如图 2-72(c)所示设计孔的位置，避开弯曲变形区。从弯曲半径中心到孔缘的距离应为 $L \geqslant 2t$($t \geqslant 2$ mm 时)或 $L \geqslant t$($t < 2$ mm 时)。

(4) 坯料的一边局部弯曲时，根部易被撕裂，如图 2-72(a)所示。可改成如图 2-72(b)所示的结构或减小坯料宽(由 A 减为 B)。

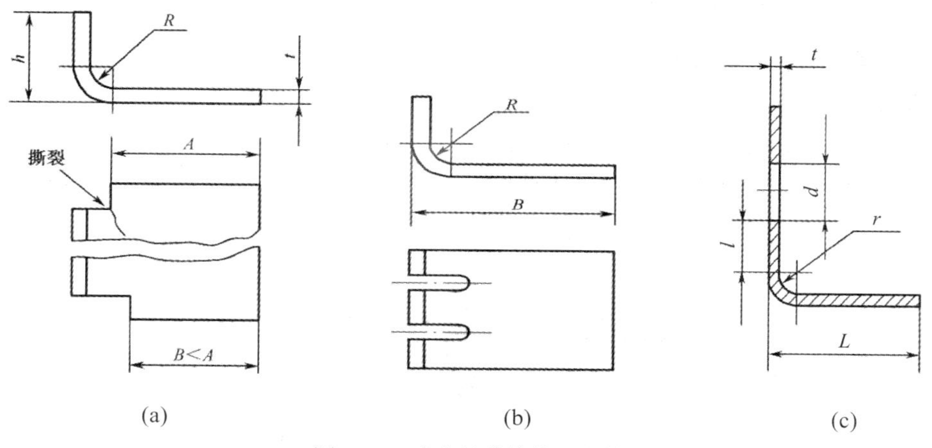

图 2-72 弯曲件的结构工艺性

(5) 为增加制件的刚性，可在弯曲件上合理加肋，减小板料的厚度，节省材料。如图 2-73 所示，将图(a)结构改为图(b)结构后，$t_2 < t_1$，既省材料，又减小了弯曲力。

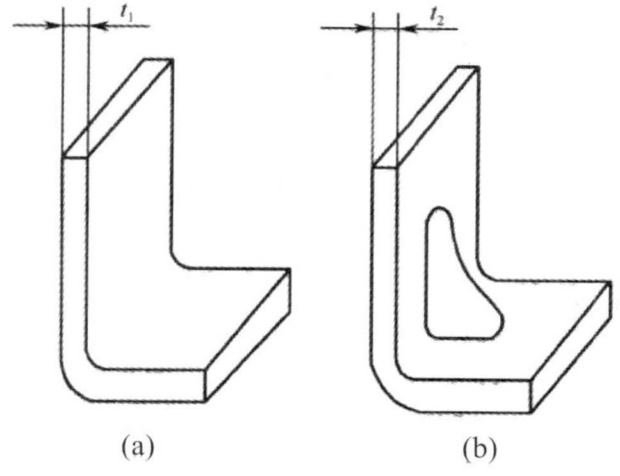

图 2-73 弯曲件加肋

2) 冲压件的结构工艺性要求

(1) 转角处应避免尖角，以圆弧过渡。

(2) 形状应力求对称、简单，尽可能采用矩形或圆形等规则形状，避免出现过窄过长的悬臂和槽。

(3) 冲孔不能太小，否则凸模会因强度不足导致折断。冲模一般能冲出的孔径的最小值与板料的厚度 t 有关，其具体数值参见表 2-4。

(4) 制件上的孔与孔之间、坯料边缘与孔之间的距离不宜过小，否则制件质量和凹模强度都会降低。

表 2-4　最小冲孔尺寸

材料	圆孔	方孔 $L \times L$	长方孔 $L \times W$	长圆孔 $L \times W$
硬钢	$d \geqslant 1.3\,t$	$L \geqslant 1.2\,t$	$W \geqslant 1.0\,t$	$W \geqslant 0.9\,t$
软钢、黄铜	$d \geqslant 1.0\,t$	$L \geqslant 0.9\,t$	$W \geqslant 0.8\,t$	$W \geqslant 0.8\,t$
铝	$d \geqslant 0.8\,t$	$L \geqslant 0.7\,t$	$W \geqslant 0.6\,t$	$W \geqslant 0.5\,t$

3) 拉深件的结构工艺性要求

(1) 拉深件形状应尽量对称。轴对称零件在圆周方向上的变形较均匀，模具容易制造，其工艺性也最好。

(2) 拉深件的制造精度(如制件的高度、内径和外径)要求不宜过高。

(3) 空心拉深件的深度和凸缘应尽量小。如图 2-74 所示，一般要使 $d_{凸} < 2d$。

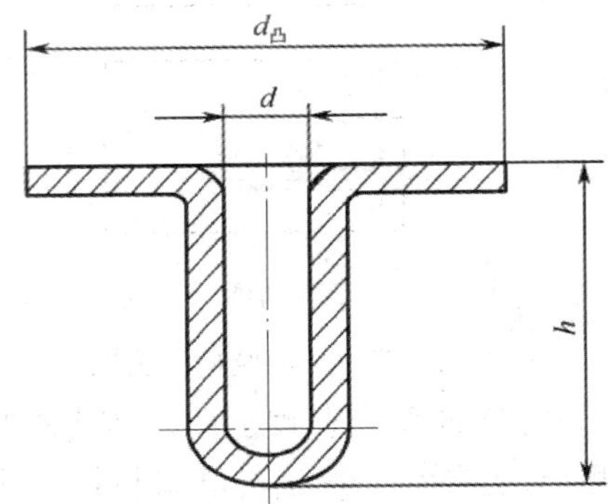

图 2-74　拉深件的结构工艺性

2.3　焊 接 成 型

2.3.1　焊接的特点和分类

1. 焊接的特点

焊接的特点如下：

(1) 接头致密性好，质量好，比铆接节约材料。

(2) 能简化大型以及复杂零件的制造过程，可实现“以小拼大”。

(3) 容易实现自动化，能改善劳动条件，降低劳动强度。

(4) 适应性好，能实现特殊结构的组合，如不同材料间的焊接成型。

(5) 焊接材料要求严格，有些材料的焊接性能较差。

(6) 焊接后的零件会产生较大的变形或应力，零件的性能会因焊接热影响区而受到影响。

2. 焊接的分类

按工艺过程的特点，金属焊接可分为熔化焊、钎焊和压力焊 3 大类。

熔化焊的典型特征是具有熔池。常用的熔化焊方法有气焊、电弧焊、电渣焊、电子束焊、激光焊和等离子束焊等，这些焊接方法间的区别在于加热原理不同。

钎焊是指用比母材熔点低的金属材料作钎料，将钎料和焊件加热到低于母材的熔点而高于钎料熔点的温度，母材利用液态钎料进行润湿，填充接头的间隙同时与母材进行相互扩散以实现焊件的连接方法。钎焊有火焰钎焊、烙铁钎焊、炉中钎焊等。

压力焊是指将金属通过加热等手段达到塑性状态，加压后使金属产生塑性变形、再结晶、扩散等作用，两个分离的表面间的原子接近到晶格距离(0.3～0.5 nm)，从而形成金属键，获得不可拆卸的接头的焊接方法。压力焊方法包括电阻焊、高频焊、摩擦焊、超声波焊、扩散焊等。

2.3.2 常用焊接方法

1. 手工电弧焊

手工电弧焊又称为焊条电弧焊，是指用手工操纵焊条进行焊接的电弧焊方法，如图 2-75 所示。

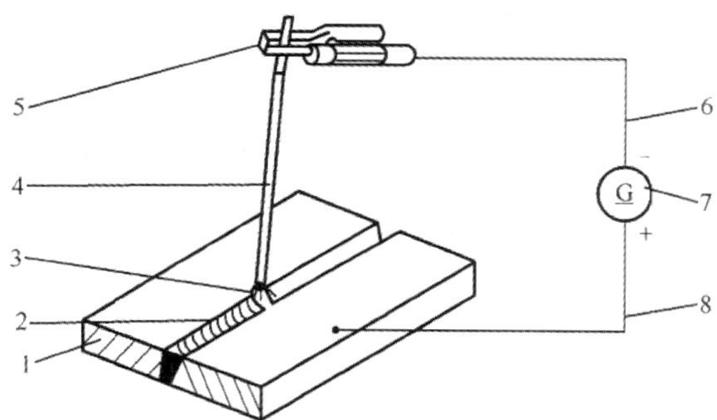

1—焊件；2—焊缝；3—电弧；4—焊条；5—焊钳；6、8—焊接电缆；7—焊机(带电流指示器)

图 2-75 手工电弧焊原理图

手工电弧焊设备操作简单、灵活，对空间不同接头形式、不同位置的焊件均能进行焊接。手工电弧焊是焊接生产中应用最广泛的焊接方法。

手工电弧焊由焊接电源供给焊接电弧，电弧是在焊件与电极间或具有一定电压的两电极之间，在气体介质中产生的强烈而持久的放电现象。

1) 焊接电弧的产生

焊接电弧产生的方式有非接触引弧和接触引弧两种，手工电弧焊采用接触引弧。如图 2-76 所示为焊接电弧产生的过程。焊接时，当焊条的末端与焊件进行接触时，会造成短路，且由于焊条与焊件的接触表面不平整，导致接触处的电流密度很大，并且在短时间内会产生大量的热，焊条末端的温度很快提高并产生熔化，在快速提起焊条的瞬间，电流只能从已熔化的金属的细颈处通过，使金属细颈部分的温度急剧升高、蒸发、汽化，引起强烈的电子发射以及热电离。在电场力的作用下，正离子奔向阴极，自由电子奔向阳极，在正离子与自由电子的运动过程中及到达两极时会不断发生碰撞与复合，这时动能转为热能，产生大量的热和光，便形成了电弧。

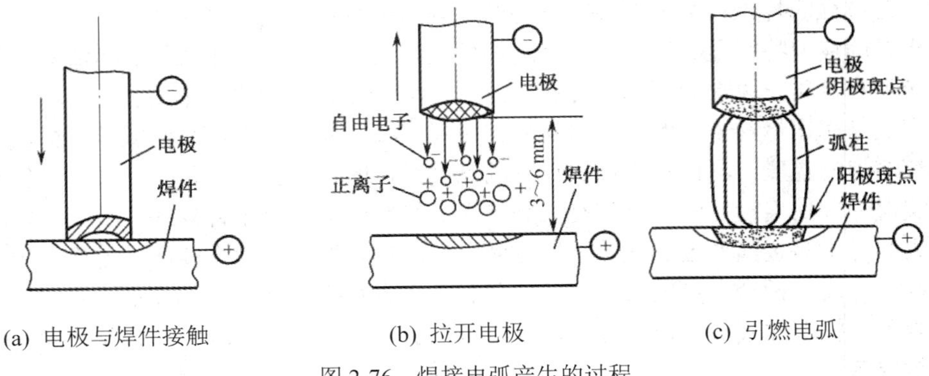

图 2-76　焊接电弧产生的过程

2) 焊接电弧的组成及热量分布

如图 2-77 所示，焊接电弧由分阳极区、阴极区和弧柱区 3 个区域组成。当采用直流电源时，如焊件接正极，焊条接负极，则阳极区在焊件上，阴极区在焊条的末端。

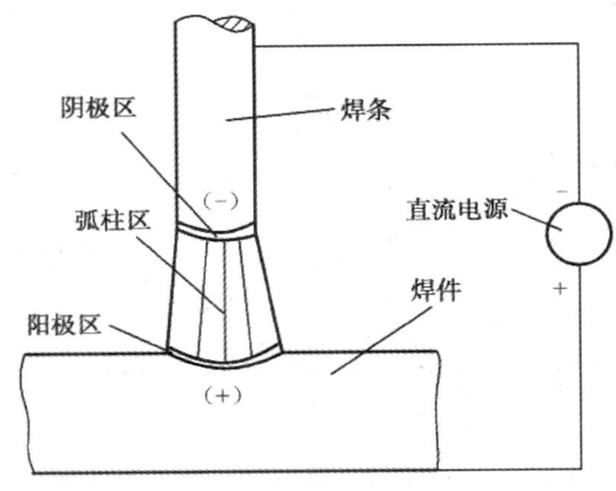

图 2-77　焊接电弧的组成

阳极区是指靠近阳极端部的区域，阴极区是指靠近阴极端部很窄的区域，弧柱区是指处于阳极区和阴极区之间的气体空间区域，其长度相当于整个电弧的长度。钢材用钢焊条进行焊接时，阳极区所释放的热量约占电弧总热量的 43%，温度约为 2300℃；阴极区所释放的热量约占电弧总热量的 36%，温度约为 2100℃；弧柱区所释放的热量约占电弧总热量的 21%，弧柱中心温度高达 5700℃以上。

用交流电源焊接时，因电源的极性交替变化快速，两极的温度基本一致。

3) 焊接电弧的极性及其选用

用直流电源焊接时，有正接、反接两种接法。正接是指焊条接电源的负极、焊件接电源的正极；反接是指焊条接电源的正极、焊件接电源的负极。在采用直流焊接电源时，正、负极的接法要根据焊件的厚薄来进行选择。

一般情况下，较薄焊件的焊接应采用反接法，如图 2-78(a)所示；较厚焊件的焊接采用正接法，如图 2-78(b)所示。若用交流电源焊接，则不存在正、反接的问题。

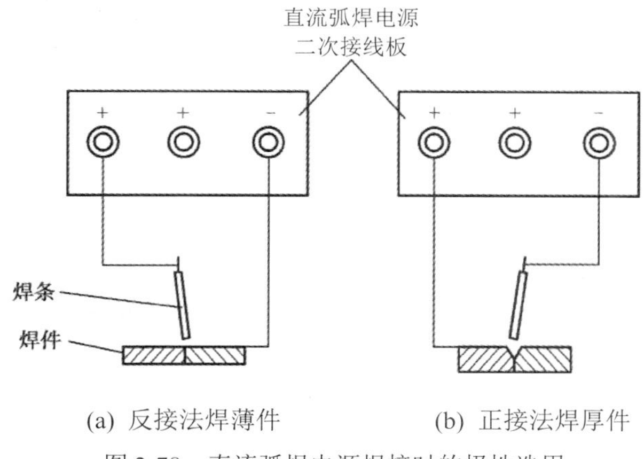

(a) 反接法焊薄件　　(b) 正接法焊厚件

图 2-78　直流弧焊电源焊接时的极性选用

4) 焊条

焊条是由药皮和焊芯组成的。焊芯是一根金属丝，有一定的长度和直径。

焊芯有两个作用，一是焊芯熔化后作为填充金属，与熔化的母材一起形成焊缝；二是作为电极，产生电弧。因焊芯的化学成分能直接影响到焊缝质量，所以焊芯应由炼钢厂专门冶炼而成。目前，我国常用碳素结构钢焊条的焊芯牌号为 H08、H08A，其平均含碳量为 0.08%。

用焊芯的直径来表示焊条的直径，常用的直径为 3.2～6 mm，长度为 350～450 mm。焊芯外面的药皮由各种铁合金(硅铁、锰铁等)、矿物质(萤石、大理石等)及有机物(淀粉、纤维素等)等碾成粉末，再用水玻璃黏结而成。药皮的主要作用如下：

(1) 添加合金元素，以提高金属焊缝的力学性能。

(2) 形成熔渣和产生大量气体以保护熔池的金属不被氧化，起机械保护熔池的作用。

(3) 使电弧容易引燃并稳定燃烧，以改善焊接的工艺性能。

按用途不同，焊条可分为结构钢焊条、铸铁焊条、不锈钢焊条、耐热钢焊条、铝及铝合金焊条、铜及铜合金焊条等。由于焊条药皮类型不同，选用的电源类型也不同，有些焊条只适用于直流电源而不适用于交流电源，有些焊条交、直流电源都适用。

按药皮熔渣化学性质，焊条可分为碱性焊条、酸性焊条两大类。碱性焊条是指药皮中含有较多的碱性氧化物。酸性焊条是指药皮中含有较多的酸性氧化物。碱性焊条脱磷、脱硫的能力强，焊缝具有良好的力学性能与抗裂性，尤其是韧性较高，但在焊接时电弧的稳定性较差，对水、铁锈和油敏感，容易产生气孔，因此焊接前必须烘干(温度在 350℃以上)，焊件上的铁锈和油污要彻底清除，重要的结构一般用直流电源焊接。酸性焊条的工艺性好，用酸性焊条焊接时飞溅小、电弧稳定、易脱渣，但酸性焊条的氧化性较强，焊缝的抗裂性及力学性能都较差，因此只能适用于交、直流电源焊接的一般结构。

GB/T 5117—1995 标准规定，手工电弧焊用碳钢焊条型号用字母“E”加 4 位数字组成，即 Exx x x。“E”表示焊条，前两位数字表示熔敷金属的抗拉强度的最小值，第三位数字表示焊接的位置，“0”与“1”表示焊条适用于全位置焊接(平焊、立焊、横焊、仰焊)，“2”表示焊条适用于平角焊和平焊，第三位和第四位数字组合时，表示药皮类型及焊接电源的种类。

焊接行业标准规定，结构钢焊条的牌号表示由汉语拼音首字母加 3 位数字组成，第一、二位数字代表焊缝金属的抗拉强度等级(用 MPa 值的 1/10 表示)；第三位数字表示药皮类型和焊接电源类型。以 J507 为例，其中 J 代表结构钢焊条，50 代表焊缝金属的抗拉强度不低于 490 MPa，7 代表低氢型药皮，焊接电源为直流。

2. 气焊

气焊是利用助燃气体氧和可燃气体乙炔按照一定的比例混合后由焊炬的喷嘴喷出，点燃后形成高温火焰，其温度可达到 3000℃，将焊件加热到一定温度后再将焊丝熔化，并充填焊缝，用火焰吹平接头，冷凝，最后形成焊缝的过程，如图 2-79 所示。

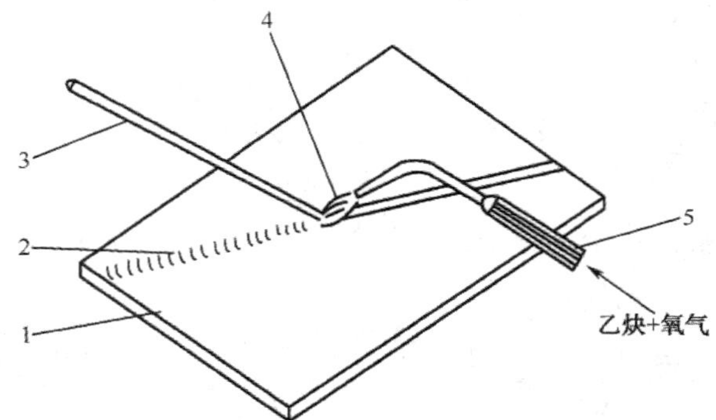

1—焊件；2—焊缝；3—焊丝；4—火焰；5—焊炬

图 2-79　气焊

按助燃气体氧(O_2)与可燃气体乙炔(C_2H_2)的体积比值不同，气焊时所用的火焰分为 3 种：

(1) 当 $V_{O_2} : V_{C_2H_2} = 1.0 \sim 1.2$ 时，该火焰称为中性焰。中性焰中氧与乙炔充分燃烧，没有过剩的氧和乙炔，这种火焰的用途最广。

(2) 当 $V_{O_2} : V_{C_2H_2} < 1$ 时，该火焰称为碳化焰。碳化中乙炔过剩，有游离态的碳，有较强的还原作用，也有一定的渗碳作用。

(3) 当 $V_{O_2} : V_{C_2H_2} > 1.2$ 时，该火焰称为氧化焰。氧化焰中氧过剩，焊接时对金属有氧化作用。

碳化焰主要用于焊接含碳量较高的高速钢、高碳钢及硬质合金等材料，也用于焊补铸铁件。因碳化焰有增碳的作用，可补充在焊接过程中烧损的碳。中性焰主要应用于低碳钢、不锈钢、低合金钢、紫铜和高铬钢等材料的焊接。氧化焰主要应用于黄铜、青铜等材料的焊接。氧化焰可在熔化金属的表面生成一层硅的氧化膜，这层氧化膜可保护低熔点的锡、锌不被蒸发。

碳钢焊接时可直接用焊丝进行焊接；不锈钢、铝及铝合金、铜及铜合金、耐热钢进行焊接时，为防止金属被氧化及消除已形成的氧化物，必须用气焊熔剂。

由于气焊火焰温度比电弧低，热量少，主要应用于厚度在 2 mm 左右的薄板的焊接。

3. 埋弧焊

埋弧焊是指电弧在焊剂层下燃烧进行焊接的方法。

1) 埋弧焊工艺原理

如图 2-80 所示为埋弧焊工艺原理。焊接前，覆盖一层 30～50 mm 厚的颗粒状焊剂在焊件的接头上，在焊剂中插入焊丝，使焊丝与焊件的接头保持适当的距离，产生电弧。由电弧产生的热量形成高温气体，高温气体会将熔渣排开并形成一个空腔，电弧就在这空腔中燃烧。覆盖在上表面未熔化的焊剂和在上面的液态熔渣将电弧与外界的空气隔离。熔化后的焊丝形成熔滴落下，与已熔化的焊件金属混合形成熔池。焊丝沿着箭头所指示的方向不断移动，在熔池中的液态金属也随着焊丝的移动不断凝固，最后形成焊缝。同时，浮在熔池上面的熔渣也凝固成渣壳。

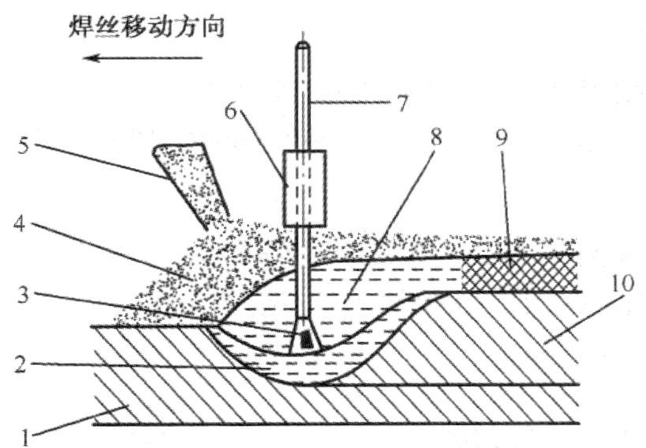

1—焊件；2—熔池；3—熔滴；4—焊剂；5—焊剂斗；6—导电嘴；7—焊丝；8—熔渣；9—渣壳；10—焊缝

图2-80 埋弧焊工艺原理

按焊丝沿焊缝移动方法，埋弧焊可分为埋弧自动焊、埋弧半自动焊两大类。

埋弧自动焊的焊接过程如图2-81所示。焊接时，将焊件放在垫板上，垫板的作用是保持焊件具有适宜的焊接位置。通过送丝机构将焊丝插入到焊剂中。焊丝与焊剂管同时固定在可自动行走的小车上(图中未画出)，焊丝按图2-81中箭头所指示的方向匀速运动。送进焊丝的速度与小车的运动速度相互配合，以保证电弧的稳定燃烧，使焊接过程自始至终正常进行。

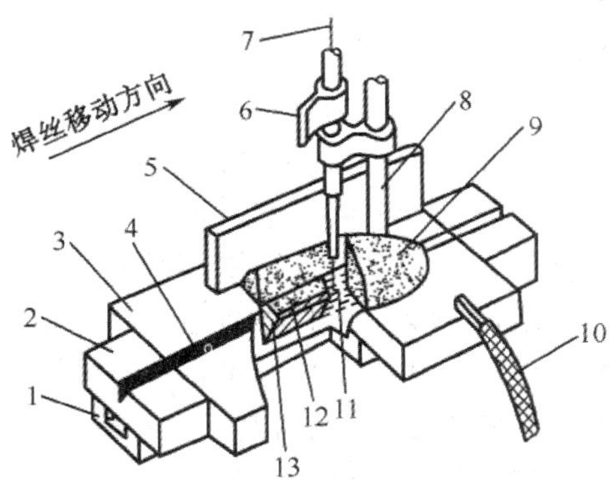

1—垫板；2—导向板；3—焊件；4—焊缝；5—挡板；6—导电嘴；7—焊丝；8—焊剂管；9—焊剂；10—电缆；11—熔池；12—渣池；13—焊缝

图2-81 埋弧自动焊的焊接过程

埋弧半自动焊是靠手工沿着焊缝移动焊丝，这种方法仅适宜不太规则和较短焊缝的焊接。

2) 埋弧焊的工艺特点和应用

埋弧焊与手工电弧焊相比，具有操作简单、焊接质量好、节省焊接材料、劳动强度低、劳动条件较好、生产率高、易实现自动化等优点。

埋弧焊的缺点是：一般情况下，只能焊接平焊缝，不适宜焊接结构复杂且有倾斜焊缝的焊件；设备的费用较高；看不见电弧，在焊接时不方便检查焊缝质量。

埋弧焊适用于低合金钢、低碳钢、不锈钢、铝、铜等金属材料厚板长焊缝的焊接。

4. 气体保护电弧焊

气体保护电弧焊是指用外加的气体作为电弧介质并保护电弧和焊接区的电弧焊，简称气体保护焊。最常用的气体保护焊是二氧化碳气体保护焊和氩弧焊。

1) 氩弧焊

氩弧焊是用氩气作为保护气体的电弧焊。氩弧焊按电极在焊接过程中是否熔化而分为熔化极氩弧焊(见图 2-82(a))和非熔化极氩弧焊(见图 2-82(b))两种。

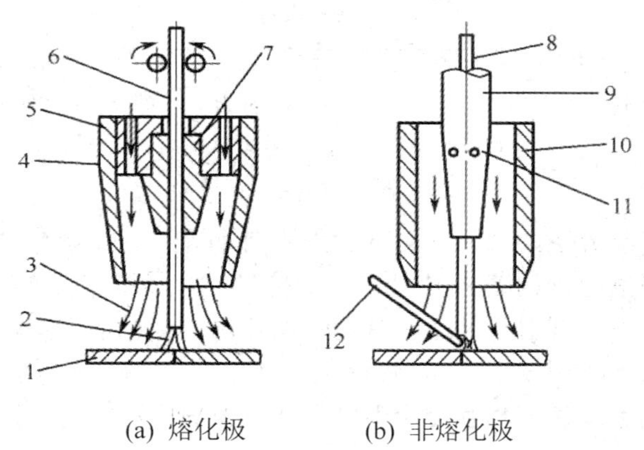

(a) 熔化极　　(b) 非熔化极

1—焊件；2—熔滴；3—氩气；4、10—喷嘴；5、11—氩气喷嘴；

6—熔化极焊丝；9—导电嘴；8—非熔化钨极；12—外加焊丝

图 2-82　氩弧焊

熔化极氩弧焊是采用直径为 0.8～2.44 mm 的实心焊丝，由氩气来保护电弧和熔池的一种焊接方法。焊丝既是电极，又是填充金属，所以称熔化极氩弧焊。

非熔化极氩弧焊是以钨极作为电极，用氩气作为保护气体的气体保护焊。在焊接过程中，钨极不熔化，所以称为非熔化极氩弧焊。填充金属是靠熔化送进电弧区的焊丝。

氩弧焊与其他电弧焊方法相比，其优点是焊接时不必用焊剂就可获得高质量焊缝。由于是明弧焊接，操作和观察都比较方便，可进行各种空间位置的焊接。

氩弧焊几乎可用于所有金属材料的焊接，尤其是焊接化学性质较活泼的金属材料。目前，氩弧焊多用于焊接铝、不锈钢、低合金钢、镁、铜及其合金、耐热钢等材料。

2) 二氧化碳气体保护焊

二氧化碳气体保护焊是在实心焊丝连续送出的同时，用二氧化碳作为保护气体进行焊接的熔化电弧焊，如图 2-83 所示。

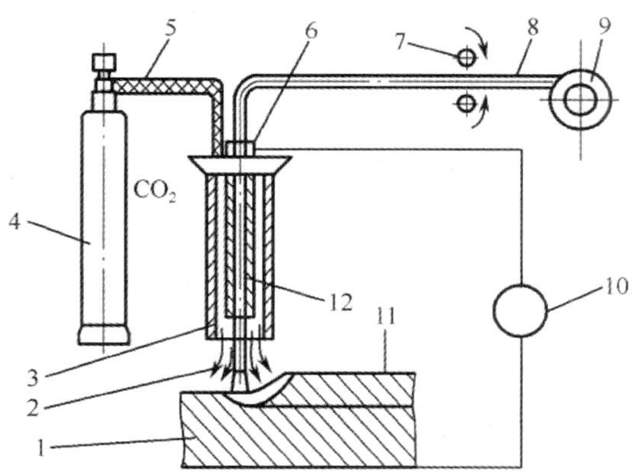

1—焊件；2—CO_2气体；3—焊嘴；4—CO_2气瓶；5—送气软管；6—焊枪；7—送丝机构；8—焊丝；9—绕丝盘；10—电焊机；11—焊丝金属；12—导电嘴

图 2-83 二氧化碳气体保护焊

二氧化碳气体保护焊的优点是生产率高。二氧化碳气体的价格比氩气低，电能消耗少，成本低。由于电弧热量集中，所以二氧化碳气体保护焊熔池小、焊件变形小、焊接质量高。其缺点是不宜焊接容易氧化的有色金属等材料，也不宜在有风的场地工作，电弧光强，熔滴飞溅较严重，焊缝成型不够光滑。

二氧化碳气体保护焊常用于碳钢、低合金钢、不锈钢和耐热钢的焊接，也适用于修理机件，如磨损零件的堆焊。

5. 电阻焊

电阻焊是指通过电极施加压力于装配好的焊件上，利用电流通过接头的接触面以及邻近区域所产生的电阻热，将焊件加热至塑性或者熔化状态，在外力作用下形成原子间结合的焊接方法，又称接触焊。按接触方式，电阻焊可分为对焊、点焊和缝焊，如图 2-84 所示。

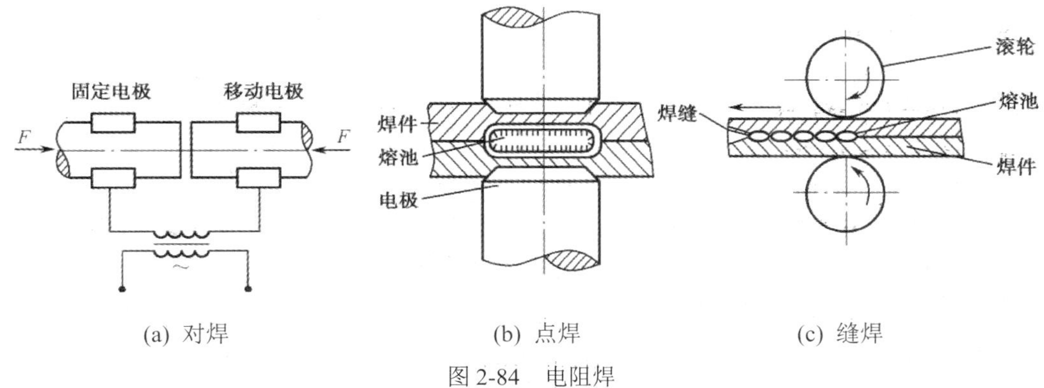

(a) 对焊　(b) 点焊　(c) 缝焊

图 2-84 电阻焊

1) 对焊

按操作方法和焊接过程，对焊可分为闪光对焊和电阻对焊两种。

闪光对焊是指将焊件装配成略有间隙的对接接头，接通电源，移近端面并逐渐达到局部接触，接触点用电阻热进行加热，使端面的金属熔化，直至其端部在一定的深度范围内达到预定的温度后，迅速施加顶锻力以完成焊接的方法。

电阻对焊是指将焊件端面紧密接触，装配成对接接头，利用电阻热将其加热到塑性状态，然后迅速施加压力的焊接方法。

闪光对焊接头强度较高，接头有毛刺，金属损耗大。电阻对焊接头光滑、无毛刺，但接头强度较低。对焊广泛应用于刀具、钢轨、钢筋、管道、自行车车圈和锚链的焊接。

2) 点焊

如图 2-84(b)所示，点焊是指将焊件在两电极之间装配成搭接接头并压紧，用电阻热熔化焊件金属，形成焊点的电阻焊方法。

点焊过程中，熔化金属不与外界的空气接触，焊点强度高、缺陷少，焊件变形小、表面光滑。点焊主要应用于焊接薄板构件，点焊低碳钢板料的最大厚度为 2.5～3.0 mm。此外，点焊还可焊接铜合金、不锈钢、铝镁合金和钛合金等材料。

3) 缝焊

如图 2-84(c)所示，缝焊是指将焊件装配成搭接接头并置于两滚轮电极之间，滚轮压紧焊件并转动，连续或断续送电，形成一条连续焊缝的电阻焊方法。

缝焊的表面光滑平整，有较好的气密性，常用于要求密封的薄壁容器焊接，广泛应用于飞机、汽车制造业。缝焊也常用来焊接合金钢、铝及铝合金、低碳钢等薄板材料。

6. 钎焊

钎焊时，清洗干净焊件接合表面，搭接组合焊件，在接合面间的间隙中或在接合间隙附近放钎料。将钎料与焊件一起加热，温度稍高于钎料的熔化温度时，液态钎料借助毛细管的作用被吸入进两焊件接头的缝隙中，于是在钎料和焊件金属之间渗透扩散，凝固后即形成钎焊接头。钎焊过程如图 2-85 所示，图(a)是将钎料放置在接头处，并加热钎料和焊件；图(b)是钎料熔化后并开始流入钎缝间隙；图(c)是钎料填满整个钎缝间隙，凝固后形成钎焊接头。

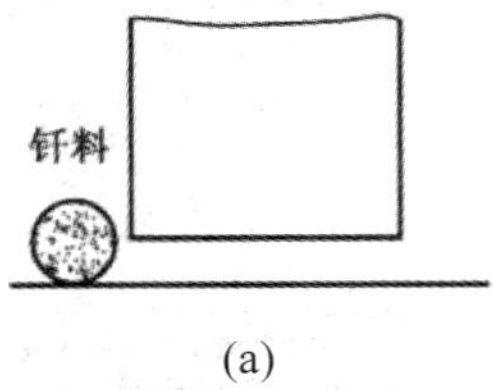

(a)

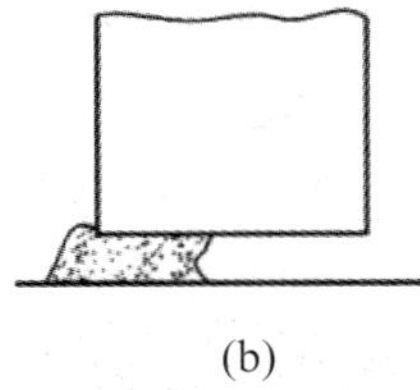
(b)

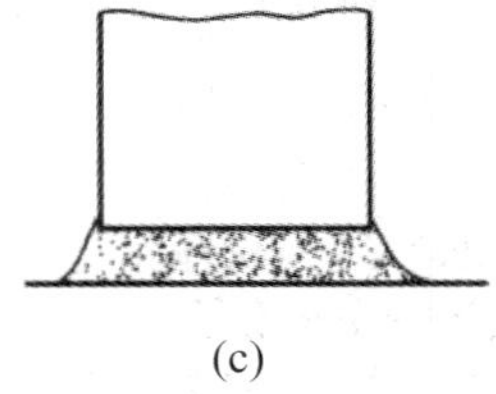
(c)

图 2-85　钎焊过程

钎焊的特点是焊件接头不熔化，钎料熔化。钎焊时，要先用钎剂清除焊件和钎料表面的氧化物，以便使钎焊部分连接牢固、增强钎料的附着作用。

常用的钎料一般有软钎料和硬钎料两类。

软钎料是指熔点低于 450℃的钎料，一般由铅、铋、锡等金属组成。钎焊的焊接接头表面光洁、气密性好，焊件的性能和组织变化不大，尺寸和形状稳定，可以连接不同成分的金属材料。钎焊的缺点是钎缝的耐热能力和强度都比焊件低。软钎料焊接强度低，主要应用于焊接要求密封性好但不承受载荷的焊件，如仪表元件、容器等。

硬钎料是指熔点高于 450℃的钎料，主要有铝基、铜基、镍基、银基等。硬钎料具有较高的强度，能连接承受载荷的零件，应用较广泛，如自行车车架、硬质合金刀具等。

钎焊在机械、仪表、无线电、电机等制造业中应用广泛。

7. 气割

气割是根据高温的金属能在纯氧中燃烧的原理进行的，它是与气焊有着本质不同的过程，即气割是金属在纯氧中燃烧，而气焊是熔化金属。

气割原理如图 2-86 所示，气割时，先将金属用火焰预热到燃点，然后用高压氧使金属发生燃烧，同时吹走燃烧所生成的氧化物熔渣，形成切口。金属燃烧时有大量的热放出，又可以预热待切割的部分，即切割的过程实际为重复进行预热→燃烧→去渣的过程。

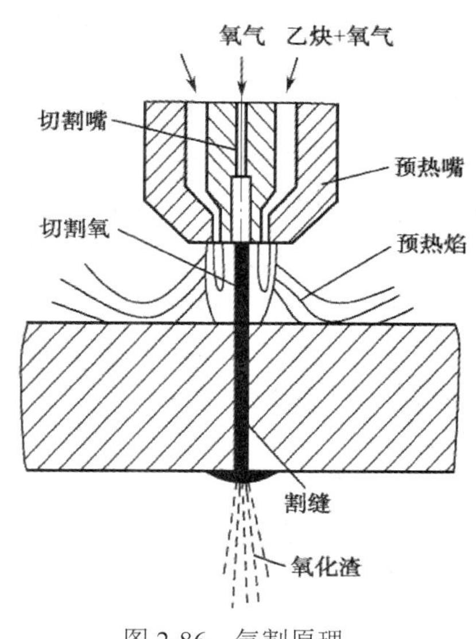

图 2-86 气割原理

被切割的金属应具备以下条件：

(1) 金属燃烧时应能放出足够的热量，且金属本身的热导性要低，有利于切割过程不间断地进行。铜及其合金不能进行气割，因铜及其合金燃烧时释放的热量较少，且热导性又好。

(2) 燃烧所生成的金属氧化物的熔点应低于金属本身的熔点，且要有较好的流动性，以便熔化并吹掉氧化物。铝的熔点低于其氧化物 Al_2O_3 的熔点，铬的熔点低于其氧化物 Cr_2O_3 的熔点，所以铝合金与不锈钢不具备气割的条件。

(3) 金属的燃点应低于其熔点，否则金属在切割前已融化，不能形成整齐切口，导致切口凹凸不平。高碳钢和铸铁难以进行气割，因为钢的熔点随着含碳量的增加而降低，当含碳量等于 0.7%时，钢的熔点已接近于燃点。

综上所述，能满足气割条件的金属材料是低碳钢、中碳钢及部分低合金钢。

气割时，可用割炬代替焊炬，其余设备与气焊相同。割炬构造如图 2-87 所示。

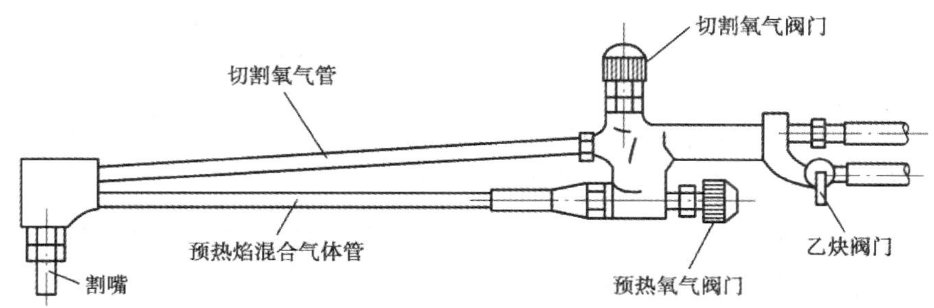

图 2-87 割炬构造

与焊炬相比，割炬增加了输送切割氧气的阀门和管道，割嘴结构与焊嘴结构也不同。割嘴出口有两条通道，其中间通道为切割氧的出口，周围的一圈是氧气与乙炔混合气体的出口，两者互不相通。

与其他切割方法相比，气割最大的优点是适应性强、灵活方便，它可在任意方向和任意位置割出任意厚度与形状的工件。气割设备操作简单、方便、切口质量好、生产率高，但对金属材料的适用范围有一定的限制。气割在低碳钢、低合金钢等材料的加工中应用是非常普遍的。

2.3.3　常用金属的焊接性能

在进行焊前准备、焊接结构设计和拟定焊接工艺前，必须先了解金属材料的焊接性能，才能正确地选择材料。

1. 金属的焊接性

金属的焊接性是指金属材料对焊接加工的适应性。它主要是指在一定的焊接工艺条件下，获得优质焊接接头的难易程度。金属的焊接性包括使用性能和工艺性能。使用性能是指在一定的焊接工艺条件下，焊接接头对其使用要求的适应性；工艺性能是指在一定的焊接工艺条件下，金属对形成裂纹等焊接缺陷的敏感性。低碳钢的焊接性要比铸铁好，低碳钢焊接接头不需要采取任何复杂的工艺措施就能获得无缺陷的焊件，而铸铁采用同样的焊接工艺时，容易产生裂纹，往往得不到良好的焊接接头。铸铁焊接接头看似完整，但其使用性能并不一定良好，如补焊铸铁时，虽然未发现裂纹，但因在半熔合区和熔合区容易形成白口组织，而白口组织铸铁脆性大，无法加工，也无法使用。因此说铸铁的焊接性差。

2. 碳钢和低合金结构钢的焊接性

1) 低碳钢的焊接性

低碳钢焊接性好，要获得优质的焊接接头一般不需要采取特殊的工艺措施。同时，低碳钢几乎适用于各种焊接方法的焊接。

低碳钢进行焊接时一般不需要预热，只有在焊接较厚的焊件或在气候寒冷时才考虑预热。

2) 中碳钢的焊接性

中碳钢焊接时，在热影响区容易生成淬硬组织。当焊接工艺不当、焊件的厚度较大时，很容易出现冷裂纹。与此同时，焊件接头处部分碳会融入焊缝熔池，提高焊缝金属的含碳量，导致焊缝塑性降低，在冷却凝固过程中很容易产生热裂纹。因此中碳钢的焊接性比低碳钢差。

中碳钢在焊接前进行预热可以减小焊接接头的冷却速度，降低热影响区的淬硬倾向，防止冷裂纹的发生。预热温度一般为100～200℃。

中碳钢焊件的接头要开坡口，这样可以减小焊件金属融入到焊缝金属中的比例，防止热裂纹的产生。

3) 低合金结构钢的焊接性

强度等级较低的低合金结构钢因含碳量少，其淬硬倾向也小，但随着强度等级的提高，钢的含碳量也增大，加上其中合金元素的影响，会导致热影响区的淬硬倾向增大。低合金结构钢焊件的热影响区的淬硬性会造成焊接接头处的塑性下降，随之冷裂纹产生的倾向也增大。由此可见，低合金结构钢的焊接性随其强度等级的提高而变差。

通常低合金结构钢在焊接时，应选择较小的焊接速度和较大的焊接电流，来减慢焊接接头的冷却速度。在焊前预热或者焊后及时进行热处理，均能有效防止冷裂纹的产生。

3. 铸铁的焊接性

铸铁的焊接性很差，在焊接时，一般容易出现以下问题：

(1) 产生裂纹。由于铸铁抗拉强度低、塑性极差，在局部冷却和加热时，铸铁焊件内部会形成较大的焊接应力，这样容易产生裂纹。

(2) 焊后容易产生白口组织。铸件焊接后容易产生白口组织，为防止白口组织的产生，可在焊前将焊件预热到400～700℃，或者在焊后将焊件通过保温冷却，来减慢焊缝的冷却速度，或者增加焊缝金属中的石墨化元素含量、采用非铸铁的焊接材料。

铸铁在生产上都不作为焊接材料用。只有当铸铁件的表面产生了不太严重的裂纹、气孔、缩孔等缺陷时，才采用焊补来弥补铸件缺陷。

2.3.4　焊接变形和焊件结构工艺性

焊接时，由于焊件受热不均匀，引起焊件内部产生收缩应力。这种应力会导致金属材料在焊接后形状发生变化，甚至还出现裂纹。金属材料产生变形的程度除了与焊接的工艺有关外，还与焊件的结构是否合理有很大关系。

1. 防止焊接变形的方法

1) 产生焊接变形的原因

焊接变形是指因焊接而产生的变形，焊接应力是指焊接构件内部因焊接而产生的内应力。产生变形与焊接应力的根本原因是焊件在焊接时局部加热和冷却的不均匀。

焊接变形的基本形式有扭曲变形、弯曲变形、波浪变形和角变形等，如图2-88所示。

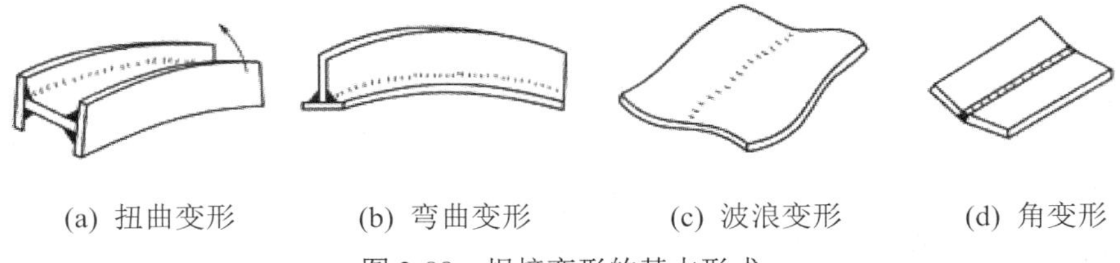

(a) 扭曲变形　(b) 弯曲变形　(c) 波浪变形　(d) 角变形

图2-88　焊接变形的基本形式

2) 焊接变形的防止方法

(1) 焊前固定法。如图2-89(a)、(b)所示为焊前压制法固定。焊接前，用重物或夹具压在焊件上，以抵抗焊接变形。也可以按如图2-89(c)所示方法进行焊接，预先将焊件通过点焊固定在平台上。一般在焊接时要用手锤敲击焊缝，及时释放焊接过程中产生的应力，以防止撤除固定装置后焊件再次发生变形，保持焊件的形状稳定。

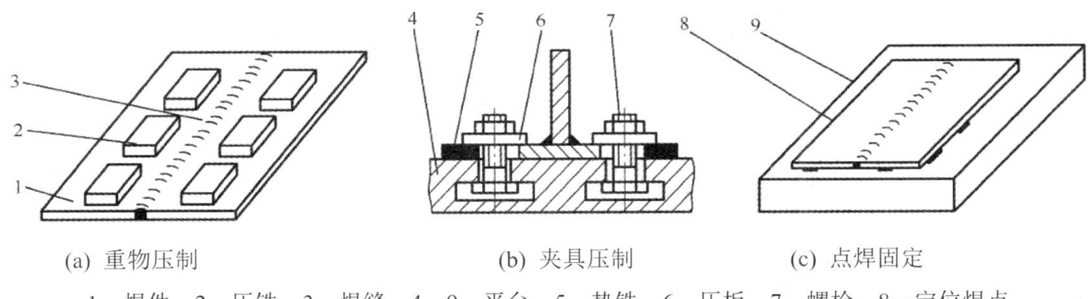

(a) 重物压制　(b) 夹具压制　(c) 点焊固定

1—焊件；2—压铁；3—焊缝；4、9—平台；5—垫铁；6—压板；7—螺栓；8—定位焊点

图2-89　焊前固定法防止变形

(2) 反变形法。反变形法是指预先根据焊件容易变形的规律，在焊前使其形态按照焊接

时发生变形的相反方向放置焊件，以抵消焊接后产生的变形。如图 2-90 所示，根据板料焊接时容易产生角变形的规律，焊前将两块板料向下弯折一个角度放在垫块上，这个角度就是 V 形坡口焊后向上弯折的角度(见图 2-90(a))，焊后两块板料就会如图 2-90(b)所示变得平直。

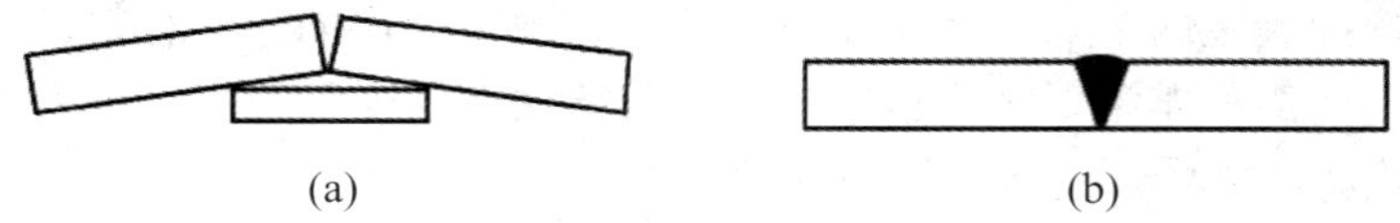

图 2-90　防止角变形的反变形法

(3) 锤击焊缝法。锤击焊缝法是指在焊接的过程中，用风锤或手锤敲击焊缝金属，以促进焊缝金属的塑性变形，减小焊接应力的方法。

(4) 焊接顺序变换法。焊接顺序变换法是指通过变换焊接顺序，以尽快发散掉焊接时施加给焊件的热量，从而防止焊件发生变形的方法。如图 2-91 所示，常用的焊接顺序变换法有分段倒退法、跳焊法和对称法。图中由小到大的一组数字为焊接顺序，小箭头为焊接时焊条的运行方向。

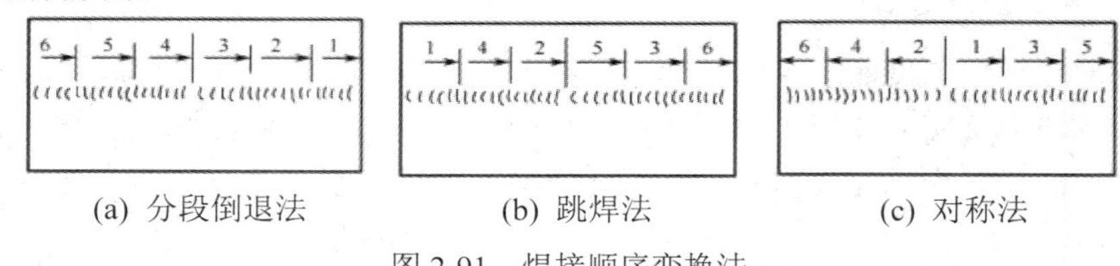

(a) 分段倒退法　　(b) 跳焊法　　(c) 对称法

图 2-91　焊接顺序变换法

2. 焊件的结构工艺性

在焊件上，除了采用以上防止变形的措施以外，还要注意焊件的结构设计要合理，以使焊接后的焊件能达到所规定的各项技术要求。因此，焊接前必须了解并分析焊件的结构工艺性。焊件的结构工艺性是指所设计的焊件的结构能确保焊接工艺过程的顺利进行，主要包含以下几个方面的内容：

(1) 焊缝位置布局应便于焊接的操作。在采用气焊或电弧焊进行焊接时，焊枪或焊条、焊丝之间必须留有一定的操作空间。如图 2-92(a)所示是无法进行焊接的，因焊件的结构无法使焊条按合理的倾斜角伸到焊接接头处。如图 2-92(b)所示修改结构后，焊接操作就容易进行了。

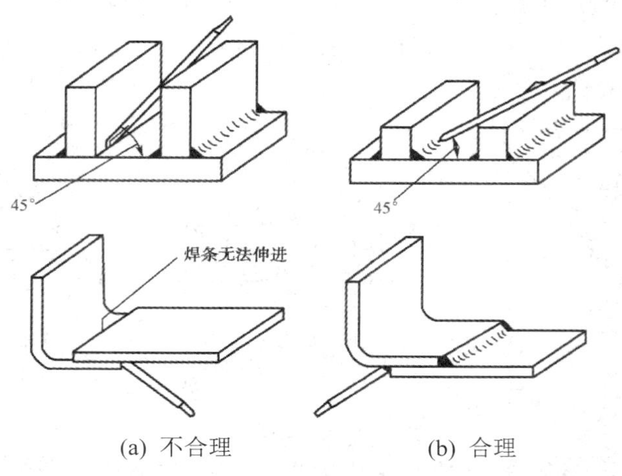

(a) 不合理　　(b) 合理

图 2-92　焊缝位置布局应便于焊接的操作

埋弧焊时，由于要在焊接接头处堆放一定厚度的颗粒状焊剂，因此要在焊缝周围处留有堆放焊剂的位置，如图 2-93 所示。

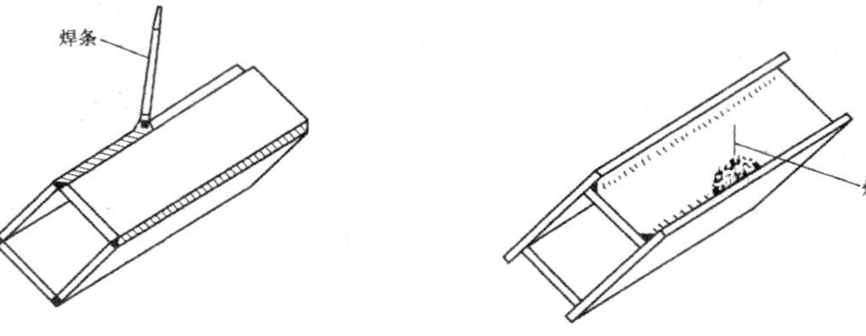

(a) 无法堆放焊剂，只能进行手工电弧焊　　(b) 合理

图 2-93　埋弧焊焊缝位置应便于堆放焊剂

(2) 尽可能选用焊接性好的原材料。一般情况下，由于碳的质量分数小于 0.2%的低合金结构钢和碳的质量分数小于 0.25%的碳钢都具有良好的焊接性，因此应尽量选用这两种材料作为焊接材料。而碳的质量分数大于 0.4%的合金钢和碳的质量分数大于 0.5%的碳钢的焊接性都较差，这两种材料一般不作焊接材料用。另外，应尽可能地选用同一种材料来做焊接的结构件。

(3) 焊缝布置应尽量对称、均匀，避免交叉、密集。如图 2-94 所示，焊缝对称、均匀可以防止因焊接应力分布不对称而产生的变形；避免焊缝交叉和过于密集可以防止焊件因局部热量过于集中而引起较大的焊接应力，如图 2-95 所示。

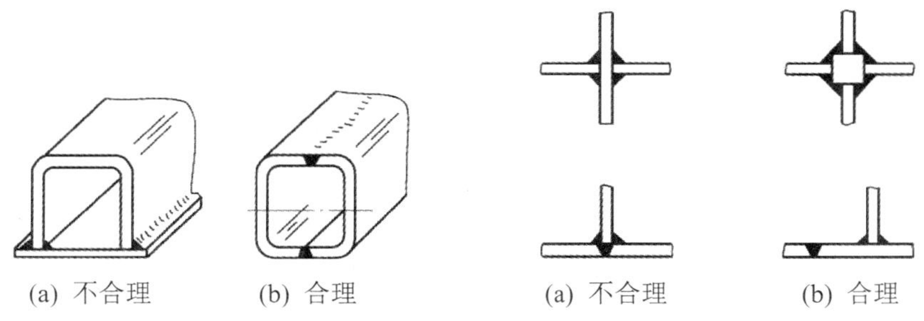

(a) 不合理　　(b) 合理

图 2-94　焊缝应对称分布

(a) 不合理　　(b) 合理

图 2-95　焊缝应避免交叉、密集

(4) 焊接元件应尽量选用型材。在焊接结构中，一般是将各焊接元件按结构形式组焊在一起。焊接时合理选用型材，能简化焊接的工艺过程，并能有效防止焊件的变形。如图 2-96(a)所示为用 3 块钢板拼装组焊而成的焊件，共有 4 道焊缝。如图 2-96(b)所示为由两个槽钢组焊而成的焊件，采用分段法，只需在接合处进行焊接，既简化了焊接工艺，同时又能减小焊接变形。如果选用合适的工字钢，焊接工序就可完全省掉。

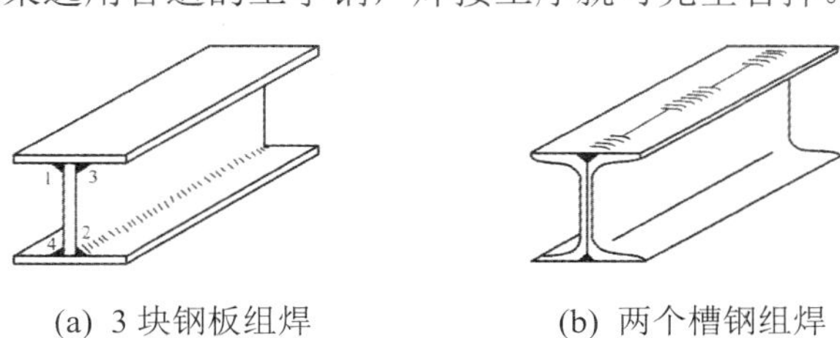

(a) 3 块钢板组焊　　(b) 两个槽钢组焊

图 2-96　焊接元件应尽量选用型材

(5) 焊缝位置处应避免应力集中。焊接接头处韧性和塑性都较差，且有较大的焊接应力，如果在此处出现应力集中，焊件就很容易产生裂纹。

如图 2-97 所示为一两端带有封头的储油罐。封头形式有两种，第一种是球面封头，如图 2-97(a)所示，将球面封头直接焊接在圆柱筒上，形成环形角焊缝；第二种是把封头做成盆形，如图 2-97(b)所示，然后与圆柱筒进行焊接，形成环形平焊缝。显然，第二种封头比第一种结构更加合理，可减少应力集中。

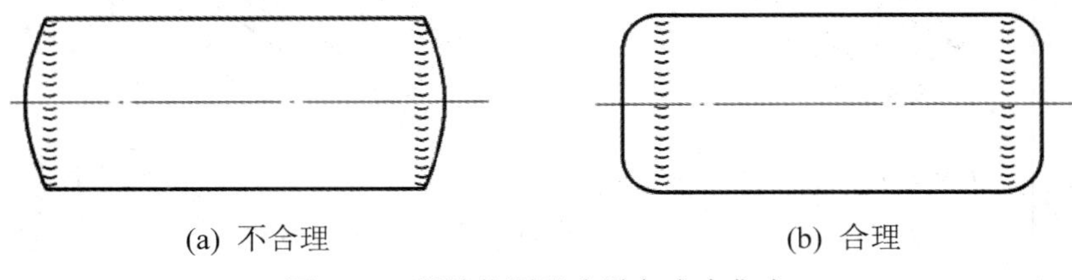

(a) 不合理　　(b) 合理

图 2-97　焊缝位置处应避免应力集中

第 3 章　金属切削加工基础

3.1　金属切削加工概述

金属切削加工是指利用刀具从工件上去除多余材料，从而获得所需形状、表面质量及尺寸精度等技术要求符合所需要求的零件的加工过程。

切削加工方法主要有车削、铣削、钻削、磨削、刨削、拉削、插削、螺纹加工及齿轮加工等。

3.1.1　零件表面的形成

通过机械加工，可以获得如图 3-1 所示的符合使用要求的多种形状的零件表面。机械零件的各种表面都可看作是母线沿着导线的运动轨迹。母线与导线统称为发生线。表面成形运动是指参与形成工件表面切削过程中的工件与刀具间的相对运动。

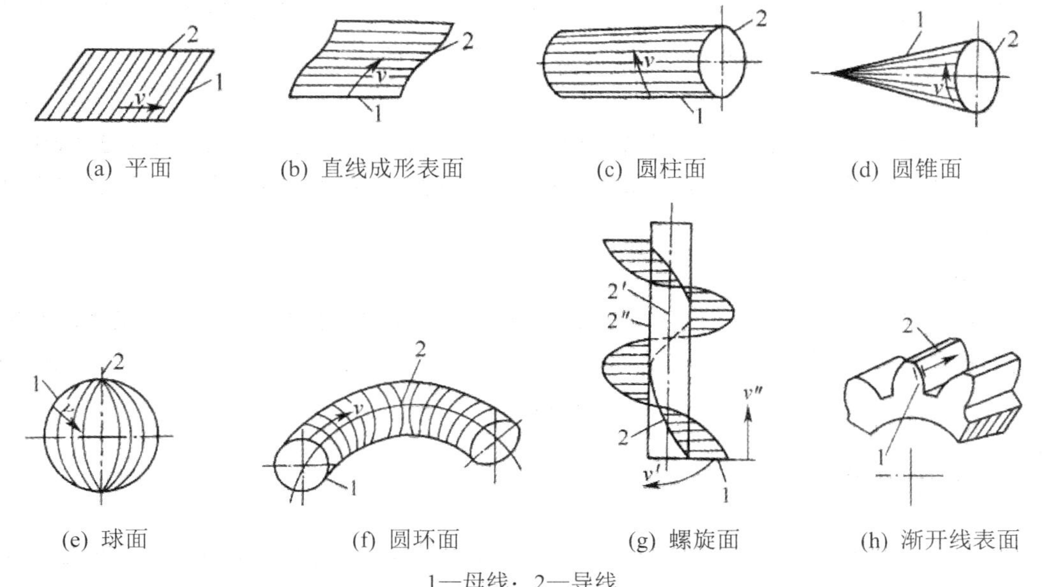

图 3-1　组成零件的不同几何表面

在机床上加工工件时，发生线由工件被加工表面与一定形状切削刃间的相对运动形成，这样可以加工出工件所需的各种表面形状。形成发生线的方法有 4 种，如图 3-2 所示。

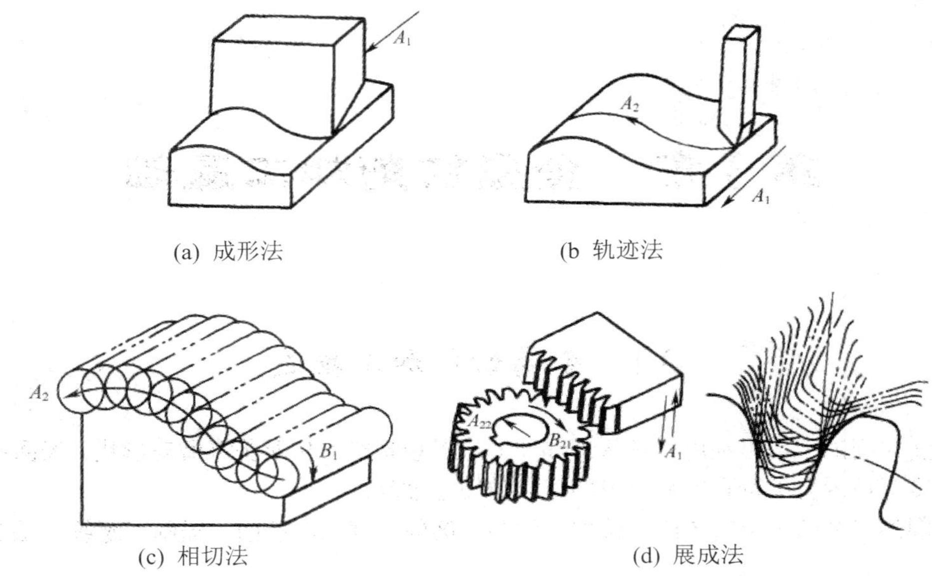

(a) 成形法　(b 轨迹法

(c) 相切法　(d) 展成法

图 3-2　形成发生线的方法

1. 成形法

成形法是指利用成形刀具对工件进行加工的方法。切削刃的形状和长度与需要形成的发生线(母线)完全重合，如图 3-2(a)所示。

2. 轨迹法

轨迹法是指利用刀具作一定规律的轨迹运动来对工件进行加工的方法。切削刃与被加工表面为点接触，发生线为接触点的轨迹线，如图 3-2(b)所示。

3. 相切法

相切法是指利用刀具边旋转边作轨迹运动来对工件进行加工的方法，如图 3-2(c)所示。

为了用相切法得到发生线，需要两个彼此独立的成形运动，即刀具的旋转运动和刀具中心按一定规律的运动。

4. 展成法

展成法是指利用工件和刀具作展成切削运动来进行加工的方法。切削加工时，刀具切削刃与被成形表面相切(可认为是点接触)，切削刃相对于工件滚动(展成运动或范成运动)，其所需形成的发生线是刀具切削刃在各瞬时位置的包络线，如图 3-2(d)所示。

3.1.2　切削运动

切削运动是指切削加工中工件与刀具之间的相对运动。切削运动可以是直线运动或者旋转运动，也可以是连续的或者间歇的。切削运动包括主运动和进给运动，主运动一般是指工件的旋转，进给运动一般是指刀具的移动或转动。根据机床设计的不同，也存在主运动为刀具运动的。如图 3-3 所示为各种切削加工的切削运动。其中，Ⅰ为主运动，Ⅱ为进给运动。

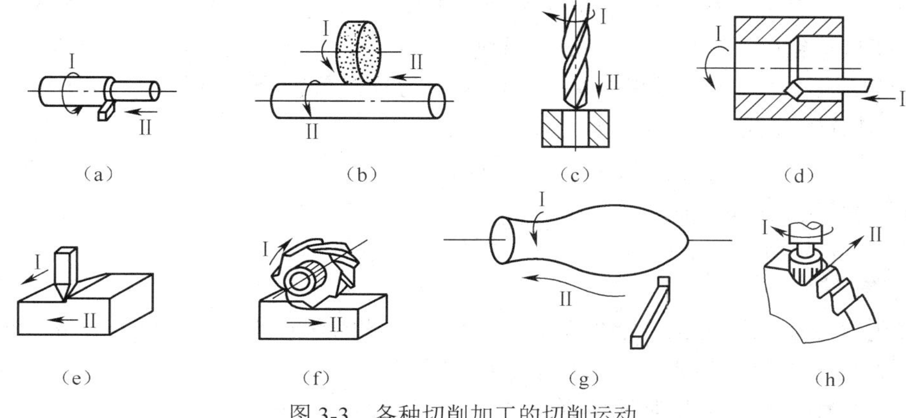

图 3-3　各种切削加工的切削运动

1. 主运动

主运动是指消耗机床主要动力或者形成切削速度的运动，即刀具从工件上切下切屑的运动。在整个运动系统中，主运动是消耗功率最大、速度最高的。主运动只有一个，可以是旋转运动或者直线运动，可以由刀具或者工件来完成。

2. 进给运动

进给运动是指能持续提供切削的运动。进给运动主要配合主运动连续不断地或依次地切除切屑，从而获得工件所需表面形状及符合技术要求的运动。进给运动可以是间歇的或者连续的，可以由工件完成或刀具完成。进给运动可以是 1 个或多个。

常见机床的主运动和进给运动如表 3-1 所示。

表 3-1　常见机床的主运动和进给运动

机床名称	主运动	进给运动	机床名称	主运动	进给运动
卧式车床	工件的旋转运动	车刀的纵向、横向、斜向的直线运动	龙头刨床	工件的往复移动	刨刀的横向、垂直、斜向的间歇移动
钻床	钻头的旋转运动	钻头的轴向移动	外圆磨床	砂轮的高速旋转	工件的转动，同时工件的往复移动和砂轮的横向移动
卧铣、立铣	铣刀的旋转运动	工件的纵向、横向移动(有时也作垂直方向的移动)	内圆磨床	砂轮的高速旋转	工件的转动，同时工件的往复移动和砂轮的横向移动
牛头刨床	刨刀的往复运动	工件的横向间歇移动或刨刀的垂直斜向间歇移动	平面磨床	砂轮的高速旋转	工件的往复移动，砂轮的横向、垂直方向移动

3.1.3　切削用量

1. 切削三要素

切削过程中切削量的大小即为切削用量，也称切削三要素。在一般的切削加工中，切削用量包括进给量、切削速度和背吃刀量。

(1) 进给量 f。

进给量是指刀具在进给运动方向上相对于工件的位移量，即主轴旋转一周对应的刀具的移动量。车削、钻削时，单位为mm/r；铣削时，单位为mm/min；刨削时，单位为mm/次。

进给速度用 v_f 表示，是指在单位时间内，刀具沿着进给方向所移动的距离，单位为mm/min，其计算公式为

$$v_f = nf \tag{3-1}$$

式中，n——车床主轴的转速(r/min)；

f——刀具的进给量(mm/r)。

(2) 切削速度 v_c。

切削速度是指切削刃上选定点相对于工件主运动的瞬时速度，单位为m/min或m/s。对于不同的机床，其切削速度公式是不一样的。

车削、铣削及钻削的切削速度为

$$v_c = \frac{\pi \times d \times n}{1000} (\text{m} / \text{min}) \tag{3-2}$$

刨削的切削速度为

$$v_c = \frac{2Ln_c}{1000} (\text{m} / \text{min}) \tag{3-3}$$

磨削的切削速度为

$$v_c = \frac{\pi \times d \times n}{1000 \times 60} (\text{m} / \text{s}) \tag{3-4}$$

式中，d——刀尖或工件的回转直径(mm)；

n——刀具、工件或者砂轮的转速(r/min)；

n_c——刨刀每分钟往复的次数(次/min)；

L——刨刀往复运动行程的长度(mm)。

(3) 背吃刀量 α_p。

背吃刀量是指工件已加工表面与待加工表面间的垂直距离，单位为mm。其公式为

$$\alpha_p = \frac{d_w - d_m}{2} \tag{3-5}$$

式中，d_w——待加工表面的外圆直径(mm)；

d_m——已加工表面的外圆直径(mm)；

2. 切削用量的选择

切削用量的选择顺序为：先选取尽可能大的背吃刀量 α_p，其次选取尽可能大的进给量 f，最后选取尽可能大的切削速度 v_c。

在切削三要素中，切削速度 v_c 对刀具的耐用度影响最大，而背吃刀量 α_p 对刀具的耐用度影响最小。

3. 加工表面和切削层参数

工件在加工过程中有3个面，即已加工表面、待加工表面和加工表面。如图3-4所示为车削时的面及切削参数。切削层是指用刀具切除的工件表面层；切削时工件的旋转速度称切削速度 v_c；工件每旋转一圈，车刀前进的距离为进给量 f；进给量与相应进给时间的

比值为进给速度 v_f；工件每旋转一圈，前后加工面之间的距离为切削深度 h_D；已加工表面与待加工表面之间的距离为加工余量，也称背吃刀量 α_p。

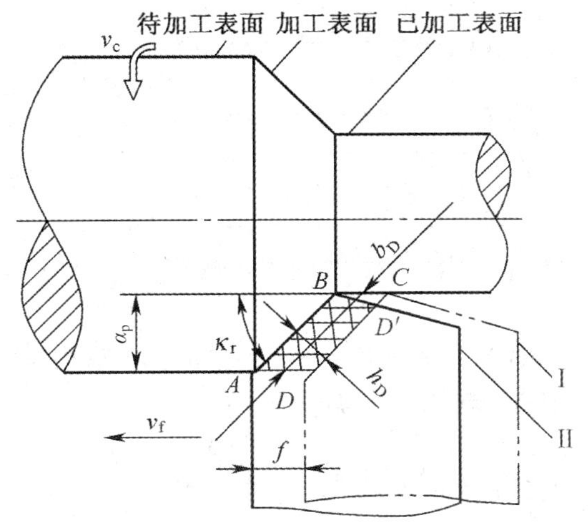

图 3-4　车削时的面及切削参数

3.1.4　机床的类型及型号编制

1. 通用机床的分类

(1) 按照用途、使用的刀具和加工方式，机床可分为车床、钻床、铣床、磨床、镗床、齿轮加工机床、刨插床、螺纹加工机床、拉床、锯床、特种加工机床以及其他机床共 12 类。

(2) 按通用性程度，机床可分为通用机床、专用机床和专门化机床 3 类。

通用机床(如卧式车床、万能升降台铣床等)可加工多种工件，其工序的使用范围较广。通用机床结构比较复杂，功能较多，生产率低，主要应用于单件、小批量的生产。

专用机床(如机床主轴箱专用镗床)用于一些工件的特定工序，机床自动化的程度往往较高，生产率较高，通常用于大量、成批生产。组合机床也是专用机床。

专门化机床用于尺寸不同而形状相似的工件的特定工序，如凸轮轴车床、曲轴车床等的加工。

(3) 按加工精度等级，机床可分为相对精度等级机床、绝对精度等级机床。

大部分的车床、齿轮加工机床、磨床有普通精度、精密级、高精度级 3 个相对精度等级。还有些高精度精密机床，其加工的精度等级非常高，如坐标磨床、坐标镗床、螺纹磨床等。

(4) 按重量，机床可分为仪表机床、中小型机床、大型机床、重型机床及超重型机床。

(5) 按自动化的程度，机床可分为手动机床、机动机床、半自动机床及自动机床。

(6) 按结构布局型式，机床可分为卧式、立式、龙门式等。

(7) 按控制方式，机床可分为数控机床、加工中心及仿形机床等。

2. 机床型号的编制方法

按国家机械工业部颁布的《金属切削机床型号编制方法》(JB 1838—85)和国家标准局颁布的《金属切削机床型号编制方法》(GB/T 15375—2008)，普通机床的型号编制方法如下：

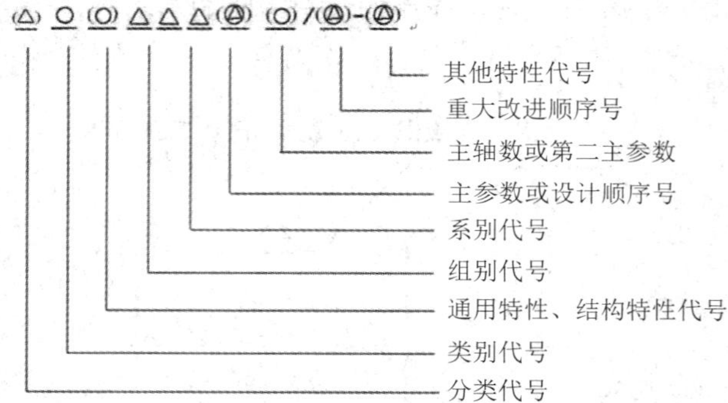

说明：

(1) 有“( )”的数字或代号，无内容时不表示(省略)，有内容时不带括号。

(2) “○”符号为大写的汉语拼音字母。

(3) “△”符号为阿拉伯数字。

(4) “Ⓐ”符号为大写的汉语拼音字母、阿拉伯数字，或两者兼而有之。

1) 机床的类别代号

机床的类别代号用大写的汉语拼音字母表示。有分类时，在类别代号之前按顺序加阿拉伯数字，第一分类前的“1”省略，第二、三分类前的“2”“3”应予以表示。通用机床的类别代号如表 3-2 所示。

表 3-2　通用机床的类别代号

类别	车床	铣床	钻床	镗床	齿轮加工机床	螺纹加工机床	磨床			刨插床	拉床	特种加工机床	锯床	其他机床
代号	C	X	Z	T	Y	S	M	2M	3M	B	L	D	G	Q

2) 机床特性代号

(1) 通用特性代号。通用特性代号用大写的汉语拼音首字母表示，在类别代号之后。例如，CK6140 中的“K”表示“数控”，机床的通用特性代号如表 3-3 所示。

表 3-3　机床的通用特性代号

通用特性	高精度	精密	自动	半自动	数控	加工中心(自动换刀)	仿形	轻型	加重型	柔性加工单元	数显	高速
代号	G	M	Z	B	K	H	F	Q	C	R	X	S

(2) 结构特性代号。为区别主参数相同而结构不同的机床，在型号中增加了结构特性代号。在不同的型号中结构特性代号有不同的含义。若机床既具有结构特性，又有通用特性，则结构特性代号应排在通用特性代号之后。例如，CA6140 中“C”表示通用特性，均为车床，“A”是结构特性代号，表示 CA6140 与 C6140 车床主参数相同，但结构不同。

3) 机床的组别代号与系别代号

每类机床可划分为 10 个组，每个组又可划分为 10 个系。在同一类机床中，主要布局或使用范围基本相同的机床分为同一组。在同一组机床中，其主参数相同、主要结构及布局型式相同的机床分为同一系。如表 3-4 所示为车床的组别代号和系别代号。在机床型号编制中，在类别代号和特性代号之后，第一位阿拉伯数字表示组别，第二位阿拉伯数字表示系别。

表 3-4　车床的组别代号和系别代号

类别		组　别		系　别	
代号	名称	代号	名　称	代号	名　称
C	车床	0	仪表车床	0	仪表台式精整车床
				3	仪表转塔车床
				4	仪表卡盘车床
				5	仪表精整车床
				6	仪表卧式车床
				7	仪表棒料车床
				8	仪表轴车床
				9	仪表卡盘精整车床
		1	单轴自动车床	0	主轴箱固定型自动车床
				1	单轴纵切自动车床
				2	单轴横切自动车床
				3	单轴转塔自动车床
				4	单轴卡盘自动车床
				6	正面操作自动车床
		2	多轴自动、半自动车床	0	多轴平行作业棒料自动车床
				1	多轴棒料自动车床
				2	多轴卡盘自动车床
				4	多轴可调棒料自动车床
				5	多轴可调卡盘自动车床
				6	立式多轴半自动车床
				7	立式多轴平行作业半自动车床
		3	回轮、转塔车床	0	回轮车床
				1	滑鞍转塔车床
				2	棒料滑枕转塔车床
				3	滑枕转塔车床
				4	组合式塔车床
				5	横移转塔车床
				6	立式双轴转塔车床
				7	立式转塔车床
				8	立式卡盘车床
		4	曲轴及凸轮轴车床	0	旋风切削曲轴车床
				1	曲轴车床
				2	曲轴主轴颈车床
				3	曲轴连杆轴颈车床
				5	多刀凸轮轴车床
				6	凸轮轴车床
				7	凸轮轴中轴颈车床
				8	凸轮轴端轴颈车床
				9	凸轮轴凸轮车床

续表

类别		组别		系别	
代号	名称	代号	名称	代号	名称
C	车床	5	立式车床	1	单柱立式车床
				2	双柱立式车床
				3	单柱移动立式车床
				4	双柱移动立式车床
				5	工作台移动单柱立式车床
				7	定梁单柱立式车床
				8	定梁双柱立式车床
		6	落地及卧式车床	0	落地车床
				1	卧式车床
				2	马鞍车床
				3	轴车床
				4	卡盘车床
				5	球面车床
		7	仿形及多刀车床	0	转塔仿形车床
				1	仿形车床
				2	卡盘仿形车床
				3	立式仿形车床
				4	转塔卡盘多刀车床
				5	多刀车床
				6	卡盘多刀车床
				7	立式多刀车床
				8	异开仿形车床
		8	轮、轴、辊、锭及铲齿车床	0	车轮车床
				1	车轴车床
				2	动轮曲拐销车床
				3	轴颈车床
				4	轧辊车床
				5	钢锭车床
				7	立式车轮车床
				9	铲齿车床
		9	其他车床	0	落地镗车床
				2	单能半自动车床
				3	气缸套镗车床
				5	活塞车床
				6	轴承车床
				7	活塞环车床
				8	钢锭模车床

4) 机床的主参数代号

机床的主参数代表机床的规格，排在组别代号和系别代号之后，用折算后的数值表示。例如，M1432A 表示最大磨削直径为 320 mm。

常用机床的主参数及其折算系数如表 3-5 所示。

表 3-5　常用机床的主参数及其折算系数

机床名称	主参数	主参数折算系数	机床名称	主参数	主参数折算系数
卧式车床	床身上最大回转直径	1/10	立式升降台铣床	工作台面宽度	1/10
摇臂钻床	最大钻孔直径	1/1	卧式升降台铣床	工作台面宽度	1/10
卧式坐标镗床	工作台面宽度	1/10	牛头刨床	最大刨削长度	1/10
外圆磨床	最大磨削直径	1/10	龙门刨床	最大刨削宽度	1/100

第二主参数是指最大工件长度、最大跨距、最大模数等，一般不表示。在型号中表示的第二主参数，一般折算成两位数字为宜。

5) 机床重大改进顺序号

当机床的性能、结构有重大改进时，按其设计改进的顺序用字母 A、B、C…表示，写在机床型号的最后。例如，M1432A 中的“A”表示第一次重大改进后的万能外圆磨床。

6) 其他特性代号

其他特性代号可用汉语拼音字母、阿拉伯数字或者两者结合来表示。其他特性代号置于辅助部分之首，其中同一型号机床的变型代号一般应放在其他特性代号之首。

7) 机床型号编制举例

例 1：CK6140A

其中，C——机床类别代号，代表车床类；

K——通用特性代号，代表数控车床；

6——组别代号，代表卧式车床组；

1——系别代号，代表卧式车床系；

40——主参数代号，代表最大工件回转直径为 400 mm；

A——机床重大改进顺序号，代表第一次重大改进。

例 2：Z3040 × 12

其中，Z——机床类别代号，钻床类；

3——组别代号，代表摇臂钻床组；

0——系别代号，代表摇臂钻床系；

40——主参数代号，代表最大钻孔直径为 40 mm；

12——第二主参数代号，代表最大跨距为 1250 mm，用“×”与第一主参数隔开。

3.2 车削加工

3.2.1 车削概述

在金属切削机床中，车床所占的比重最大，约占总台数的20%～35%。车床主要用于车削加工，其主运动为工件的旋转运动，进给运动为刀具沿垂直或平行于工件的旋转轴线的移动。垂直于旋转轴线的进给运动称为横向进给运动，与工件旋转轴线平行的进给运动称为纵向进给运动。

1. 车床的主要类型、工作方法及应用范围

车床种类多，按其用途和结构，可分为卧式车床、立式车床、回轮车床、转塔车床、多刀半自动车床、车削加工中心、仿形车床及仿形半自动车床、单轴自动车床、多轴自动车床、多轴半自动车床及落地车床等。

另外，还有专门化车床，如曲轴车床、凸轮轴车床、铲齿车床等。在大批量生产的工厂中还有各种专用车床。如表3-6所示为车床的主要类型、工作方法及应用范围。

表3-6　车床的主要类型、工作方法及应用范围

车床的主要类型	车床的工作方法及应用范围
卧式车床	主轴呈水平布置，主轴速度及进给量的调整范围大，由人工操作，主要用于车削内外圆柱面、内外圆锥面、螺纹、端面、切断及成形面等。其使用范围较广，生产效率较低，主要适用于单件、小批量生产及修配车间
立式车床	主轴呈垂直布置，工件装夹在水平旋转的工作台上，刀架在立柱或横梁上移动，主要用于加工回转直径较大、较重以及在卧式车床上难以安装的工件
回轮车床	车床上装有主轴轴线与回转轴线相平行的多工位回轮刀架，其上可安装多把刀具，能纵向移动。工件在一次装夹中，工人可依次用不同的刀具完成多种车削工序，用于成批生产中加工尺寸不大且形状较复杂的工件
转塔车床(六角车床)	车床上装有回转轴线与主轴轴线相垂直或倾斜的转塔刀架以及横刀架。在刀架上装有多把刀具，工件在一次装夹中，工人可依次使用不同的刀具完成多种车削工序，用于成批生产中加工形状较复杂的工件
单轴自动车床	车床只有一根主轴，经调整和装料后，能按一定程序自动上下料、自动完成工件的多工序加工循环，重复加工一批同样的工件，主要用于加工盘状线材或棒料，用于大批量生产
车削加工中心(自动换刀数控车床)	车床有刀库，对一次装夹的工件，可按加工要求编制程序，由控制系统发出数字信息指令，自动选择更换刀具，自动改变车削的切削用量、刀具相对工件的运动轨迹及其他辅助机能，依次完成多工序的车削加工；主要用于加工中小批量生产中精度要求高、形状较复杂、品种更换频繁的工件

2. 卧式车床的分类、工艺范围

1) 分类

卧式车床品种较多，根据其功能要求，可分为普通卧式车床、落地车床、马鞍车床、无丝杠车床、精整车床、球面车床和卡盘车床等；根据其结构，可分成普通型、万能型；根据工件加工精度的要求，分为普通级、精密级与高精密级；根据工件的大小或卧式车床的自重，可分为小型、中型与重型等。

2) 工艺范围

如图 3-5 所示，卧式车床除了能加工多种不同的表面(如内外圆柱面、内外圆锥面、端面、各种螺纹、切断、切槽及成形面等)外，还能进行钻孔、扩孔、铰孔和滚花等。如果在卧式车床上增加些特殊的附件，还能进一步扩大卧式车床的加工范围。

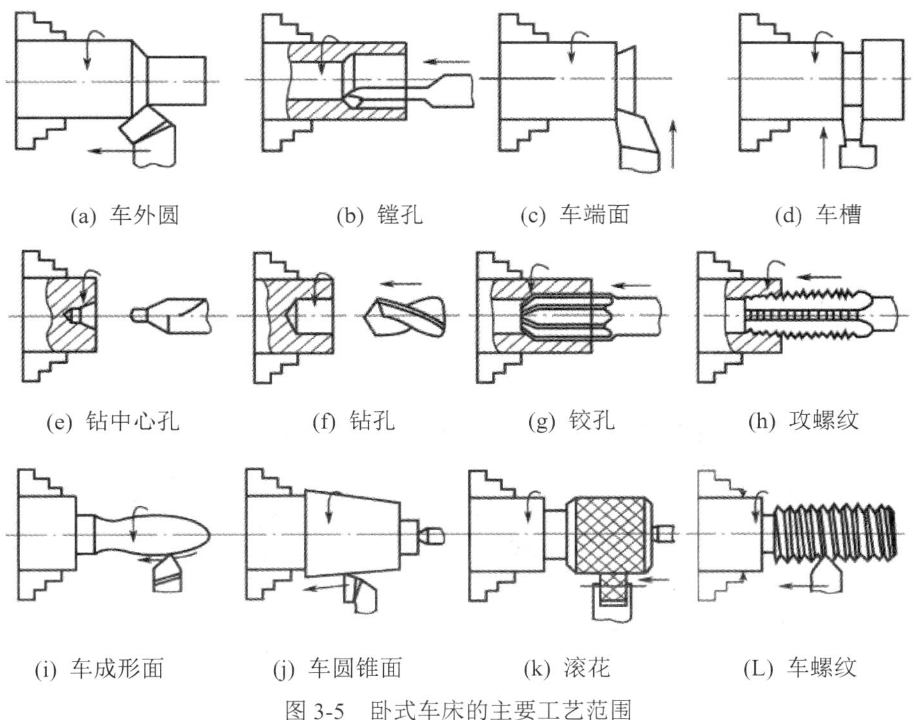

图 3-5　卧式车床的主要工艺范围

3.2.2　CA6140 型卧式车床简介

1. CA6140 型卧式车床的主要技术参数

如表 3-7 所示为 CA6140 型卧式车床的主要技术参数。

表 3-7　CA6140 型卧式车床的主要技术参数

序号	项　目	参　数
1	在床身上最大加工直径/mm	400
2	在刀架上最大加工直径/mm	210

续表

序号	项　目	参　数
3	主轴可通过的最大棒料直径/mm	48
4	最大加工长度/mm	650，900，1400，1900
5	中心高/mm	205
6	顶尖距/mm	750，1000，1500，2000
7	主轴内孔锥度	莫氏 6 号
8	主轴转速范围/(r/min)	10～1400(24 级)
9	纵向进给量/(mm/r)	0.028～5.33(64 级)
10	横向进给量/(mm/r)	0.014～3.16(64 级)
11	加工米制螺纹/mm	1～192(44 种)
12	加工英制螺纹/(牙/英寸)	2～24(2 种)
13	加工模数螺纹/mm	0.25～48(39 种)
14	加工径节螺纹/(牙/英寸)	1～96(37 种)
15	主电动机功率/kW	7.5

2. CA6140 型卧式车床的主要部件及其功用

如图 3-6 所示为 CA6140 型卧式车床的外形。

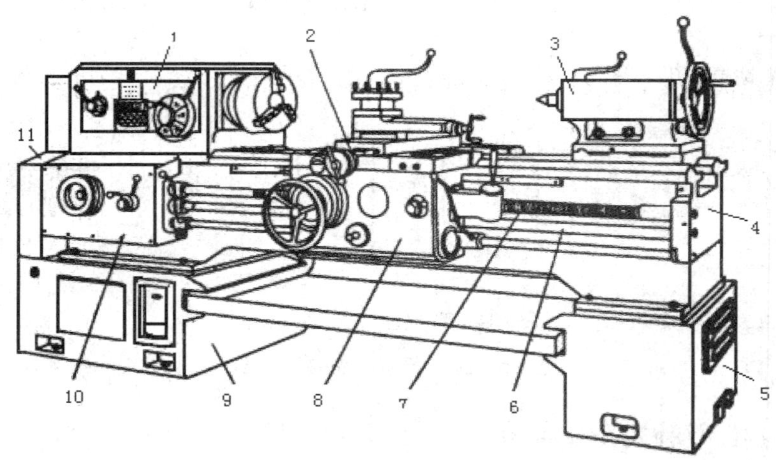

1—主轴箱；2—刀架；3—尾座；4—床身；5、9—床腿；6—光杠；

7—丝杠；8—溜板箱；10—进给箱；11—挂轮变速机构

图 3-6　CA6140 型卧式车床的外形

车床主要由床身、主轴箱、进给箱、溜板箱、滑板刀架、尾座等组成。

1) 床身

床身是车床的基本支承件，固定在左、右床腿上。在床身上安装有车床各个主要部件，同时保持各个部件在工作时处于准确的相对位置。

2) 主轴箱

主轴箱固定在床身左侧，如图 3-7 所示为 CA6140 型卧式车床主轴箱侧视图。主轴箱支承车床主轴同时传递运动，将电动机输出的回转运动传给主轴，连接在主轴上的卡盘随着主轴转动，同时带动夹在其上的工件回转，这是主运动。主轴箱内安装有变速机构，车削时，可通过变换主轴箱外面的手柄位置来改变主轴的转速。

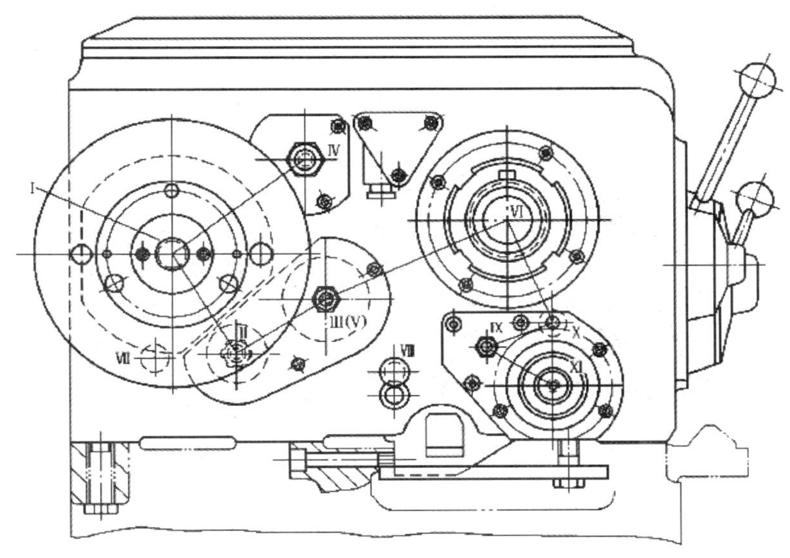

图 3-7　CA6140 型卧式车床主轴箱侧视图

3) 进给箱

进给箱固定在床身的左前侧，其作用是将主轴通过挂轮箱传递来的回转运动传给光杠或丝杠。光杠用来车外圆、内孔、端面等，丝杠用来车螺纹。通过进给箱可以变换光杠及丝杠的转速，以此来调节进给量或者螺距。如图 3-8 所示为进给箱的内部结构。

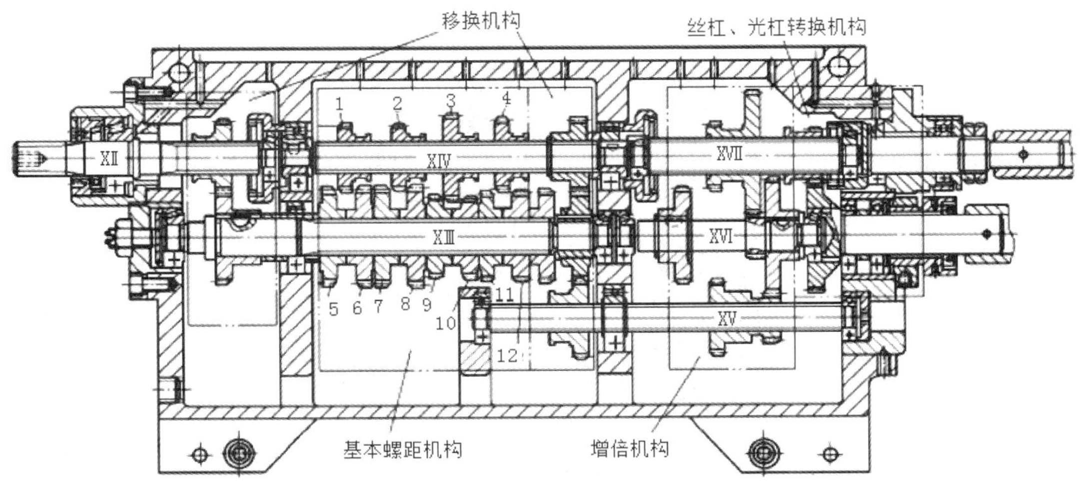

1～4—移换齿轮；5～9—中间套齿；10～12—增倍齿轮

图 3-8　进给箱的内部结构

4) 溜板箱

溜板箱固定在床身的前侧，其作用是将光杠或者丝杠的回转运动转变为床身或者中滑板以及刀具的进给运动。通过变换溜板箱外面的手柄位置，能控制刀具横向或者纵向进给运动的方向、运动的启动或停止。如图 3-9 所示为 CA6140 型卧式车床溜板箱的外形及操纵手柄。在图 3-9 中，持续拉、压手柄 2，可将润滑油泵至床身、滑板导轨和溜板箱内的各润滑点；顺时针扳动手柄 3，可使溜板箱内一对开合螺母与丝杠啮合(见图 3-10)，就可车削螺纹，为避免丝杠、光杠同时接通而造成机床损坏，两者的操纵机构之间有互锁装置；手柄 4 中心内部设有快速移动按钮。手柄 5 控制主轴箱内的摩擦离合器和制动器，使主轴正转、反转或停车。

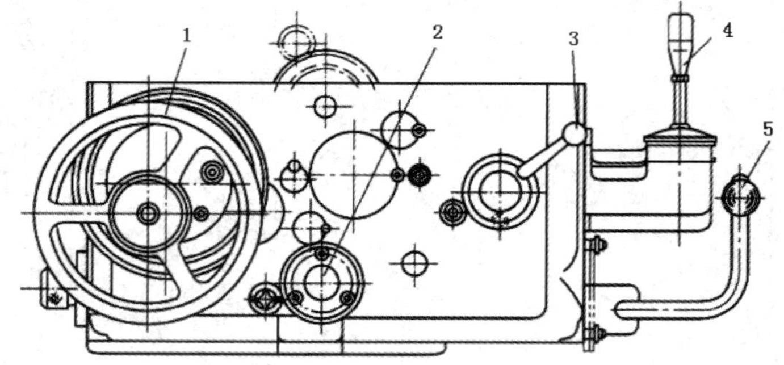

1—滑板纵向移动手轮；2—手拉油泵手柄；3—开合螺母操纵手柄；

4—纵、横向机动进给手柄；5—主轴开停制动手柄

图 3-9　CA6140 型卧式车床溜板箱的外形及操纵手柄

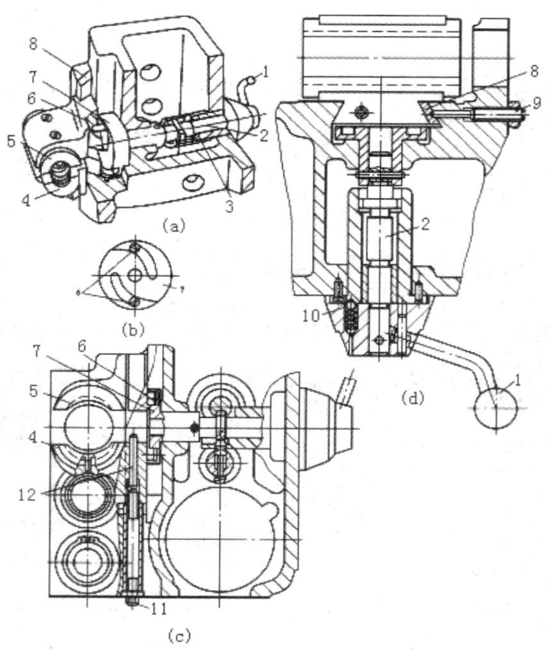

1—手柄；2—轴；3—轴承套；4—下半螺母；5—上半螺母；6—圆柱销；

7—圆盘；8—平镶条；9—螺钉；10—定位钢球；11—螺钉；12—销钉

图 3-10　开合螺母机构

5) 滑板刀架

滑板刀架如图 3-11 所示，主要分为床身 1、中滑板 2、转盘 3、小滑板 4、方刀架 5 和尾座 6 个部分。

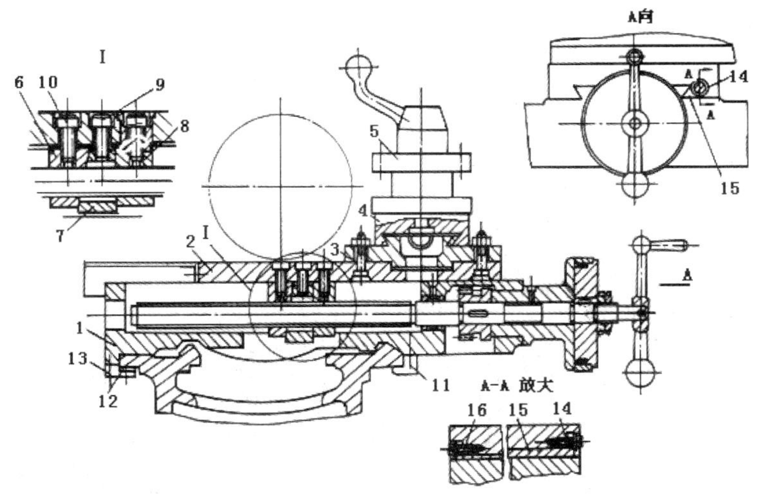

1—床身；2—中滑板；3—转盘；4—小滑板；5—方刀架；6—可调螺母；
7—楔块；8—固定螺母；9—调节螺钉；10、14、16—螺钉；
11—可调压板；12—平镶条；13—压板；15—镶条

图 3-11　滑板刀架

(1) 床身。床身通过本身的导轨槽安装在床身的导轨上，在床身的前、后侧各装有两块压板 13，利用螺钉经平镶条 12 可调整床身与导轨间配合的松紧程度及磨损后产生的间隙。通过拧紧可调压板 11 的调节螺钉可以将床身锁紧在导轨上，以防止车削大端面时，刀架发生纵向移动，影响工件的加工精度。

(2) 中滑板。中滑板 2 装在床身顶面的燕尾导轨上。燕尾导轨与 V 型导轨槽、床身保持垂直。中滑板 2 通过横向进给丝杠螺母副的传动，可沿着燕尾的导轨作横向移动。通过调整螺钉 14、16 改变带斜度镶条 15 的位置，可调节燕尾导轨的松紧程度。横向进给丝杠采用可调整间隙的双螺母结构。螺母 6、8 中间用楔块 7 隔开，8 为固定螺母，当丝杠螺母间的间隙过大时，先松开螺母 6 的紧固螺钉 10，再拧动调节螺钉 9 将楔块 7 向上拉，向右移动螺母，以此消除丝杠螺母之间的间隙。等调整好后，再重新拧紧螺钉 10，将螺母固定在中滑板上。

(3) 转盘结构。转盘 3 安装在中滑板的顶面上，以其下面的圆形凸台与中滑板中间的止口配合来定中心，然后紧固安装在环形 T 型槽中的两个螺栓。小滑板 4 安装在转盘的燕尾导轨上。车削大锥度时，小滑板 4 及其上面的方刀架可转动±90°的角度。

(4) 方刀架结构。如图 3-12 所示为方刀架 5 的结构，以小滑板的圆柱凸台定中心，安装在小滑板上。方刀架共有 4 个工件的位置，当刀架需要转位时，先按逆时针方向转动手柄 22，松开方刀架 5，通过花键套筒 19、21 以及单向斜齿离合器，使凸轮 28 产生转动。凸轮在转动时通过其斜面 a 拔出在定位孔中的定位销 31。继续转动手柄 22，凸轮的缺口 b

的位置碰到方刀架上的定位销 31，推动刀架转位，使定位钢珠滑出定位孔。当刀架转到一定位置时，钢珠进入到另一个定位孔中，进行粗定位。接着将手柄反转，凸轮 28 在弹簧 20 的作用下压向斜齿离合器，斜齿离合器接合面所产生的摩擦力使之反向转动，凸轮斜面离开定位销 31，定位销在弹簧 30 的作用下进入新的定位孔中进行精确定位，此时不能再转动方刀架。继续按顺时针方向转动手柄，使凸轮转到侧面缺口 c 的位置碰到固定销 33，此时不能再转，而凸轮端面与花键套筒之间的单斜齿离合器开始打滑，但不影响手柄的继续转动，一直到夹紧方刀架。

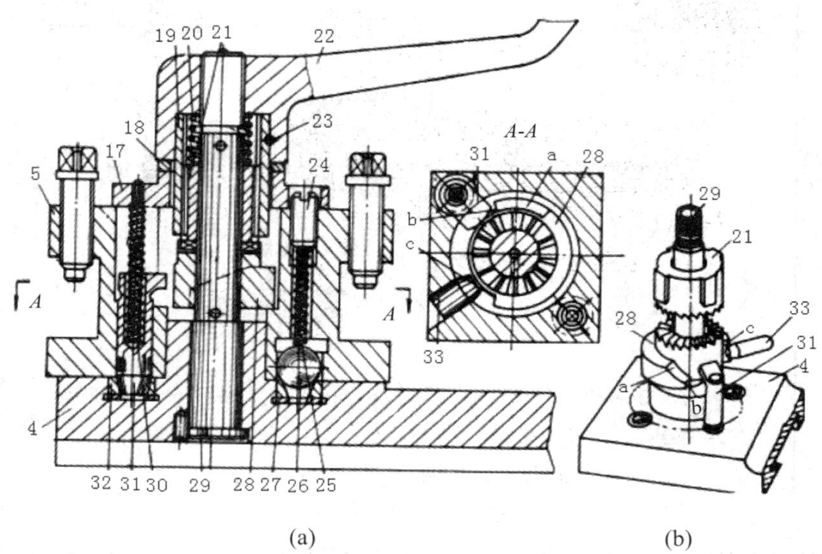

4—小滑板；5—方刀架；17—刀架上盖；18—垫片；19—内花键套筒；20、25、30—弹簧；
21—花键套筒；22—手柄；23—骑缝销；24—调节螺钉；26—定位钢珠；
27、32—定位套；28—凸轮；29—轴；31—定位销；33—固定销

图 3-12　方刀架结构

6) *尾座*

尾座安装在床身尾部的导轨上，可沿导轨作纵向移动来调整位置。其功能是配合顶尖支承工件或者安装钻头、孔用加工刀具来加工工件的内孔。

3.2.3　工件装夹与车床附件

工件的加工质量、尺寸大小和形状不同，所采用的装夹方法也不同。另外，工件的加工精度以及装夹工件的速度，能直接影响加工质量及生产率。常用车床附件有以下几种：

1. 三爪自定心卡盘

三爪自定心卡盘的结构如图 3-13 所示。三爪自定心卡盘通过连接盘安装在车床的主轴上。装夹工件时，将扳手的方头插入到小圆锥齿轮 2 的方孔 1 中，转动扳手，小圆锥齿轮 2 转动，带动大圆锥齿轮 3 随之转动。大圆锥齿轮 3 的背面有平面螺纹 4，它与卡爪 5 背面的螺纹相啮合。当平面螺纹 4 转动时，带动 3 个卡爪同步作径向移动。

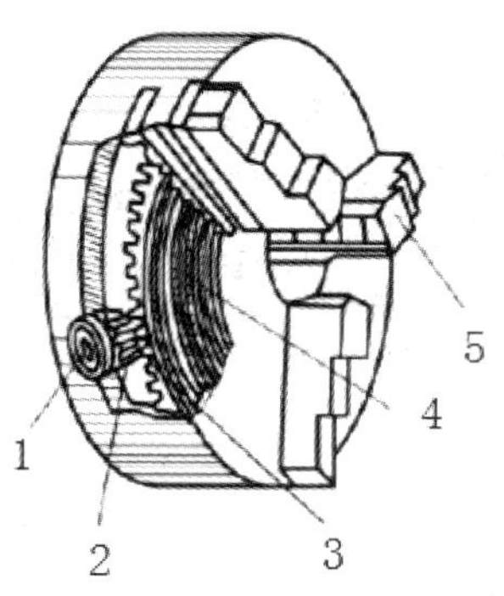

1—方孔；2—小圆锥齿轮；3—大圆锥齿轮；4—平面螺纹；5—卡爪

图 3-13　三爪自定心卡盘

三爪自定心卡盘的卡爪有正、反之分，也有可正反通用的卡爪，直径较大的工件用反爪来装夹。卡爪安装时要使每个卡爪对准卡盘上的槽。

三爪自定心卡盘能自动定心，安装、校正工件都简单、迅速，也可以用来装夹工件端面较大的孔。但因其夹紧力较小，不能用来装夹大型工件以及形状不规则的工件。

2. 四爪单动卡盘

如图 3-14 所示为四爪单动卡盘的外形，4 个卡爪 1、2、3、4 互不相关。每个卡爪的后面有一半内螺纹与丝杠 5 啮合，当用方头扳手插入到丝杠的方孔转动丝杆时，与丝杠相啮合的卡爪可单独移动，以此适应工件的不同形状。卡盘也是通过连接盘与车床主轴相连的。四爪单动卡盘可装成正爪、反爪两种。四爪单动卡盘夹紧力较大，但校正工件比较麻烦，主要适用于安装单件或者小批生产中形状不规则或者较重的工件。

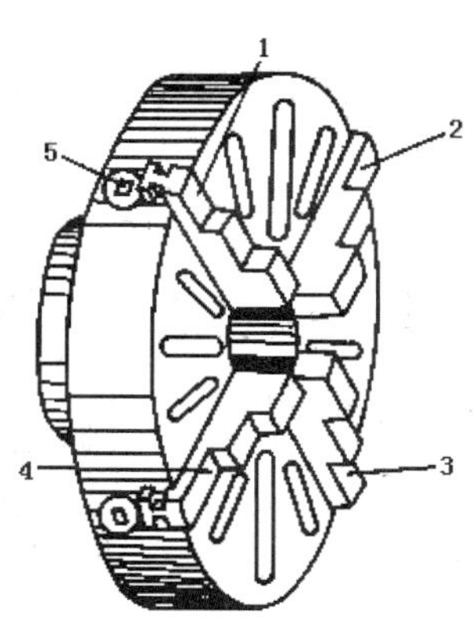

1、2、3、4—卡爪；5—丝杠

图 3-14　四爪单动卡盘

3. 顶尖及鸡心夹头

车削轴类零件时，常采用如图 3-15 所示的两顶尖及鸡心夹头安装工件。

安装工件时，装在主轴以及尾座锥孔中的两顶尖 1、4 分别顶入工件两端已打好的中心孔中，以此来定位和支承工件。拨盘 2 安装在主轴上，由主轴带动旋转，同时通过夹在工件上的鸡心夹头 3 带动工件旋转，完成车削工件。顶尖可分为活顶尖和死顶尖两种。

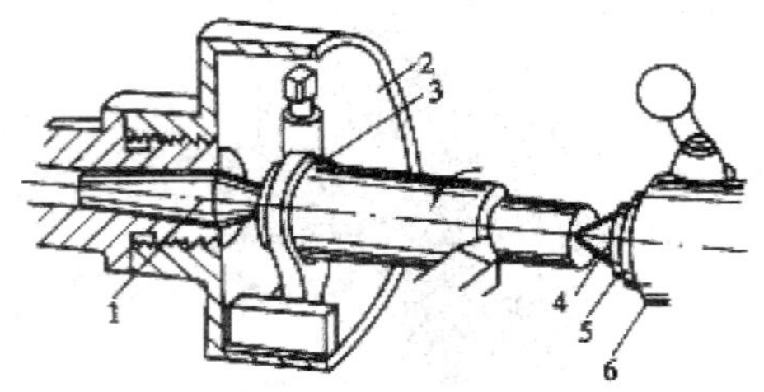

1—顶尖；2—拨盘；3—鸡心夹头；4—尾顶尖；5—尾座套筒；6—尾座

图 3-15　用两顶尖及鸡心夹头安装工件

死顶尖如图 3-16 所示。车削时，工件中心孔和死顶尖之间因滑动摩擦产生高温，高速车削时，此高温会引起钢料顶尖产生磨损、退火甚至烧坏。为防止顶尖发生上述问题，目前常采用在顶尖镶硬质合金的方法，如图 3-16(b)所示；当支承细小的工件时还可采用反顶尖，如图 3-16(c)所示。

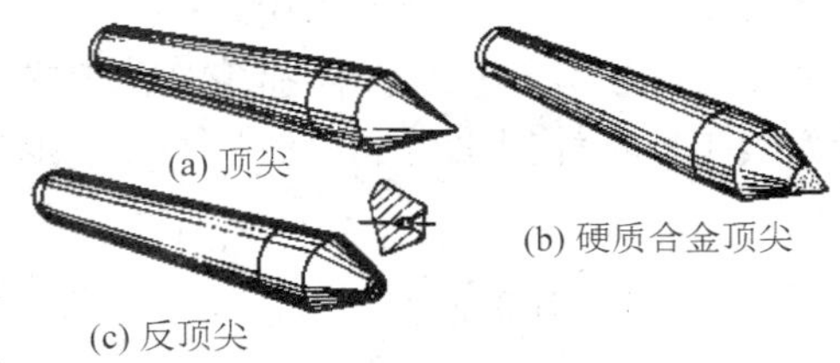

图 3-16　死顶尖

4. 中心架与跟刀架

当车削 $L/D>10$ 的长轴类工件时，需使用中心架或者跟刀架进行辅助支承，防止加工工件发生弯曲变形。另外，较长轴类的工件在车孔、车端面及钻孔时，要用中心架作支承。

如图 3-17 所示为中心架与跟刀架的结构。在使用中心架与跟刀架时，必须预先在工件的支承部位车出光滑的圆柱面来定位。

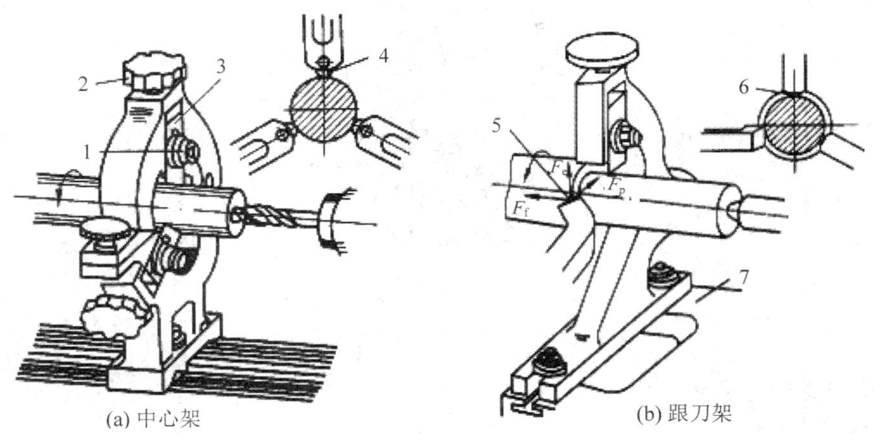

1—固定螺母；2—调节螺钉；3—支承爪；4—支承辊；5—刀具对工件的作用力；

6—硬质合金支承块；7—床身

图 3-17　中心架与跟刀架结构

中心架(见图 3-17(a))是用压板固定在车床床身的导轨上的，中心架的支承辊支承在工件已加工好的光滑圆柱面上，3 个径向布置的支承辊可单独调节，调节时应使工件的轴线与回转轴线相重合，且支承辊与工件的接触处松紧适宜。

跟刀架(见图 3-17(b))固定在车床床身上，并与车刀一起移动。跟刀架一般只有两个支承柱，由车刀来代替另一个支承柱。跟刀架的支承柱一般支承在工件上刚车出的部位。因此在每次走刀前必须重新调节支承柱，并保持接触处松紧适宜。

5. 花盘

如图 3-18 所示为花盘的结构。在花盘的工作平面上布置有若干条径向排列的直槽，以便通过压板、螺栓等将工件压紧在花盘的平面上。根据工件的加工部位以及结构特征的需要，有时还需先将工件装夹在弯板上，再将弯板固定在花盘上。要事先在工件上划好基准线，安装工件时，需要找正基准线，找正后用压板、螺栓等压紧工件。若工件的质量不均衡，则必须在花盘上加平衡块使之平衡，以防止振动及保证安全。花盘主要用于安装单件、小批生产中形状比较特殊的零件。

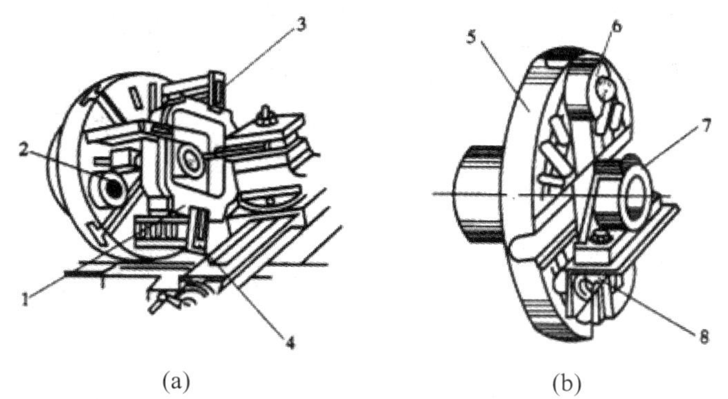

1、7—工件；2、6—平衡块；3—螺栓；4—压板；5—花盘；8—弯板

图 3-18　花盘结构

3.2.4　车床的传动系统

CA6140 型卧式车床的传动框图如图 3-19 所示，其传动系统如图 3-20 所示。

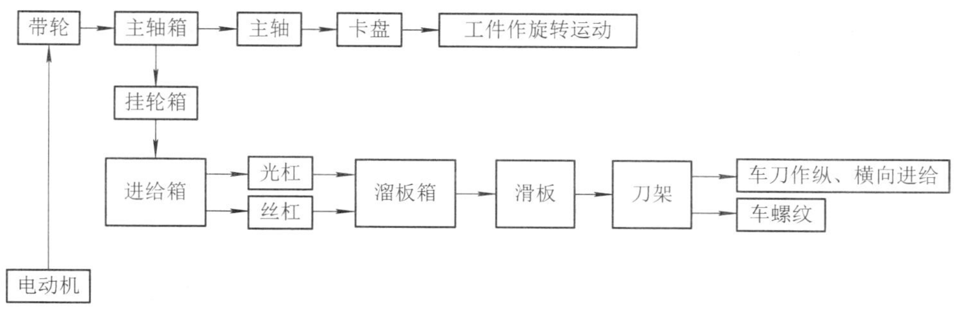

图 3-19　CA6140 型卧式车床传动框图

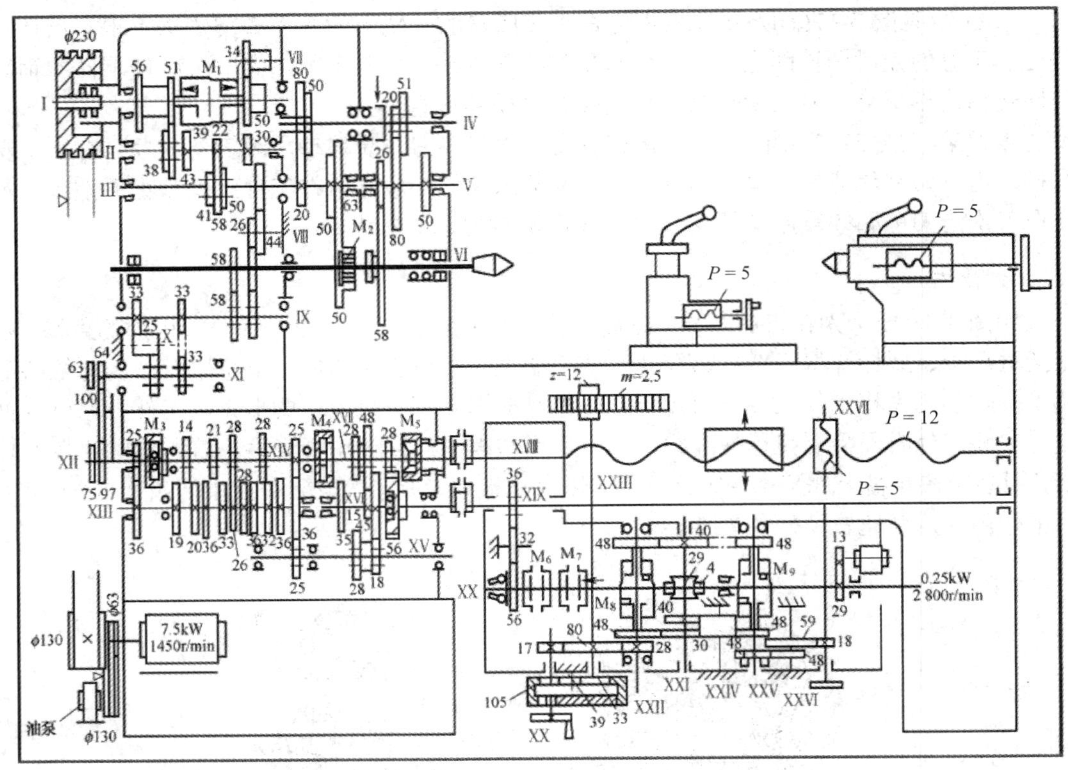

图 3-20　CA6140 型卧式车床的传动系统

车床的传动系统有主传动系统、进给传动系统及刀架的快速移动系统。

1. 主传动系统

主传动系统是指电动机的旋转经带传动，将运动传到主轴箱，主轴箱内安装有变速、变向机构，经变速、变向后，将运动传给主轴，从而使主轴获得 24 级正向及 12 级反向转速。

2. 进给传动系统

进给传动系统是指电动机的旋转运动经带轮、主轴箱、挂轮箱、进给箱后，再传递给光杠或者丝杠，最后通过溜板箱变成滑板、刀架的直线移动，使车刀作横向或者纵向的进给运动以及车削螺纹。

3. 刀架的快速移动系统

刀架的快速移动系统是使刀具快速接近或退离工件的加工部位的机构，可减轻工人的劳动强度以及缩短辅助时间。

3.2.5　立式车床

立式车床的主轴是竖直的，主要用来加工轴向尺寸较小而径向尺寸相对较大且形状较复杂的大型或者重型盘类零件。

如图 3-21 所示，立式车床的主要结构特点是主轴呈垂直布置，且工作台直径较大。工作台台面呈水平布置，故装夹、校正笨重的工件都比较方便。立式车床有单柱、双柱立式车床两种。如图 3-21(a)所示为单柱立式车床，其加工工件直径不能太大，一般要小于 1600 mm。

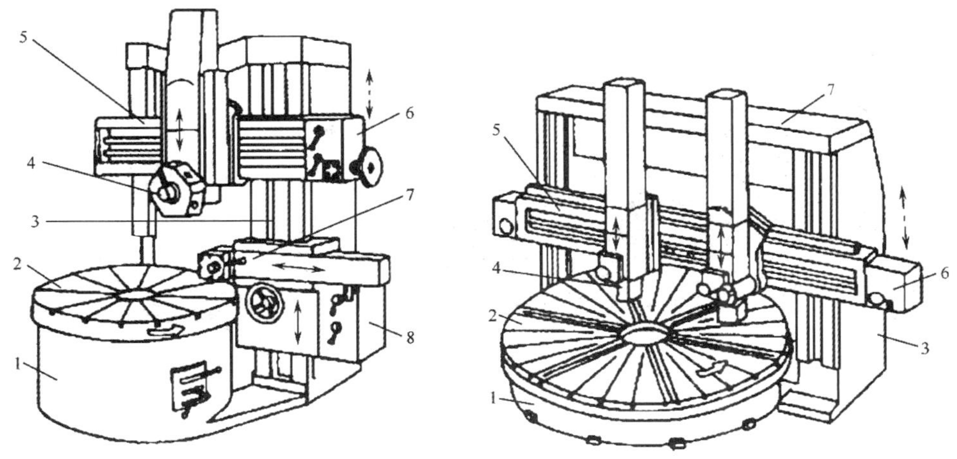

1—转台底座；2—工作台；3—立柱；4—进给手柄；5—横梁导轨；6—横梁导轨定位；7—手柄；8—电器柜

(a) 单柱

1—转台底座；2—工作台；3—立柱；4—垂直刀架；5—横梁导轨；6—横梁导轨定位；7—顶梁

(b) 双柱

图 3-21　立式车床

工作台的旋转运动由垂直主轴(安装在底座内)带动，工件安装在工作台上并随之一起旋转，实现主运动。进给运动由侧刀架及垂直刀架来实现。侧刀架可作横向以及垂直的进给运动，以车削工件的端面、外圆、倒角及沟槽。垂直刀架在横梁导轨上进行移动，实现横向的进给运动，也可沿刀架滑座的导轨作纵向的进给运动，垂直刀架可车削外圆、内孔及端面等。如果把刀架的滑座扳转一定的角度，则能斜向进给车削内、外圆锥面。在垂直刀架上装有五角形的转塔刀架，其上除了安装车刀以外，还可以安装各种加工孔用的刀具，扩大了加工范围。横梁的高度可通过松开夹紧装置，调整横梁上、下的位置来实现，以适应工件，调整好后夹紧在立柱上。如图 3-21(b)所示为双柱立式车床，其结构以及运动方式基本上类似于单柱立式车床，不同之处是双柱立式车床有两根立柱，在立柱的顶端连接一顶梁，构成了封闭的框架结构，刚度很好。双柱立式车床的最大加工直径可达 2500 mm 以上，适用于加工较重型的零件。

在重型电机、汽轮机、矿山冶金等大型的机械制造企业中，超重型、特大零件的加工普遍使用落地双柱立式车床。

3.2.6　转塔式车床

普通卧式车床虽然灵活性大、加工范围广，但由于其方刀架最多只能安装 4 把刀具，尾座只能安装一把孔用刀具，且无机动进给，因而缩小了其加工范围。例如，在卧式车床上加工形状较复杂，特别是带有内螺纹、内孔等结构的工件时，需要频繁对刀、移动尾座、试切、换刀以及测量尺寸等，这样会延长辅助时间、降低生产率、增大劳动强度。批量生产中，卧式车床的这种不足表现尤为突出。为了缩短辅助时间、提高劳动生产率，转塔式车床就在此基础上发展起来了。

转塔式车床也叫六角车床，其结构与普通车床相似，如图 3-22(a)所示。其主要由床身、床头箱、方刀架及溜板箱等组成。它与卧式车床的主要区别是取消了丝杠和尾座，并在床身尾座处安装有可沿床身导轨作纵向移动同时可实现转位的多工位刀架，如图 3-22(b)所示。

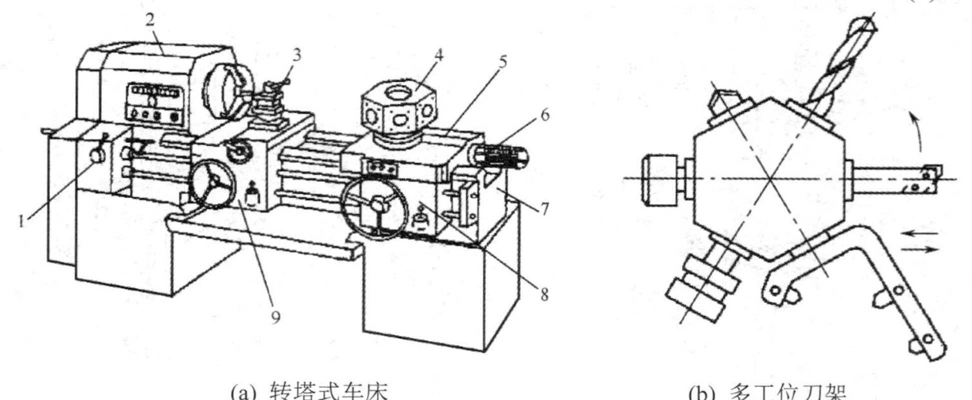

(a) 转塔式车床　　　　(b) 多工位刀架

1—进给箱；2—主轴箱；3—前刀架；4—转塔刀架；5—纵向溜板；6—转塔溜板箱行程装置；

7—床身；8—转塔刀架溜板箱；9—前刀架溜板箱

图 3-22　转塔式车床及其刀架

六角刀架上可装夹 6 把刀具，既能加工外圆又能加工孔。在加工工件前，需预先调好刀具。六角刀架每旋转 60°，便可转换 1 把刀具。工件加工过程中，多工位刀架周期性转位，其上刀具依次进行工件切削加工。转塔式车床在成批生产以及加工形状较复杂的工件时，其生产效率高于卧式车床。由于刀具安装较多，适用于加工形状较复杂的小型回转类工件。因没有丝杠不能车削螺纹。转塔车床加工工件时，需要花较多的时间来调整机床以及刀具，因此，不适于单件、小批量生产。

3.2.7　马鞍车床

马鞍车床外形结构如图 3-23 所示，是一种变形的普通车床。它与普通车床的主要区别在于靠近主轴箱一端装有一段形似马鞍的可卸导轨，卸去导轨后可增大工件加工的最大直径。但是经常装卸马鞍，会导致其刚度、工作精度都有所下降。马鞍车床主要应用在设备较少的修理车间及小工厂，适用于单件、小批量生产。

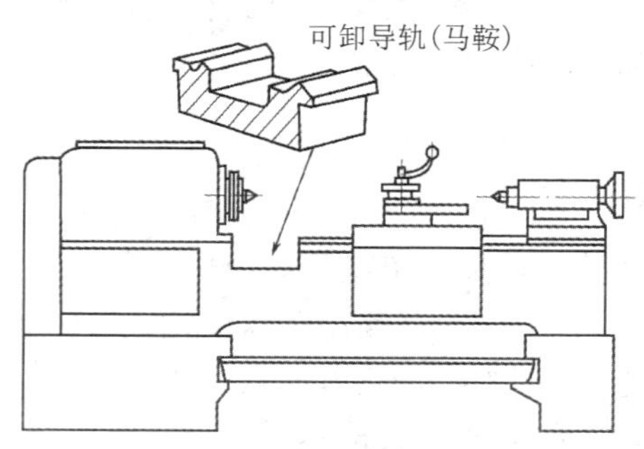

图 3-23　马鞍车床外形结构

3.2.8　常用车刀及应用与材料

1. 车刀的种类与组成

1) 常用车刀的种类

车刀是车削工件时所使用的刀具。车刀种类很多，可用于各类车床的加工。

(1) 按结构，车刀可分为整体式、焊接式、机夹重磨式以及可转位式等，如图 3-24 所示为车刀的种类，图 3-25 所示为几种常见可转位式车刀。

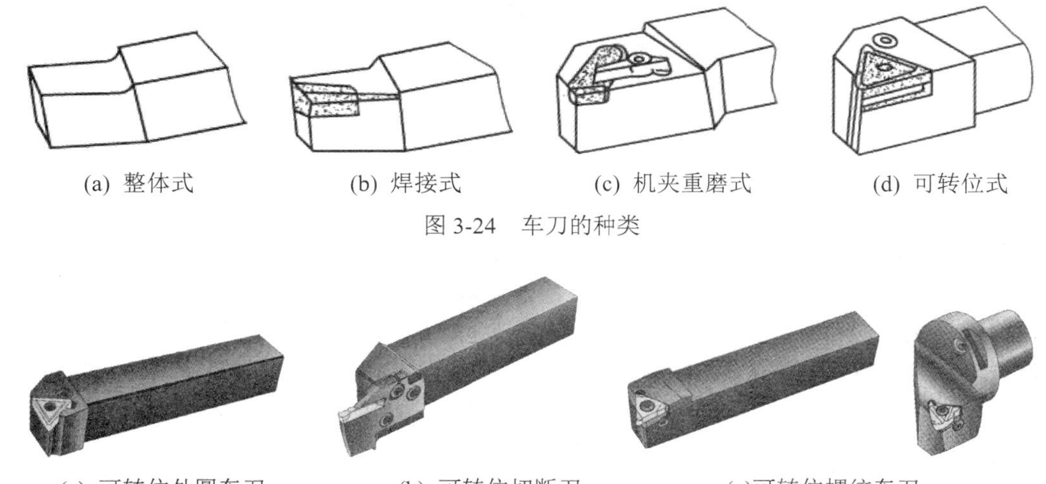

(a) 整体式　(b) 焊接式　(c) 机夹重磨式　(d) 可转位式

图 3-24　车刀的种类

(a) 可转位外圆车刀　(b) 可转位切断刀　(c)可转位螺纹车刀

图 3-25　几种常见可转位式车刀

(2) 按用途，车刀可分为外圆车刀、端面车刀、螺纹车刀、切断刀、镗孔车刀和成形车刀等，如图 3-26 所示为几种常用车刀。

外圆车刀有直头和弯头之分，常以主偏角的数值来命名。如 $K_r = 90°$的外圆车刀称为 90°外圆车刀，$K_r = 45°$ 的外圆车刀称为 45°外圆车刀。

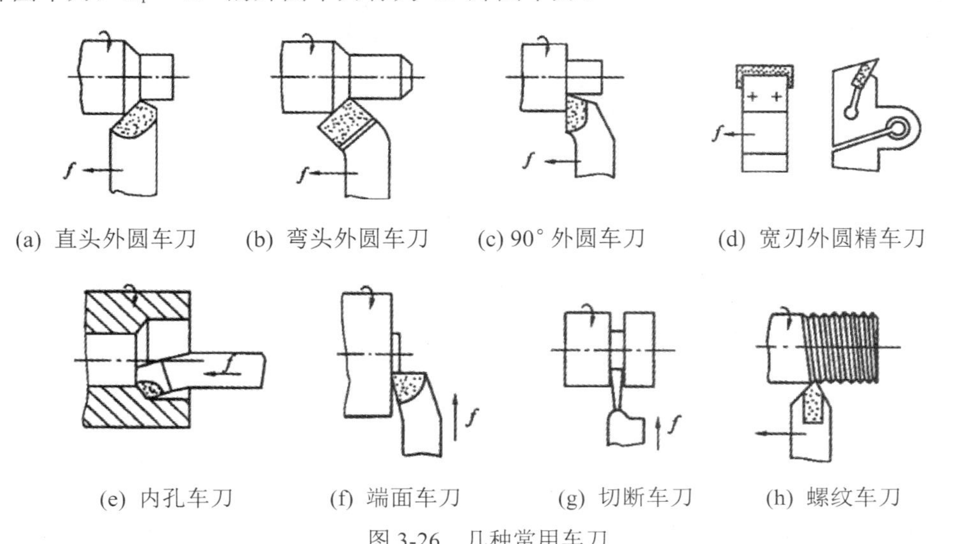

(a) 直头外圆车刀　(b) 弯头外圆车刀　(c) 90° 外圆车刀　(d) 宽刃外圆精车刀

(e) 内孔车刀　(f) 端面车刀　(g) 切断车刀　(h) 螺纹车刀

图 3-26　几种常用车刀

2) 车刀的组成

如图 3-27 所示，车刀由刀杆和刀头两部分组成。刀杆是车刀用来夹持的部分，刀头是车刀用来切削的部分。

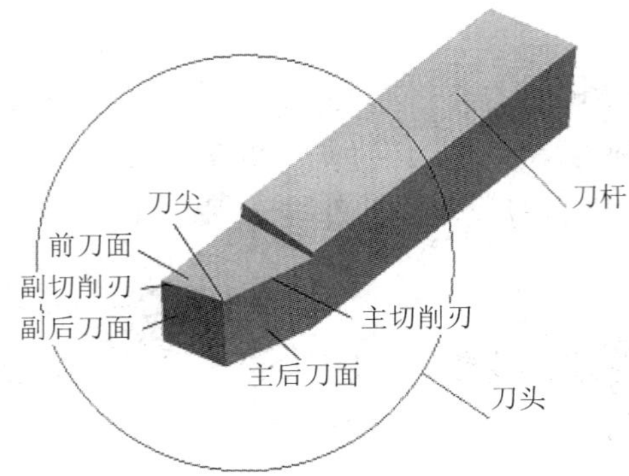

图 3-27　车刀的组成

车刀的切削部分由三面、两刃和一尖组成。

三面即前刀面、主后刀面、副后刀面。前刀面是指车刀刀头的上表面，即切屑流过刀具的表面。主后刀面是指刀具上与工件上的加工表面相对并且相互作用的表面。副后刀面是指刀具上与工件上的已加工表面相对且相互作用的表面。

两刃是指主切削刃与副切削刃。主切削刃是指刀具的前刀面与主后刀面的交线。副切削刃是指刀具的前刀面与副后刀面的交线。

一尖是指刀尖。刀尖是指主切削刃与副切削刃的连接处相当少的一部分切削刃，实际上是一段很小的圆弧过渡刃。

2. 车刀的几何角度及其作用

为确定和测量车刀的几何角度，需要建立 3 个互相垂直的辅助平面作为基准，即基面、切削平面和正交平面，车刀的辅助平面如图 3-28 所示。基面是指过主切削刃的某一选定点并且平行于刀杆底面的平面。切削平面是指切于主切削刃某一选定点并且垂直于刀杆底平面的平面。正交平面是垂直于基面与切削平面的平面。

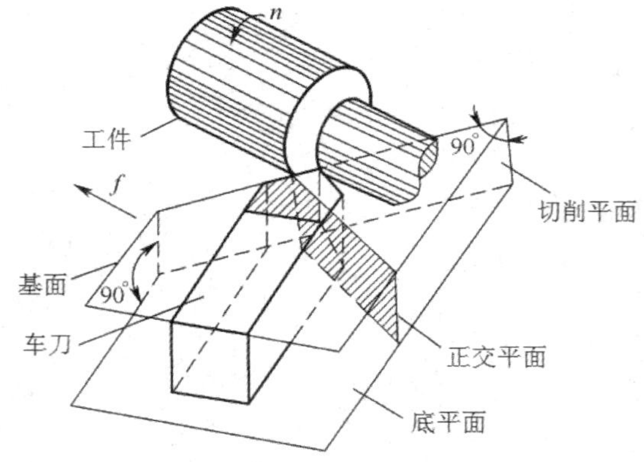

图 3-28　车刀的辅助平面

车刀的切削部分在各辅助平面中的位置，形成了车刀的几何角度。车刀的主要角度有

前角 γ_0、后角 α_0、主偏角 κ_r、副偏角 κ_r'、刃倾角 λ_s，如图 3-29 所示。

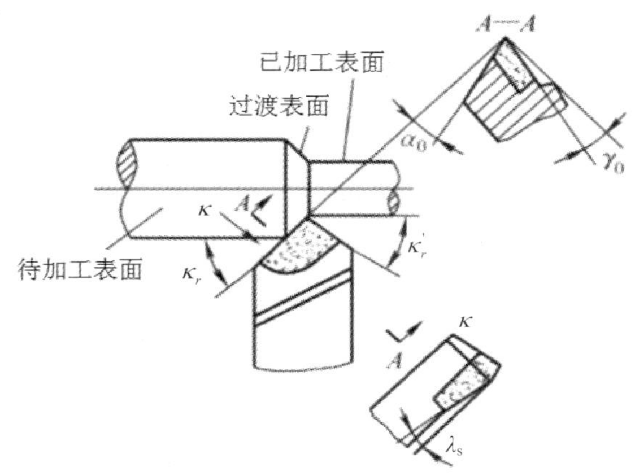

图 3-29　车刀的主要角度

(1) 前角 γ_0。前角是指前刀面与基面之间的夹角，其角度可在正交平面中测量。

(2) 后角 α_0。后角是指主后刀面与切削平面之间的夹角，其角度也可以在正交平面中测量。其主要作用是减小车削时主后刀面与工件之间的摩擦，减小切削时产生的振动，提高加工工件的表面质量。

(3) 主偏角 κ_r。主偏角是指主切削刃在基面上的投影与进给运动方向之间的夹角，其角度值可以在基面中测量。

(4) 副偏角 κ_r'。副偏角是指副切削刃在基面上的投影与进给反方向之间的夹角，其角度可以在基面中测量。副偏角的作用是减少副切削刃与已加工表面之间的摩擦，提高工件表面的加工质量，一般副偏角为 $\kappa_r' = 5° \sim 15°$。

(5) 刃倾角 λ_s。刃倾角是指主切削刃与基面之间的夹角，其角度值可以在切削平面中测量。刃倾角的主要作用是控制切屑的流向。

3. 车刀几何角度及切削用量的选择

1) 车刀几何角度的选择

(1) 前角 γ_0 的选择。前角对刀具的耐用度、加工质量以及效率等影响很大，是刀具的一个重要角度。一般情况下，增大前角，刃口锋利，切削力减小；但同时降低了刃口的强度，散热面积减小，切削温度升高，降低了刀具的耐用度。加工脆性材料时，车刀的前角 γ_0 应比粗加工大，以使刀刃锋利，降低工件的粗糙度；加工塑性材料时，前角可选大些，如用硬质合金车刀切削时可取 $\gamma_0 = 10° \sim 20°$。一般前角的选择原则是在满足强度要求的前提下，选用较大值。

(2) 后角 α_0 的选择。后角的主要作用是减少切削过程中主后刀面与过渡表面间的摩擦，减轻刀具的磨损。增大后角，会降低刃口强度，降低刀具的散热效率，切削温度升高，降低刀具的耐用度；减小后角，会加剧主后刀面与过渡表面间的摩擦，刀具磨损大，增加工件的冷硬程度，加工表面质量差。后角一般取 $\alpha_0 = 6° \sim 12°$，粗车时取小值，精车时取大值。

(3) 主偏角 κ_r 的选择。主偏角的大小影响刀具的耐用度、背向力与进给力的大小。减小主偏角能提高刀刃的强度，改善散热条件，并增加切削层宽度，减小切削层厚度，减轻单位长度上刀刃的负荷，有利于提高刀具的耐用度；加大主偏角有利于减小背向力，防止工件变形，减小加工过程中的振动。车刀常用的主偏角有 45°、60°、75°、90° 等，其中 45° 最多。

(4) 副偏角 κ_r' 的选择。副偏角影响已加工表面的粗糙度及刀具的耐用度。增大副偏角，可减小副切削刃与已加工表面的摩擦，防止切削时产生振动；减小副偏角有利于降低已加工表面的残留高度，如图 3-30 所示，降低已加工表面的粗糙度，增大副后刀面与已加工表面的摩擦。在背吃刀量 α_p、进给量 f、主偏角 κ_r 相等的条件下，减小副偏角 κ_r'，可减小车削后的残留面积，从而减小表面粗糙度，一般选取 $\kappa_r' = 5° \sim 15°$。

(5) 刃倾角 λ_s 的选择。主切削刃与基面平行时，$\lambda_s = 0$；刀尖处于主切削刃的最低点时，λ_s 为负值，刀尖强度增大，切屑流向已加工表面，用于粗加工；刀尖处于主切削刃的最高点时，λ_s 为正值，刀尖强度最弱，切屑流向待加工表面，用于精加工。车刀的刃倾角一般为 $-5° \sim 5°$。

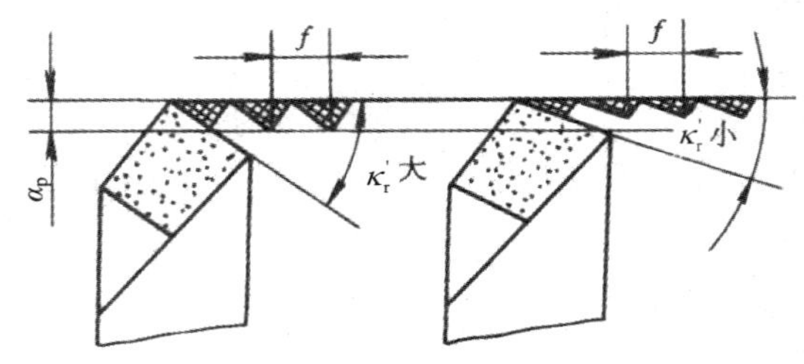

图 3-30　副偏角对残留高度的影响

2) 切削用量的选择

切削用量 v_c、f、α_p 对生产率的影响是等同的，而对切削加工过程的影响是不同的。加工时应合理选择切削用量，在保证刀具耐用度及加工质量的前提下，提高生产率，降低加工成本。

(1) 粗加工时切削用量的选择。粗加工的主要目的是尽快切除工件上的加工余量，提高生产率，降低成本。因此，应选较大的背吃刀量，加大进给量，采用中等或中等偏低的切削速度。

(2) 半精加工、精加工时切削用量的选择。精加工的主要目的在于保证表面质量及加工精度，生产率应在此前提下尽可能提高。一般来说，切削用量应选用较小的背吃刀量及较小的进给量，切削速度可取大些。

4. 车刀的材料

1) 对刀具材料的基本要求

(1) 具有足够的强度与韧性。为承受切削过程中产生的切削力和冲击力，防止产生振动和冲击，刀具材料应具有足够的强度和韧性，才不会发生脆裂和崩刃。

(2) 硬度高。刀具切削部分的材料应具有较高的硬度，其最低硬度要高于工件的硬度，一般要在 60 HRC 以上，硬度越高，耐磨性越好。

(3) 红硬性好。红硬性是指刀具材料在高温下维持其原有良好硬度的性能。红硬性常用红硬温度来表示。

2) 常用的车刀材料

常用的车刀材料主要有硬质合金和高速钢。

(1) 硬质合金。硬质合金是用碳化钨(WC)、碳化钛(TiC)和钴(Co)等材料采用粉末冶金的方法制成的合金，它具有很高的硬度，其值可达 89～90 HRA(相当于 74～82 HRC)。因此，车刀的材料主要采用硬质合金，其他刀具如钻头、铣刀等材料也广泛采用硬质合金。

(2) 高速钢。高速钢是指含有钨(W)、铬(Cr)、钒(V)等合金元素较多的高合金工具钢，经热处理后，其硬度可达 62～65 HRC。

5. 车刀的刃磨

1) 磨刀砂轮的选择

常用的磨刀砂轮有人造金刚石砂轮、碳化硅砂轮、氧化铝砂轮等。

(1) 人造金刚石砂轮的磨粒硬度极高，自锐性好，强度较高，导热性好。除可刃磨硬质合金刀具外，还可磨削玻璃、陶瓷等高硬度材料。

(2) 碳化硅砂轮的磨粒硬度高，切削性能好，但较脆，用来刃磨硬质合金刀具。

(3) 氧化铝砂轮的磨粒韧性好，比较锋利，硬度稍低，用来刃磨高速钢刀具。

2) 车刀刃磨的步骤与方法

车刀的刃磨有手工刃磨和机械刃磨两种。手工刃磨比较灵活，对磨刀设备要求不高，这种刃磨方法在一般工厂较为普遍。对于车工来说，手工刃磨是必须掌握的基本技能。机械刃磨效率高，质量稳定，操作方便，主要用于刃磨标准刀具。

3) 车刀角度的检查

车刀磨好后，必须检查刃磨质量与角度是否符合要求。

先检查刃磨质量，看看刀刃是否锋利，表面是否有裂纹或明显沟痕。对于要求高的车刀，可用 10～20 倍的放大镜检查。

检查角度时，先用样板检查车刀主后角，然后检查楔角，如图 3-31 所示。检查时，应使样板垂直于主切削刃。如果检查发现主后角、楔角符合要求，则前角就对了。

车刀角度也可以用专用的万能游标量角器或量角台测量。如图 3-32 所示为专用量角台，靠板的下刃是测量前角和刃倾角的，侧刃是测量后角的。

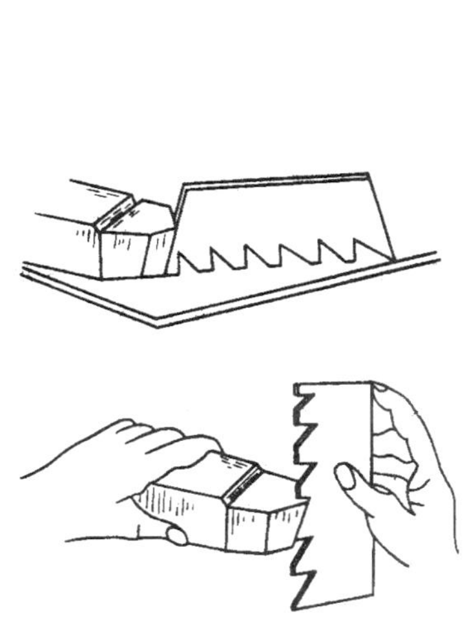

图 3-31　用样板检查车刀的角度

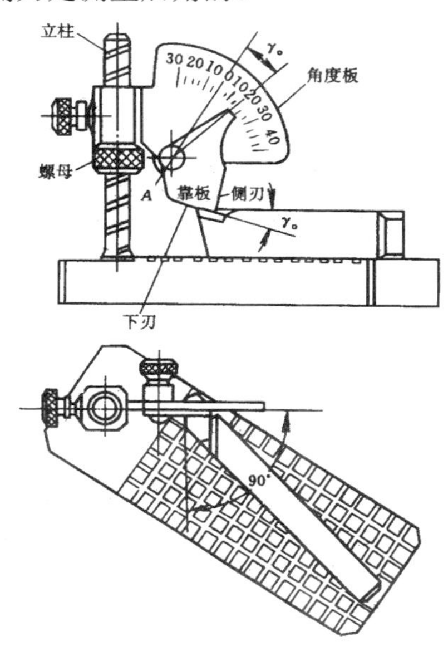

图 3-32　专用量角台

4) *刃磨刀具时的注意事项*

(1) 握刀姿势要正确，手指要稳定，不能抖动。

(2) 在盘形砂轮上磨刀时，尽量避免使用砂轮的侧面；在杯形砂轮上磨刀时，不准使用砂轮的内圈。

(3) 磨碳素钢、合金钢及高速钢刀具时，要经常冷却，不能让刀头烧红，否则，会失去其硬度。

(4) 刃磨时，应将刀具往复移动，不要固定在砂轮的某一处，否则，会使砂轮表面磨成凹槽，在刃磨其他刀具时造成困难。

(5) 磨硬质合金刀具时，不要进行冷却，突然冷却会使刀片碎裂。

5) *刃磨刀具时的安全问题*

(1) 刃磨刀具时，人应站在砂轮的侧面，必须戴上防护眼镜，以防止碎屑飞入眼中。

(2) 刃磨时不能用力过大，否则，会使手打滑触及砂轮而受伤。

(3) 砂轮旋转平稳后才能刃磨。

(4) 刃磨刀具的砂轮不要磨削其他物件。

(5) 砂轮必须装有防护罩。

(6) 托架与砂轮之间的空隙不能太大(小于 3 mm)，否则容易使刀具嵌入中间而挤碎砂轮，发生危险。

6) *车刀的安装*

安装车刀时，一定要注意以下几点：

(1) 一定要夹紧车刀，否则，车刀崩出会造成难以想象的后果。

(2) 车刀悬伸部分要尽量缩短。一般悬伸长度约为车刀厚度的 1～1.5 倍。悬伸过长，车刀切削时刚性差，容易产生弯曲、振动，甚至折断，影响工件的加工质量。

(3) 车刀刀杆的中心线应与进给运动方向垂直，否则车刀工作时其主偏角与副偏角会发生改变。主偏角减小会增大进给力；副偏角减小会使摩擦加剧。

(4) 车刀的刀尖一般应与工件的旋转轴线等高，否则，车刀工作时前角与后角会发生改变。车外圆时，如果车刀刀尖高于工件旋转轴线，会增大前角，减小后角，从而加剧主后刀面与工件之间的摩擦；如果车刀的刀尖低于工件的旋转轴线，会增大后角，减小前角，使切削不顺利。车削内孔时，其角度的变化正好与车外圆时相反。

这些要求对各种车刀的安装是通用的，但对不同的切削情况，又有其特殊的要求。

3.3　铣削加工

3.3.1　铣削加工的特点、应用及铣削方式

1. 铣削加工的特点及应用

铣削加工是切削加工中常用的方法，是指用多刃回转刀具在铣床上切削加工平面、台阶面、型腔表面、沟槽、螺旋表面及成形表面等的方法，如图 3-33 所示为铣削加工的应用。

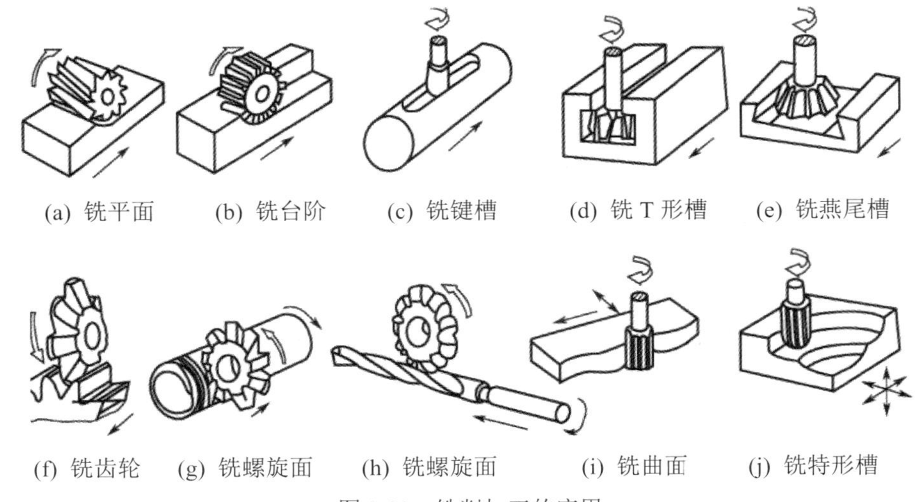

图 3-33　铣削加工的应用

一般情况下，铣削时铣刀的旋转运动为主运动，工件的移动为进给运动。铣削可对工件进行粗加工、半精加工，其加工精度可达 IT9～IT7，精铣表面粗糙度值可达 Ra3.2～1.6 μm。

铣削的工艺特点如下：

(1) 同一表面有多种加工方法及使用多种铣刀。为适应各种切削条件以及工件不同材料的要求，同一加工表面可以使用不同的铣削方法、不同的铣刀。例如，铣平面时可以使用端铣刀、平面铣刀及立铣刀；铣销方式可以是顺铣，也可以是逆铣。

(2) 冲击、振动大。铣刀的刀刃切入和切出时会产生冲击力，引起同时工作的刀刃数的变化，每个刀刃切削的厚度不一致，使切削力产生波动；铣削过程不稳定，容易产生振动。因此，要求铣床在结构上要有较高的刚度及抗振性来保证铣削的加工质量。

(3) 生产率较高。铣刀属多刃刀具，切削时有多个刀刃同时进行工作，总切削宽度较大。同时，铣刀的旋转运动是铣削的主运动，可以采用高速铣削，因此铣削的生产率较高。

2. 铣削方式

1) 端铣方式

端铣是指用铣刀端面上的齿进行铣削。根据面铣刀相对于工件安装位置的不同，端铣可分为顺铣和逆铣，如图 3-34 所示。

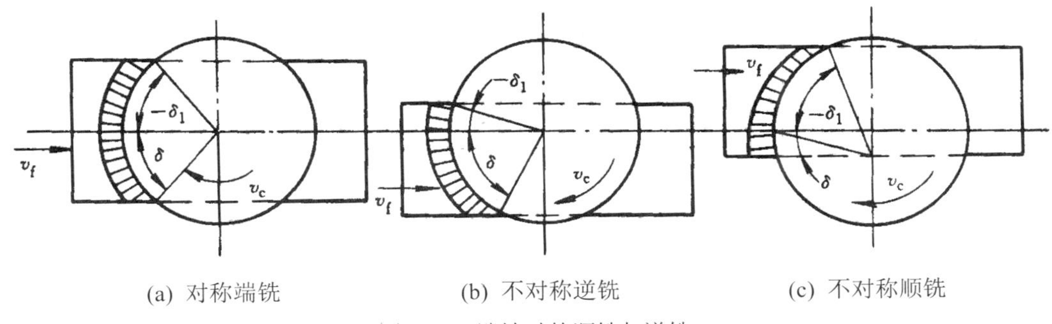

图 3-34　端铣时的顺铣与逆铣

2) 圆周铣削方式

圆周铣削方式即周铣，是指用圆柱铣刀的圆周齿进行铣削。周铣也分逆铣和顺铣两种方式。逆铣是指铣刀的旋转方向与工件的进给方向相反，如图 3-35(a)所示；顺铣是指铣刀的旋转方向与工件的进给方向相同，如图 3-35(b)所示。

端铣加工质量比周铣好，生产率也比周铣高，但适应性比周铣要差。端铣只能用于加工平面，主要用于大平面的加工，而周铣多用于小平面、成形面以及各种沟槽的加工。因此，在铣削平面时，应尽量选用硬质合金铣刀进行端铣。

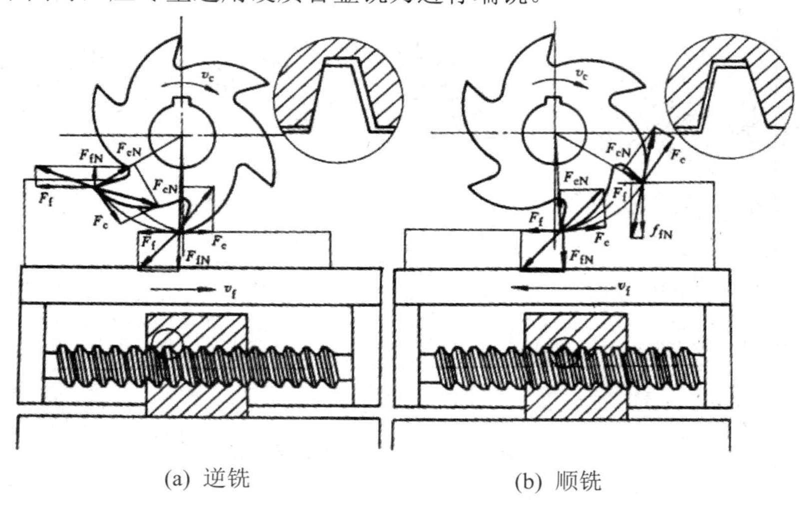

(a) 逆铣　　(b) 顺铣

图 3-35　周铣时的逆铣与顺铣

3.3.2　铣削加工的铣削用量及切削层参数

1. 铣削运动

铣削运动由主运动与进给运动组成。主运动是指铣刀的旋转运动，进给运动是指工件随工作台的直线移动。

2. 铣削用量

铣削用量由铣削速度 v_c、进给量 f、背吃刀量(又称铣削深度)α_p 和侧吃刀量(又称铣削宽度)α_e 4 个要素组成。

1) 铣削速度 v_c

铣削速度即铣刀最大直径处的线速度，可由下式计算：

$$v_c = \frac{\pi dn}{1000} \tag{3-6}$$

式中，d——铣刀直径(mm)；

n——铣刀转速(r/min)。

2) 进给量 f

进给量是指铣削时工件在进给运动方向上相对于刀具的移动量。由于铣刀为多刃刀具，计算时按单位时间不同，有以下 3 种度量方法：

(1) 每齿进给量 f_z，其单位为 mm/z。

(2) 每转进给量 f，其单位为 mm/r。

(3) 每分钟进给量 v_f，又称进给速度，其单位为 mm/min。

上述 3 者之间的关系为

$$v_f = fn = zf_zn \tag{3-7}$$

一般铣床铭牌上给出的进给量为 v_f 值。

3) 背吃刀量(铣削深度)α_p

背吃刀量为在平行于铣刀轴线方向上测量的切削层尺寸，单位为 mm，如图 3-36 所示。因周铣与端铣时铣刀相对于工件的方位不同，故 α_p 在图 3-36 中的标示也有所不同。

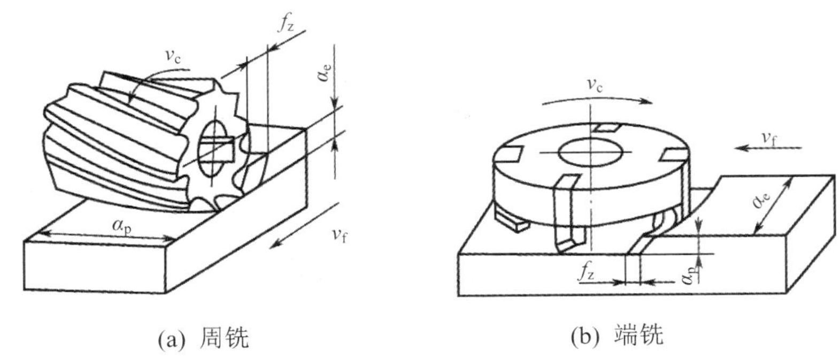

(a) 周铣　　(b) 端铣

图 3-36　铣削运动和铣削要素

4) 侧吃刀量(铣削宽度)α_e

侧吃刀量是指垂直于刀具轴线方向和进给运动方向所在平面上工件被切削的切削层尺寸，单位为 mm。

3. 切削层参数

切削层是指铣削时铣刀相邻两个刀齿在工件上形成的过渡表面之间的金属层，如图 3-37 所示为铣刀切削层参数。线段 *AB* 与 *EF* 截出的两条弧线所形成的弧形面积 *AFEB* 即为切削层。切削层的形状与尺寸在规定的基面内度量，如图 3-37(a)所示，它们的大小对铣削过程有很大影响。

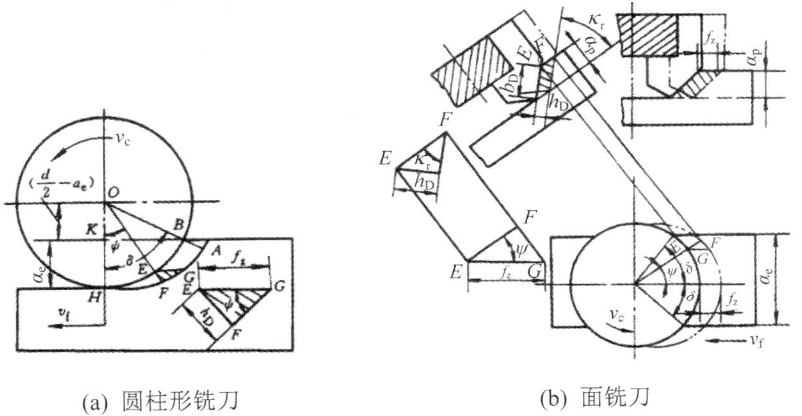

(a) 圆柱形铣刀　　(b) 面铣刀

图 3-37　铣刀切削层参数

3.3.3　铣床的种类及用途

常用的铣床有卧式铣床、立式铣床、龙门铣床和工具铣床等。

1. 卧式铣床

如图 3-38 所示为 X6132 型卧式升降台铣床的外形，其主要部件有床身、主轴、横梁、挂架、工作台、转台、横向溜板、升降台、电气控制和冷却润滑系统等。

X6132 型卧式升降台铣床的运动由主运动和进给运动组成。

1) 主运动

X6132 型卧式升降台铣床的主运动为主轴(铣刀)的回转运动。主电动机的回转运动经主轴变速机构传递到主轴，使主轴回转，主轴转速共 18 级(转速范围为 30～1500 r/min)。

2) 进给运动

X6132 型卧式升降台铣床的进给运动为工件的纵向、横向和垂直方向的移动。进给电动机的回转运动经过变速机构，分别传递给 3 个进给方向的进给丝杠，获得工作台的纵向运动、横向溜板的横向运动和升降台的垂直方向运动。3 个方向的进给速度都分 18 级，纵向进给速度范围为 12～960 mm/min，横向进给速度范围为 12～960 mm/min，垂直方向进给速度范围为 4～320 mm/min，并且均可以实现快速移动。

该机床工作台最大纵向行程为 700 mm，横向溜板最大横向行程为 255 mm，升降台最大升降行程为 320 mm。

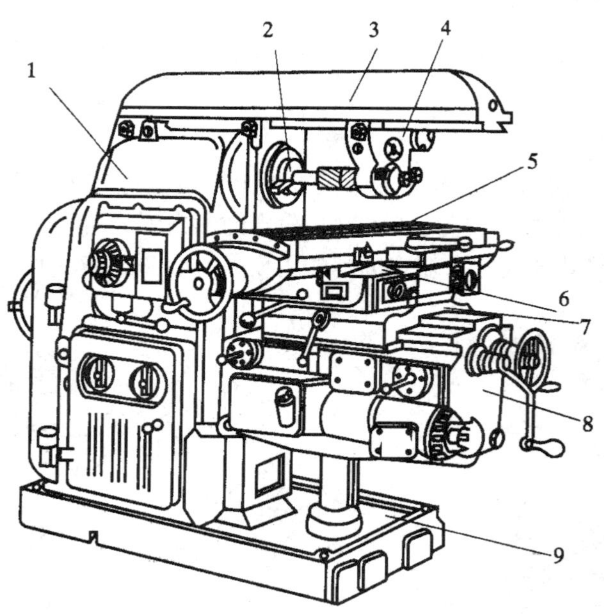

1—床身；2—主轴；3—横梁；4—挂架；5—工作台；6—转台；7—横向溜板；8—升降台；9—底座

图 3-38　X6132 型卧式升降台铣床

X6132 型卧式升降台铣床具有功率大、转速高、刚性好、工艺范围广、操纵方便等优点。这种铣床主要适用于单件、小批量生产，也可用于成批生产。

2. 立式铣床

立式铣床有立式升降台铣床和万能回转头铣床两种。

1) 立式升降台铣床

立式升降台铣床与卧式升降台铣床的区别在于主轴采用立式布置，与工作台面垂直，如图 3-39(a)所示。主轴 2 安装在立铣头 1 内，可沿其轴线方向进给或手动调整位置。

立铣头 1 可根据加工要求，在垂直平面内向左或向右在 45° 范围内回转，使主轴与工作台面倾斜成所需的角度，以扩大机床的工艺范围。立式铣床的其他部分，如工作台 3、床身 4 及升降台 5 的结构与卧式升降台铣床相同。

2) 万能回转头铣床

如图 3-39(b)所示为万能回转头铣床，它与卧式升降台铣床结构非常相似。不同点在于万能回转头铣床滑座的两端分别装有电动机 6 和万能立铣头 8，其万能立铣头可作任意方向角度的偏转。当工件有不同角度的位置均需加工时，在万能回转头铣床上进行一次装夹，只需改变铣刀轴线倾斜方向即可完成工件多角度的加工。

立式铣床是一种生产率较高的机床，在立式铣床上可安装立铣刀或面铣刀，能加工平面、斜面、台阶或键槽等，还可以加工 T 形槽、内外圆弧及凸轮等。

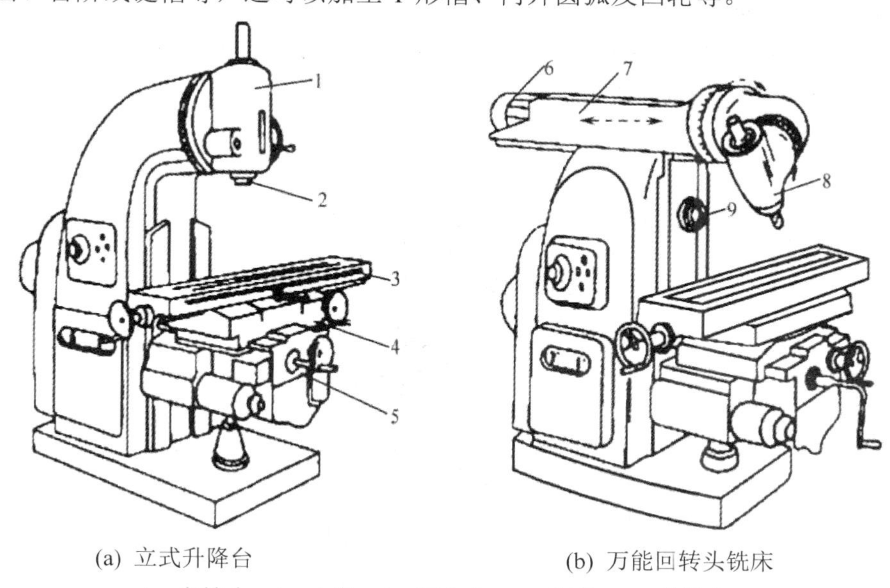

(a) 立式升降台　　(b) 万能回转头铣床

1—立铣头；2—主轴；3—工作台；4—床身；5—升降台；

6—电动机；7—滑座；8—万能立铣头；9—水平主轴

图 3-39　立式铣床

3. 龙门铣床

龙门铣床是一种大型高效通用机床，如图 3-40 所示。龙门铣床工作台在床身的水平导轨上作纵向的进给运动，立柱与横梁上都装有独立的立铣头，由各自的电动机驱动主轴作主运动。横梁可沿立柱上的导轨运动，可调整垂直位置，横梁上的立铣头可沿横梁上的水平导轨调整位置，有些龙门铣床上的立铣头主轴可以作倾斜调节，以便铣斜面。各铣刀的切深运动均可由立铣头主轴移动来实现。

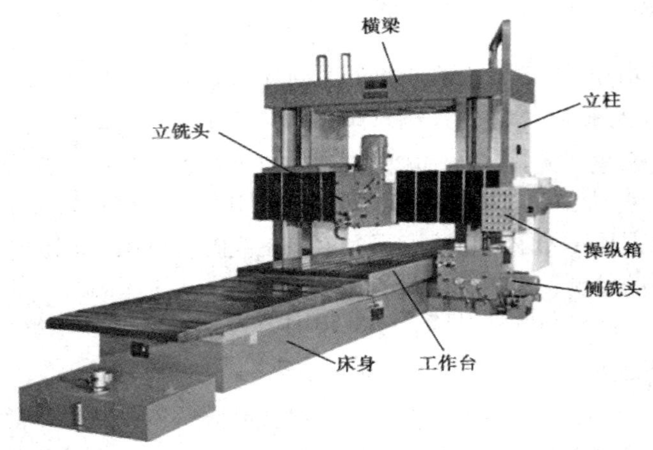

图 3-40　龙门铣床

龙门铣床的精度及刚性都很好，可同时用几把铣刀铣削，加工精度及生产率都较高。龙门铣床适用于加工大中型、重型工件，主要用于大中型工件上平面与沟槽的加工，既可以粗铣、半精铣，又可以精铣。

4. 万能工具铣床

如图 3-41 所示为万能工具铣床外形结构图。此种铣床加工精度较高，操纵方便，并备有多种附件，主要在工具车间使用。

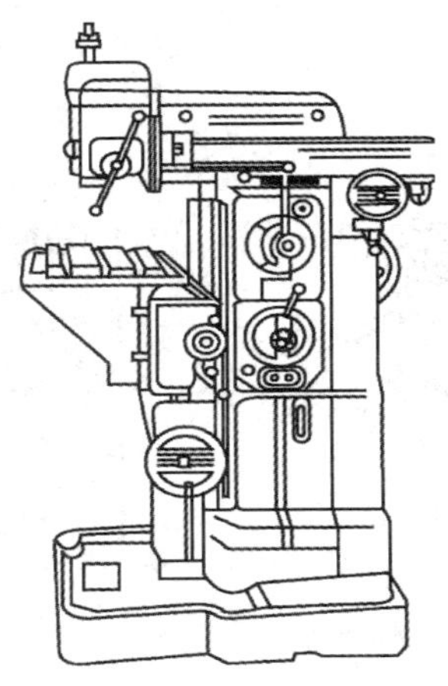

图 3-41　万能工具铣床

5. 铣床附件

为扩大铣床的加工范围，提高生产率，在铣床上配以相应的附件。常用的附件有万能分度头、立铣头、回转工作台、平口虎钳等。

1) 万能分度头

万能分度头是铣床上的精密附件，用于加工齿轮、花键、多边形工件以及齿式离合器等。按夹持工件的最大直径，万能分度头可分为 FW200、FW250 与 FW320 3 种类型，其中 FW250 型应用最广泛。

如图 3-42 所示为万能分度头外形与分度盘放大图。分度头前端主轴 4 上的螺纹上安装卡盘，主轴标准锥孔插入顶尖 3，用以装夹工件。转动手柄 1，分度头内部的传动机构带动主轴旋转，手柄在分度盘 2 孔圈上转过的圈数与孔数，应根据工件上所需等分的度数计算确定。

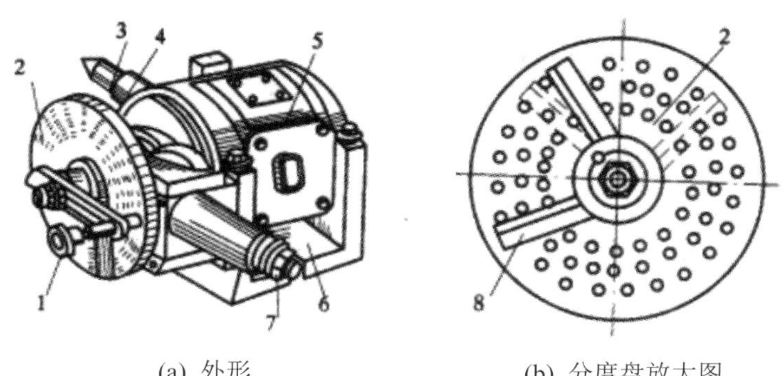

(a) 外形　　(b) 分度盘放大图

1—手柄；2—分度盘；3—顶尖；4—主轴；5—回转体；6—基座；7—侧轴；8—分度叉

图 3-42　万能分度头

万能分度头的主轴可随回转体 5 一起回转一定角度，以满足工件倾斜一定角度并进行分度的需要。

2) 立铣头

立铣头安装在卧式铣床的主轴端，如图 3-43 所示。铣床的主轴以传动比 $i = 1$ 的速度驱动立铣头的主轴回转，使卧式铣床起立式铣床的功用，从而扩大其工艺范围。立铣头的铣刀轴能在垂直平面内左、右偏转 90°。

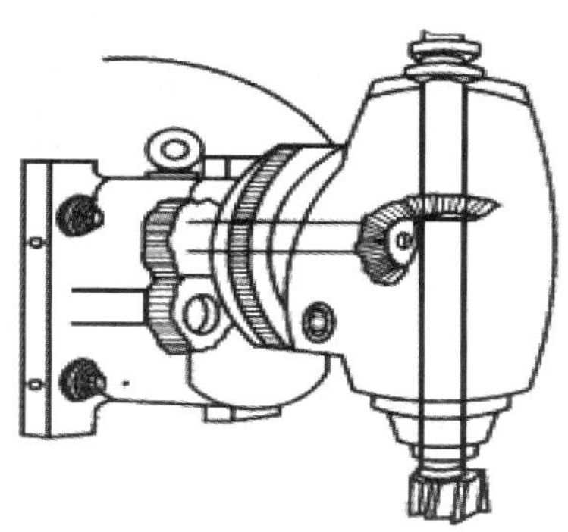

图 3-43　立铣头

3) 回转工作台

回转工作台分手动进给与机动进给两种。手动进给回转工作台如图 3-44(a)所示，此方法应用较多。手动进给回转工作台有 200、250、320、400、500 mm 等规格。机动进给回转工作台如图 3-44(b)所示，机动进给回转工作台的结构与手动进给回转工作台基本相同，差别在于机动进给回转工作台的传动轴 3 可通过万向联轴器连接铣床的传动装置，实现机动回转进给，离合器手柄 2 可改变圆工作台 1 的回转方向和停止圆工作台的机动进给。

回转工作台主要用于回转曲面的加工及中小型工件的分度，如铣削多边形工件、工件上的圆弧形槽及有分度要求的槽或孔等。

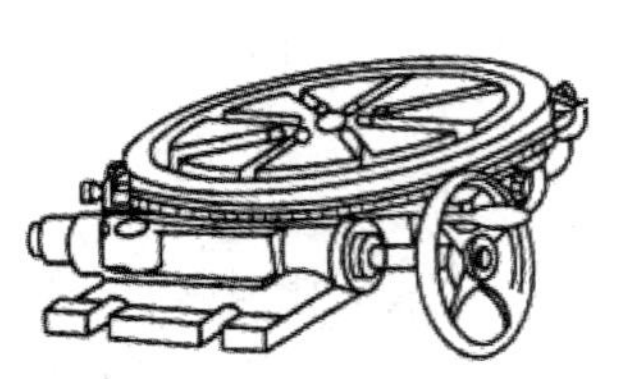

(a) 手动进给

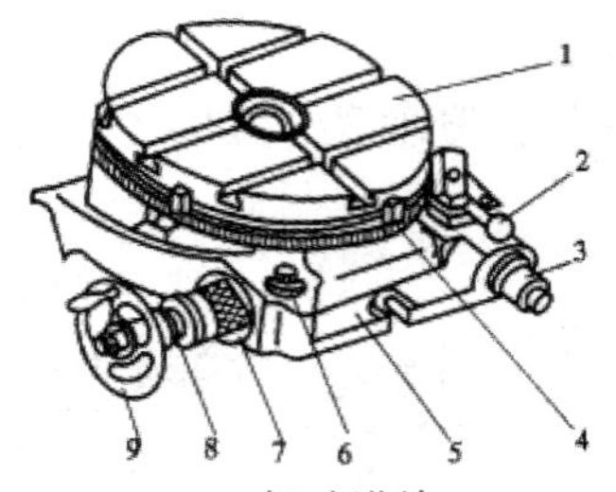

(b) 机动进给

1—圆工作台；2—离合器手柄；3—传动轴；4—挡铁；5—底座；

6—螺母；7—偏心环；8—手轮轴；9—手轮

图 3-44　回转工作台

4) 平口虎钳

平口虎钳在机床上用于夹紧工件，分非回转式与回转式两种，两者的结构基本相同。只是回转式平口虎钳的底座设有转盘，能绕其轴线在 360° 范围内任意扳转。机床用平口虎钳外形结构如图 3-45 所示。

平口虎钳对固定钳口的精度要求较高，对相对于底座底面的位置精度要求也高。底座与铣床工作台 T 形槽用两个键定位，以此保证固定钳口与工作台纵向进给方向的垂直或平行。当工件的加工精度要求较高时，平口虎钳的安装要用百分表校正固定钳口。

平口虎钳适用于以平面定位和夹紧的中小型工件。钳口宽度有 100、125、136、160、200、250 mm 等 6 种规格。

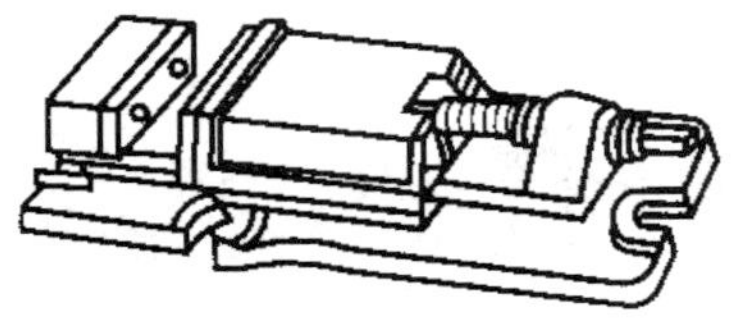

(a) 非回转式(固定式)

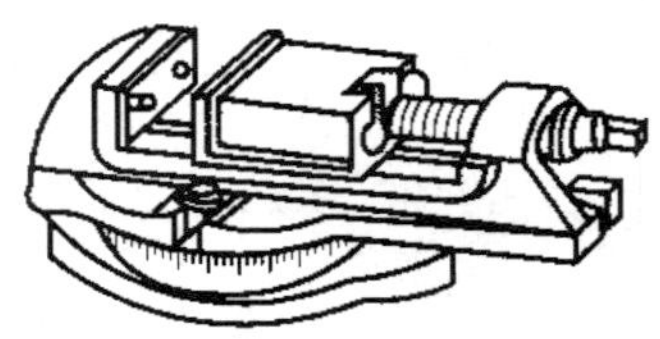

(b) 回转式

图 3-45　机床用平口虎钳

3.3.4　铣刀

1. 铣刀的种类与用途

铣刀种类多，结构复杂，一般由专业工具厂生产。尺寸较小的铣刀一般用高速钢做成整体式结构；尺寸较大的铣刀一般做成镶齿结构，刀齿为硬质合金或者高速钢，刀体为合金结构钢或者中碳钢。如图 3-46 所示为常用的铣刀类型。

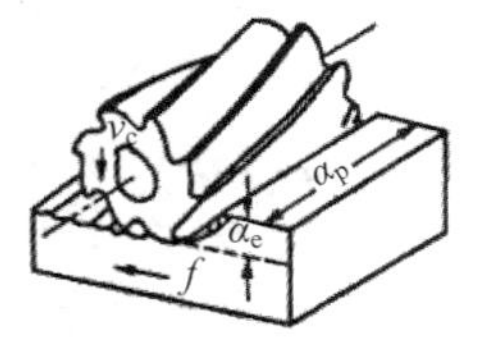

(a) 圆柱铣刀

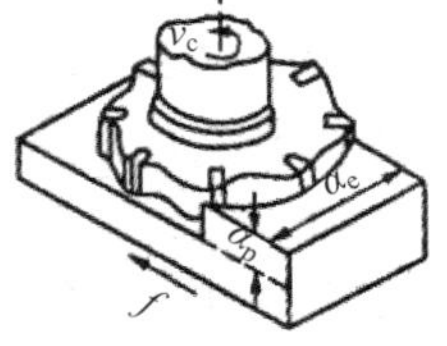

(b) 端铣刀

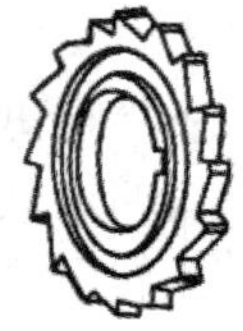

(c) 槽铣刀

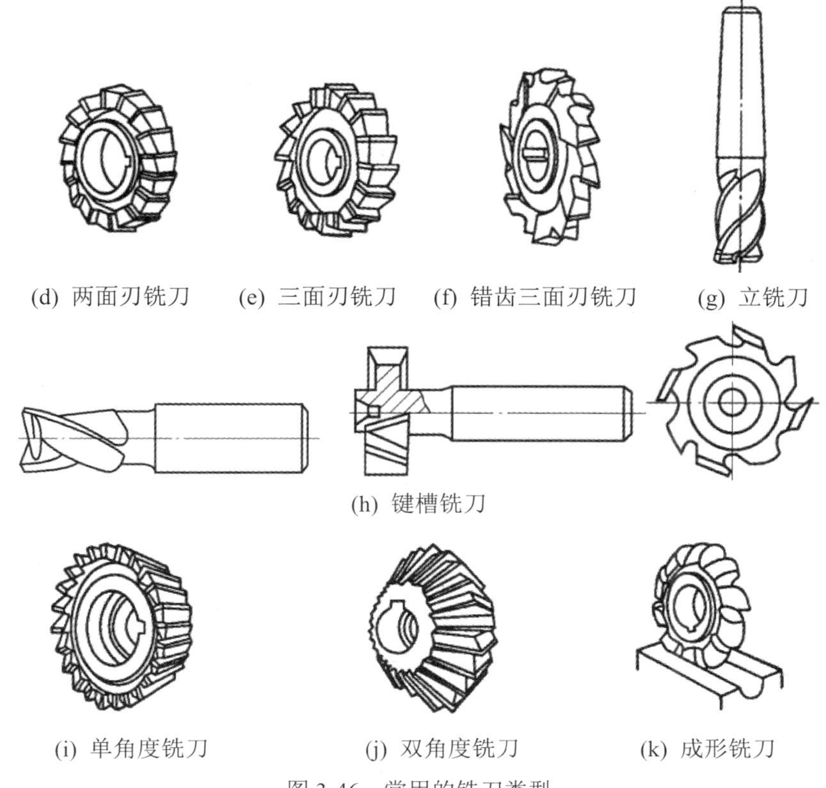

(d) 两面刃铣刀　(e) 三面刃铣刀　(f) 错齿三面刃铣刀　(g) 立铣刀

(h) 键槽铣刀

(i) 单角度铣刀　(j) 双角度铣刀　(k) 成形铣刀

图 3-46　常用的铣刀类型

2. 铣刀的几何参数

铣刀有圆柱铣刀和端铣刀两种，每个刀齿可以看作是绕中心旋转的一把简单刀头。因此，只要通过对一个刀齿的分析，就可以了解整个铣刀的几何角度。圆柱铣刀一般有 3 个刃，螺旋上升；端铣刀一般有 14～18 个一致的刀齿。圆柱铣刀的标注角度如图 3-47 所示。

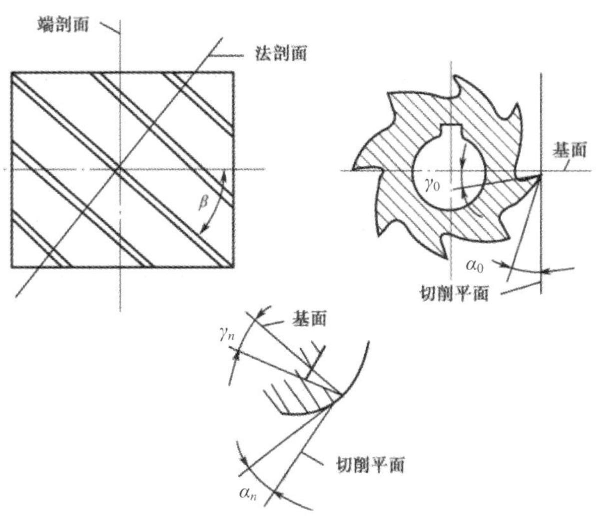

图 3-47　圆柱铣刀的标注角度

圆柱铣刀的正交平面是垂直于铣刀轴线的端剖面，切削平面是通过切削刃选定点的圆柱切平面，因此，刀齿的前角 γ_0 和后角 α_0 都标注在端剖面上。刀齿螺旋角 β 相当于刃倾角 λ_s，当 $\beta = 0°$ 时，就是直齿圆柱铣刀。加工铣刀齿槽及刃磨刀齿时都需要铣刀齿槽的法向剖面参数，因此，如果是螺旋槽铣刀，还要标注法向剖面上的前角 γ_n 和后角 α_n，及刀齿螺旋角 β。

端铣刀各部分的结构及标注角度如图 3-48 所示。端铣刀的一个刀齿可以看作是一把刀尖向下倒立着车平面的车刀，因此，端铣刀每个刀齿都有前角 γ_0、后角 α_0、主偏角 κ_r 和副偏角 κ_r' 4 个基本角度。除此之外，还有过渡刃长 b_ε 及过渡刃主偏角 κ_{re} 等。由于端铣刀的每一个齿相当于一把车刀，其各角度的定义可参照车刀确定。

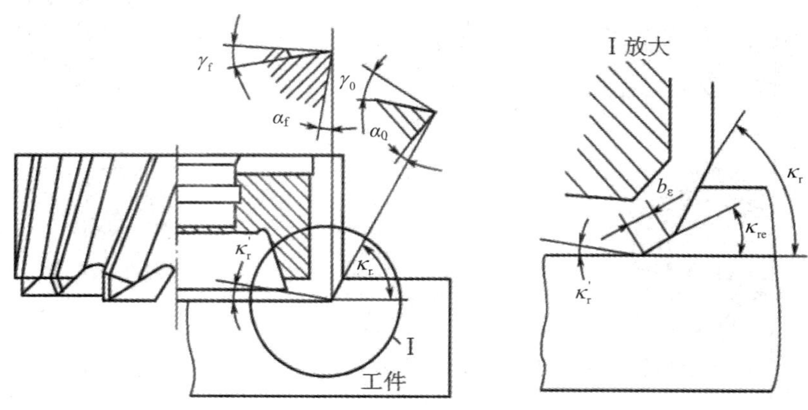

图 3-48 端铣刀各部分结构及标注角度

3. 铣刀几何参数的选择

1) 前角的选择

铣刀前角应根据刀具和工件的材料确定。高速钢圆柱铣刀加工塑性材料时，切屑变形较大，切屑与前面摩擦较大，应取较大的前角。硬质合金面铣刀切入时冲击力大，且硬质合金脆性大，强度较低，故应减小前角。当铣削强度大、硬度高的材料时，可采用负前角。前角具体数值可参考表 3-8。

表 3-8 铣刀前角推荐值

材料	工件材料 σ_b/MPa	高速钢铣刀	硬质合金铣刀
钢材	＜600	20°	15°
	600～1000	15°	-5°
	＞1000	12°～10°	-10°～15°
铸 铁		5°～15°	-5°～5°

2) 后角的选择

在铣削过程中，由于铣刀刀齿切削厚度比较小，一般磨损主要发生在后刀面上，采用较大后角可以减少磨损；当采用较大的负前角时，可适当增加后角，具体数值可参考表 3-9。

表 3-9　铣刀后角推荐值

铣刀类型		后 角 值
高速钢铣刀	粗齿	12°
	细齿	16°
高速钢锯片铣刀	粗、细齿	20°
硬质合金铣刀	粗齿	6°～8°
	细齿	12°～15°

3) *刃倾角的选择*

立铣刀和圆柱铣刀的外圆螺旋角 β 就是刃倾角 λ_s。增大刃倾角可以增加同时工作的齿数，使铣削平稳，并使铣刀具有切削刃锋利、实际前角增大等特点，可改善铣刀的工作性能。铣削宽度较窄的铣刀，增大 β 意义不大，故一般取 $\beta = 0°$ 或较小的值。螺旋角的具体数值可参考表 3-10。

表 3-10　铣刀的外圆螺旋角推荐值

铣刀类型	螺旋齿圆柱铣刀		立铣刀	三面刃、两面刃圆盘铣刀
	粗齿	细齿		
螺旋角	45°～60°	25°～30°	30°～45°	15°～20°

4) *主偏角与副偏角的选择*

面铣刀主偏角的作用及其对铣削过程的影响，与车刀主偏角在车削中的作用和影响相同。常用的主偏角可取 45°、60°、75°、90°。主偏角越小，其径向切削力越小，抗振性也越好，但切削深度也随之减小。所以在工艺设计过程中，为确保铣刀刚性好、耐用，主偏角取小值，但加工速度会降低；反之对于容易切削的材质，主偏角取大值，以提高切削速度。

圆柱铣刀只有主切削刃，没有副切削刃，故没有副偏角，其主偏角为 90°。

4. 铣削用量的选择

铣削用量的选择应当根据工件的加工精度、铣刀的耐用度及机床的刚性进行选择，首先选定铣削深度，其次是每齿进给量，最后确定铣削速度。下面介绍加工精度不同时选择铣削用量的一般原则。

1) *粗加工*

因粗加工时的加工余量较大，精度要求不高，此时应当根据工艺系统刚性及刀具耐用度来选择铣削用量。一般选取较大的背吃刀量和侧吃刀量，使一次进给尽可能多地切除毛坯余量。在刀具性能允许的条件下应以较大的每齿进给量(见表 3-11)进行切削，以提高生产率。

表 3-11　粗铣每齿进给量 f_z 的推荐值

刀　具		工件材料	推荐进给量/(mm/z)
高速钢	圆柱铣刀	钢	0.10～0.50
		铸铁	0.12～0.20
	端铣刀	钢	0.04～0.06
		铸铁	0.15～0.20
高速钢	三面刃铣刀	钢	0.04～0.06
		铸 铁	0.15～0.25
硬质合金铣刀		钢	0.1～0.20
		铸 铁	0.15～0.30

2) 半精加工

半精加工时工件的加工余量一般为 0.5～2 mm，并且无硬皮，加工后要降低表面粗糙度值，因此应选择较小的每齿进给量，而取较大的切削速度(见表 3-12)。

表 3-12　铣削速度 v_c 的推荐值

工件材料	铣削速度 v_c/(m/min)		说　明
	高速钢铣刀	硬质合金铣刀	
20	20～45	150～190	1. 粗铣时取小值，精铣时取大值。 2. 工件材料强度、硬度高取小值；反之取大值。 3. 刀具材料耐热性好取大值，耐热性差取小值
45	20～35	120～150	
40Cr	15～25	60～90	
HT150	14～22	70～100	
黄铜	30～60	120～200	
铝合金	112～300	400～600	
不锈钢	16～25	50～100	

3) 精加工

精加工时加工余量很小，应当着重考虑刀具的磨损对加工精度的影响，因此宜选择较小的每齿进给量和较大的铣削速度进行铣削。

3.3.5　铣刀的磨损与铣刀寿命

1. 铣刀的磨损

1) 铣刀的磨损形式

铣刀磨损的基本规律与车刀相似。高速钢铣刀的铣削厚度较小，尤其在逆铣时，刀齿对工件表面挤压、滑行较严重，所以铣刀磨损主要发生在后刀面上，用硬质合金面铣刀铣削钢件时，因切削速度高，切屑在前刀面上摩擦严重，故后刀面磨损的同时，前刀面也有较小磨损。此外，硬质合金面铣刀进行高速断续切削时，刀齿经受着反复的机械冲击和热冲击，易产生裂纹而引起刀齿的疲劳破损。铣削速度越高，产生这种疲劳破损就越早和越严重。

如果铣刀几何角度选择不合理或使用不当、刀齿强度差，则刀齿在承受很大的冲击力后，会产生没有裂纹的大打刀。

2) 防止铣刀破损的措施

(1) 合理选择铣刀刀片牌号。应采用韧性高、抗热裂纹敏感性小，且具有较好耐热性和耐磨性的刀片材料。

(2) 合理选用铣削用量。在一定加工条件下，存在一个不产生破损的安全工作区域。

(3) 合理选择工件与铣刀之间的相对位置。合理地选择面铣刀安装位置对减少面铣刀破损起着重要作用。

2. 铣刀寿命

由于多数情况下，铣刀后刀面都有磨损，它的磨损对加工质量的影响较大，而且测量相对方便，所以一般都用后刀面的磨损高度 VB 来表示刀具的磨损程度，高速钢圆柱形铣刀粗铣钢件时 VB = 0.6 mm，精铣钢件时 VB = 0.25 mm。硬质合金面铣刀铣削钢件时 VB = 1～1.2 mm，铣削铸件时 VB = 1.5～2 mm。

高速钢圆柱形铣刀的寿命 T = 100～400 min，硬质合金面铣刀的寿命 T = 80～600 min。铣刀使用寿命的平均值如表 3-13 所示。

表 3-13　铣刀使用寿命的平均值

(min)

名称	铣刀直径 d_0/mm											
	小于 25	25～40	40～60	60～75	75～90	90～110	110～150	150～200	200～225	225～250	250～300	300～400
端铣刀	—	120	180					240			300	420
镶齿圆柱铣刀	—				180			—				
细齿圆柱铣刀	—		120	180	—							
盘铣刀	—				150			180	240	—		
立铣刀	0	90	120	—								
槽铣刀 锯片铣刀	—			60	75	120	150	180	—			
成形铣刀 角度铣刀	—	120			180	—						

3.4　刨削与插削

3.4.1　刨削概述

刨削是指在刨床上用刨刀切削工件表面的过程。刨削运动时刀具与工件之间产生相对的直线往复运动。刨削是切削金属表面常用的方法。

刨床分牛头刨床、插床及龙门刨床。牛头刨床是刨削加工中最常用的机床，用于中小型零件的外表面加工；龙门刨床用于大型零件的外表面加工；插床用于中小型零件的内、外表面加工。

1. 刨削加工的特点及加工范围

1) 刨削加工的特点

(1) 刨削是间歇切削，速度低，回程时刀具、工件能得到冷却，所以一般不加冷却液。

(2) 刨床结构简单、操作方便、价格低廉，主要用于单件、小批量生产及狭长平面的加工。

(3) 刨削在反向运动时惯性力较大，限制了主运动的速度，影响生产率。

(4) 刨削加工精度较高。

2) 刨削加工的范围

刨削主要用于加工水平面、垂直面、斜面、直槽、T 形槽、燕尾槽、成形表面及 V 形槽等。如图 3-49 所示为刨削加工的范围。刨削加工的精度一般可达 IT 10～IT 8，表面粗糙度可达 Ra6.3～1.6 μm。

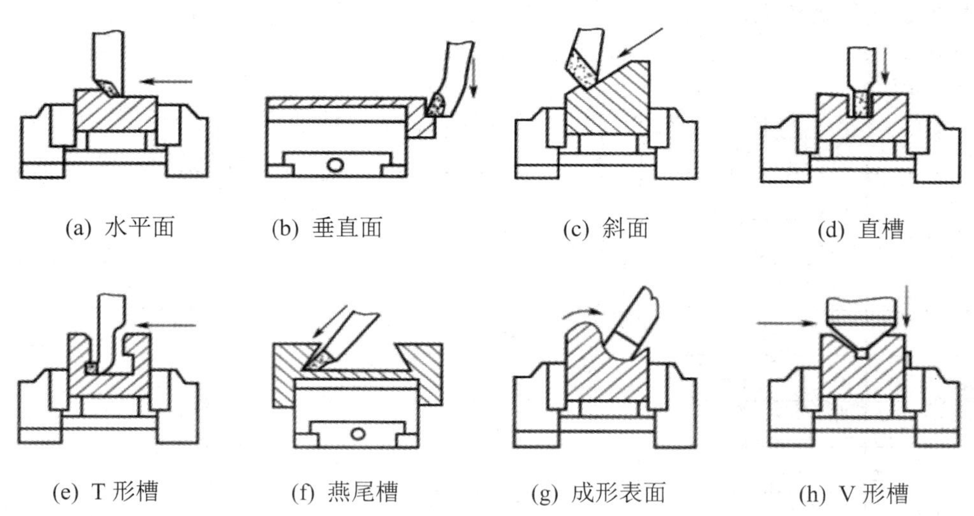

图 3-49　刨削加工的范围

2. 刨削运动与刨削用量

如图 3-50 所示为牛头刨床刨削平面时的刨削运动与刨削用量。

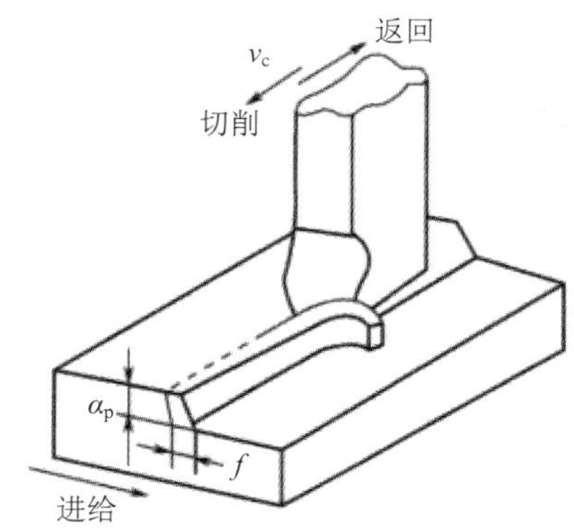

图 3-50　牛头刨床刨削平面时的刨削运动与刨削用量

1) 主运动与切削速度 v_c

刨削的主运动为直线往复运动，刨刀前进时切下切屑的行程称为工作行程；反向退回的行程称为返回行程。其切削刃的选定点相对于工件的主运动的瞬时速度为切削速度，可用下式计算：

$$v_c = \frac{2Ln}{1000} \tag{3-8}$$

式中，L——刀具往复行程长度(mm)；

n——刀具每分钟往复行程次数(次/min)。

2) 进给运动与进给量 f

进给运动是指工件的横向间歇移动。刀具每往复运动一次工件横向移动的距离称为进给量。B6065 牛头刨床的进给量可按以下公式计算：

$$f = \frac{k}{3}\ (\text{mm/次}) \tag{3-8}$$

式中，f——进给量(mm/次)；

k——刨刀每往复行程一次棘轮被拨过的齿数。

3) 背吃刀量 α_p

背吃刀量是指通过切削刃基点并垂直于工作平面的方向上测得的数值，即每次进给过程中，已加工面与待加工面之间的垂直距离，单位为 mm。

3.4.2　牛头刨床

1. B6065 型牛头刨床的组成与传动系统

1) 牛头刨床的组成

B6065 型牛头刨床主要由床身、工作台、滑枕、刀架及横梁等组成，如图 3-51 所示。

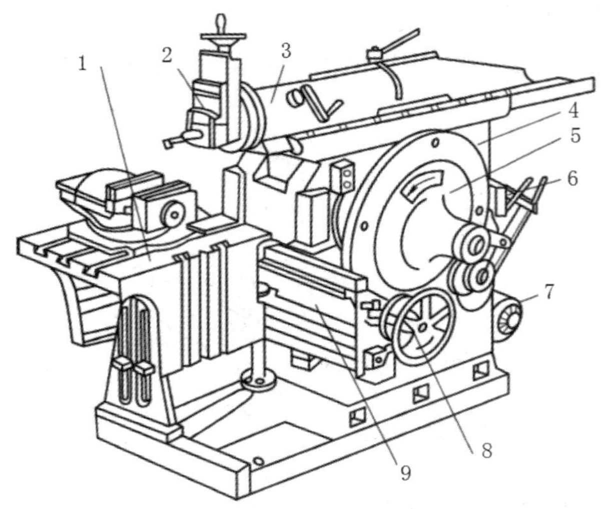

1—工作台；2—刀架；3—滑枕；4—床身；5—摆杆机构；
6—变速机构；7—电动机；8—进给机构；9—横梁

图 3-51　B6065 型牛头刨床外观图

(1) 床身。床身 4 用来连接和支撑刨床的各部件，滑枕 3 沿顶面的导轨作往复运动，工作台沿侧面导轨上下移动。床身内部装有摆杆机构及齿轮变速机构，可以改变滑枕作往复移动的行程长度及运动速度。

(2) 工作台。工作台用来安装工件，其上有 T 形槽，螺栓可穿入 T 形槽来装夹夹具或者工件。工作台沿横梁的水平导轨作水平方向移动或者间歇的进给运动，也可随横梁在床身的垂直导轨上作上下调整。

(3) 滑枕。滑枕主要用来带动刨刀作直线往复运动，即主运动。滑枕前端安装刀架，内部安装有丝杠螺母传动装置，可改变滑枕作往复行程的位置。

(4) 刀架。如图 3-52 所示，刀架用来夹持刨刀。

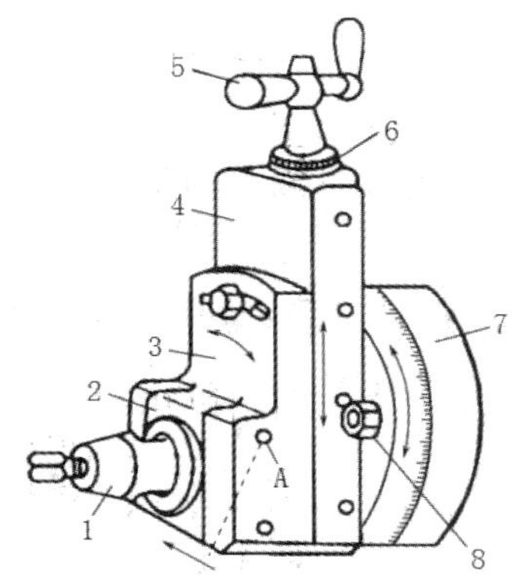

1—刀夹；2—抬刀板；3—刀座；4—滑板座；
5—手柄；6—刻度盘；7—转盘；8—螺母

图 3-52　刀架

2) 牛头刨床的传动系统

(1) B6065 型牛头刨床传动路线。B6065 型牛头刨床传动路线如图 3-53 所示。

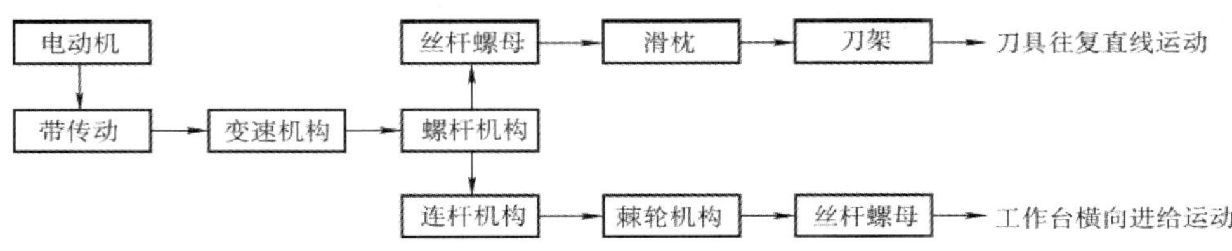

图 3-53　B6065 型牛头刨床传动路线

(2) 摆杆机构。B6065 型牛头刨床摆杆机构如图 3-54 所示。启动电动机，电机主轴运动经带传动传到齿轮变速机构，带动大齿轮转动，大齿轮端面的滑块随之转动并在摆杆槽内滑动，迫使摆杆绕下支点摆动，从而推动上支点带动滑枕作往复直线运动。

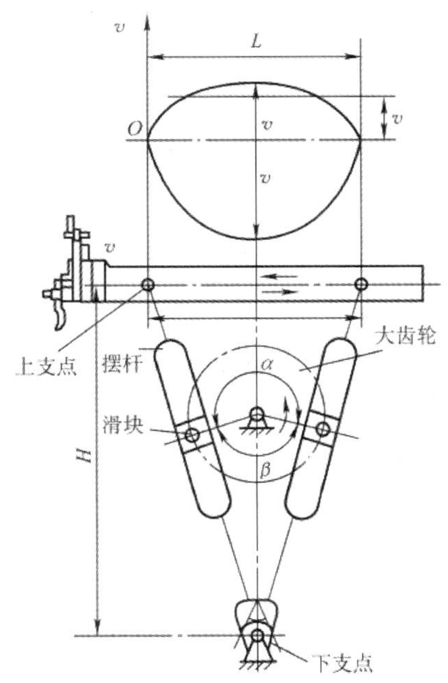

图 3-54　B6065 型牛头刨床摆杆机构

2. 刨刀

1) 刨刀的特点

刨削属于断续切削，刨刀切入时会受到较大的冲击力，所以一般刨刀刀体的横截面比车刀大 1.25～1.5 倍。刨刀的几何参数与车刀相似，平面刨刀的几何角度如图 3-55 所示，通常前角 $\gamma_0 = 0°～25°$，后角 $\alpha_0 = 3°～8°$，主偏角 $K_r = 45°～75°$。副偏角 $\kappa_r' = 5°～15°$，刃倾角 $\lambda_0 = -15°～0°$。为增加刨刀刀尖的强度，刃倾角 λ_0 一般取负值。

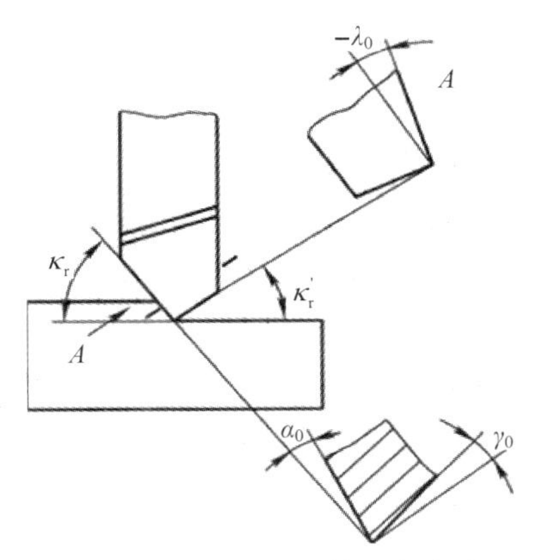

图 3-55　平面刨刀的几何角度

刨刀的一个显著特点是经常把刨刀做成弯头形式。

当弯头刨刀受到较大的切削力时，刀杆可绕 O 点向后上方产生弹性弯曲变形，而不致啃入工件的已加工表面，如图 3-56(a)所示；而直头刨刀受力后产生弯曲变形会啃入工件的已加工表面，导致刀刃损坏及破坏已加工表面，如图 3-56(b)所示。

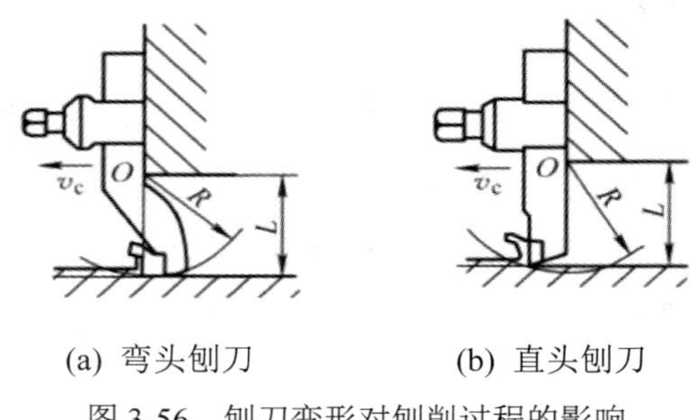

(a) 弯头刨刀　　(b) 直头刨刀

图 3-56　刨刀变形对刨削过程的影响

2) 刨刀的种类及其用途

刨刀的种类很多，按用途，可分为平面刨刀、偏刀、角度偏刀、切刀及成形刨刀等。常见的刨刀形状及其用途如图 3-57 所示。

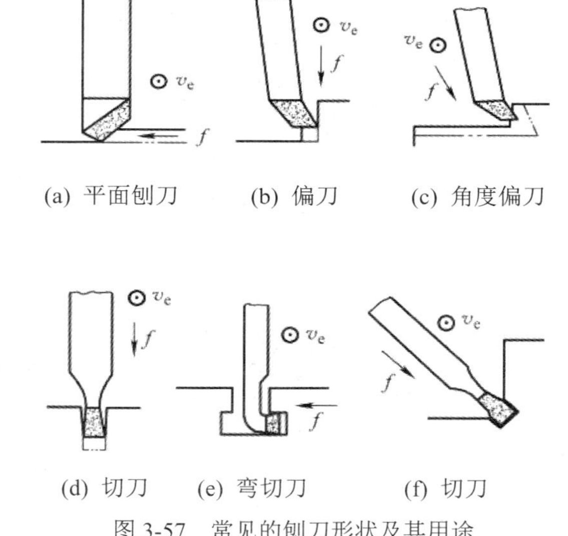

(a) 平面刨刀　　(b) 偏刀　　(c) 角度偏刀

(d) 切刀　　(e) 弯切刀　　(f) 切刀

图 3-57　常见的刨刀形状及其用途

3) 刨刀的安装

如图 3-58 所示，在安装刨削水平面的刨刀前，应先松开转盘螺钉，调整转盘对准零线，以便准确地控制背吃刀量；然后转动刀架进给手柄，为增加刀架刚性，应使刀架的下端面与转盘的底侧基本相对，以减少刨削中的冲击振动；将刨刀装入刀夹内，刀头伸出不能太长，以防止刨刀切削时弯曲，损伤已加工表面；最后拧紧刀夹螺钉，固定好刨刀。如需调整刀座的偏转角度，则松开刀座螺钉，转动刀座到一定角度后，再固定。

3. 刨平面及沟槽

1) 工件的装夹方法

加工单件、小批量生产的工件时，工件的装夹常用平口钳或者压板、螺栓，如图 3-59 所示；夹紧工件后，用划针盘复查加工线与工作台的垂直度或平行度。加工成批大量生产的工件时，工件常采用专用夹具进行装夹。刨削时平口钳装夹工件的方法与铣削相同。

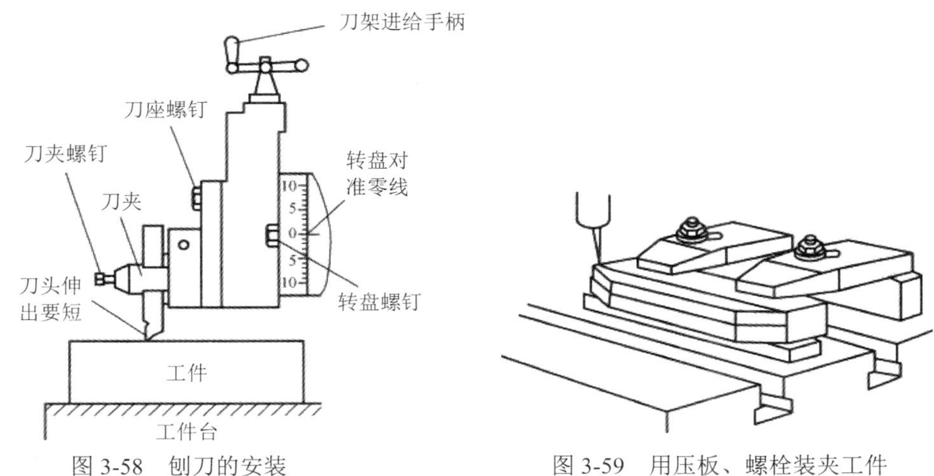

图 3-58　刨刀的安装　　图 3-59　用压板、螺栓装夹工件

用压板、螺栓装夹工件时，注意压板、压点位置一定要合理，垫铁高度合适，这样才能防止工件松动，如图 3-60 所示。

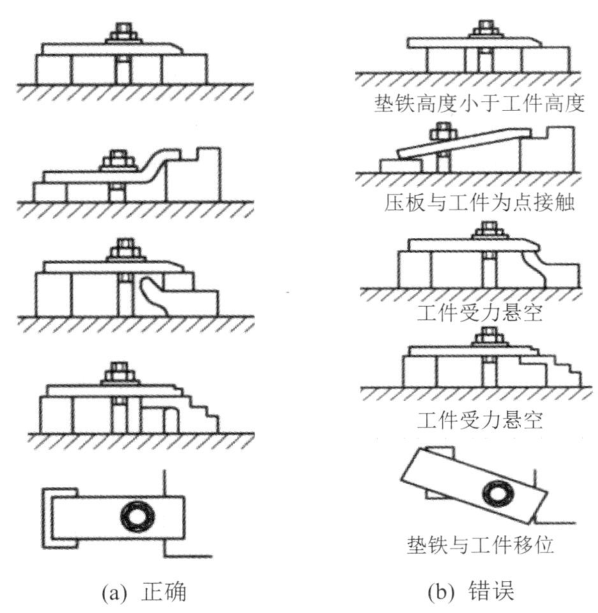

图 3-60　压板的使用

2) 刨水平面

粗刨水平面时用平面刨刀，精刨时用圆头精刨刀。

3) 刨垂直面和斜面

刨垂直面时刀架作垂直方向的进给运动，主要是加工台阶面与长工件的端面。加工前，先调整刀架转盘的刻度线，使其准确对准零线，以保证加工面与工件底平面垂直；再将刀座偏转 10°～15°，使其上端偏离加工面的方向，如图 3-61 所示。

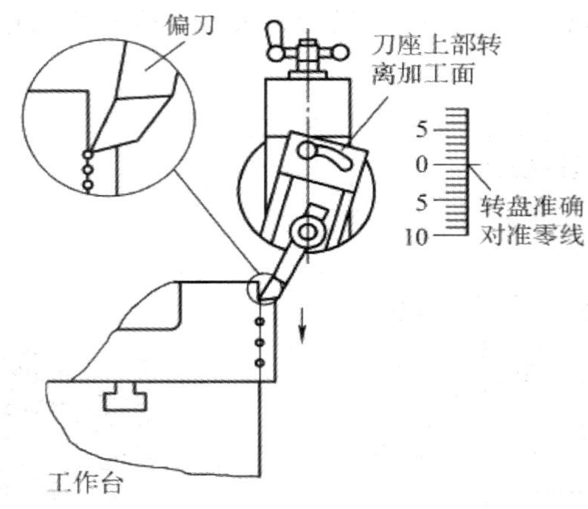

图 3-61　刨垂直面

与水平面成倾斜的平面叫斜面，分内斜面、外斜面两种。通常采用倾斜刀架法刨斜面，即把刀架和刀座分别倾斜一定角度，刨刀从上向下倾斜进给进行刨削，如图 3-62 所示。

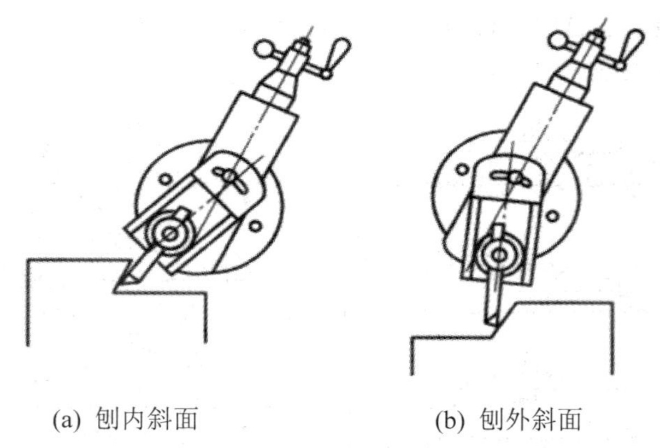

(a) 刨内斜面　　　　(b) 刨外斜面

图 3-62　倾斜刀架法刨斜面

4) 刨 T 形槽

槽类零件多，如直角槽、T 形槽、V 形槽、燕尾槽等，其作用也各不相同。

刨削 T 形槽在机械加工中应用最多，其刨削步骤如图 3-63 所示，具体描述如下：

(1) 用切刀刨出直角槽，使其宽度等于 T 形槽槽口的宽度，深度等于 T 形槽的深度(见图 3-63(a))。

(2) 用右弯头切刀刨削右侧凹槽(见图 3-63(b))，如果凹槽的高度较大，用一刀刨出全部高度有困难，可分几次刨出，最后用垂直进给将槽壁精刨。

(3) 用左弯头切刀刨削左侧凹槽(见图 3-63(c))。

(4) 用 45° 刨刀倒角(见图 3-63(d))。

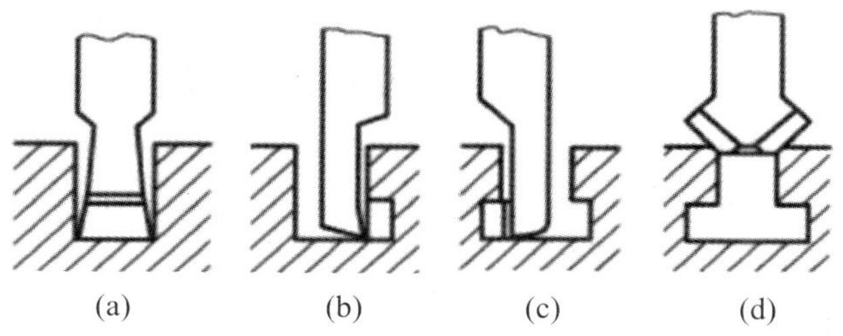

图 3-63　T 形槽的刨削步骤

3.4.3　龙门刨床和插床

1. 龙门刨床

龙门刨床主要用于加工大型或者重型工件上的平面、沟槽以及导轨面。加工工件长度可达十几米甚至更长，多个中、小型零件可在工作台上一次装夹完成加工，也可同时使用多把刨刀加工，大大提高了生产率。大型龙门刨床往往还装有磨头、铣头等附件，工件可以在一次装夹中同时完成刨、磨、铣等切削加工。龙门刨床比普通牛头刨床结构复杂、形体大、刚性好、加工精度较高。

龙门刨床主要由床身、立柱、工作台减速箱、工作台刀架以及刀架进给箱等组成，如图 3-64 所示为 B2010A 型龙门刨床外观结构图。

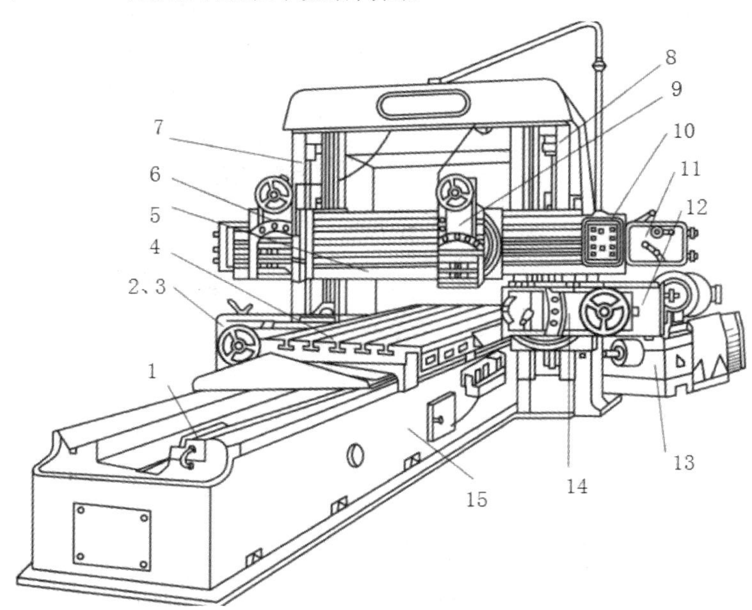

1—液压安全器；2—左侧刀架进给箱；3—左侧刀架；4—工作台；5—横梁；6—左垂直刀架；7—左立柱；8—右立柱；9—右垂直刀架；10—悬挂按钮站；11—垂直刀架进给箱；12—右侧刀架进给箱；13—工作台减速箱；14—右侧刀架；15—床身

图 3-64　B2010A 型龙门刨床外观结构图

龙门刨床的主运动是工作台即工件的往复直线运动，进给运动是刀具的横向移动或者垂直移动。如图 3-64 所示，工作台 4 沿着床身的水平导轨所作的往复直线运动是龙门刨床的主运动。左、右立柱 7 和 8 分别固定在床身 15 的两侧，用顶梁连接两立柱顶端，形成结构及刚性较好的龙门框架。两个垂直刀架 6 和 9 安装在横梁 5 上，可沿横梁导轨作沿水平方向的进给运动。横梁 5 沿左立柱、右立柱的导轨作上下移动，以此调整垂直刀架的位置。加工时，夹紧机构夹紧在左、右两个立柱上，在立柱上分别装有左侧刀架 3、右侧刀架 14，可分别沿立柱导轨作垂直进给运动，以加工侧面。

龙门刨床刨削时，返程不切削，刀架夹持刀具处的返程自动让刀装置可避免刀具碰伤已加工表面，返程自动让刀装置通常均为电磁式。

2. 插床

插床实际上是一种立式牛头刨床，其工作原理及结构与牛头刨床基本相同，不同的是插床的滑枕是在垂直方向上作往复直线运动的。

插床的工作台由圆形工作台、上滑板及下滑板 3 部分组成。圆形工作台的作用是带动工件回转，上滑板作纵向进给运动，下滑板作横向进给运动。如图 3-65 所示为 B5020 型插床外形图。

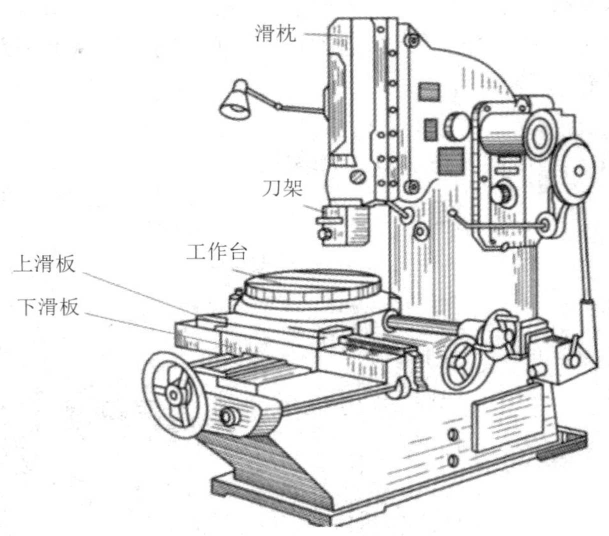

图 3-65　B5020 型插床外形图

插床主要用于加工工件内表面的结构，如方孔、长方孔、多边形孔及孔内键槽等。如图 3-66 所示为插削方孔，如图 3-67 所示为插削孔内键槽。

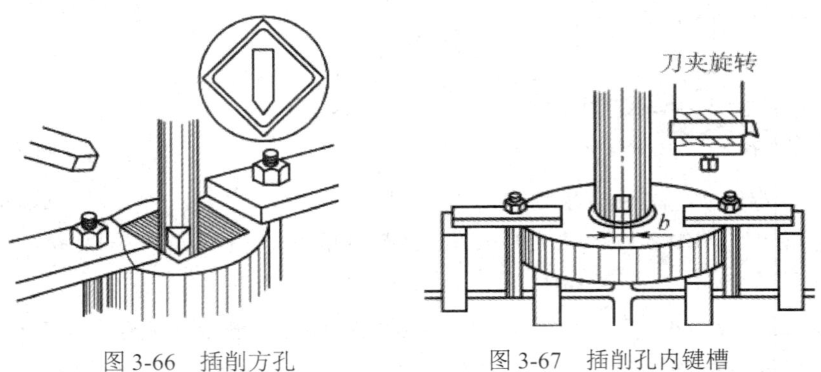

图 3-66　插削方孔　　　图 3-67　插削孔内键槽

3.5 拉 削 加 工

3.5.1 拉削加工特点

拉削是指用拉刀在工件内表面切除金属层。由于拉刀后一个刀齿比前一个刀齿高出一个齿升量，当拉刀从工件预加工孔内通过时，在工件表面一层一层地切去多余的金属，从而获得较好的表面质量和较高的精度。拉削加工如图 3-68 所示。

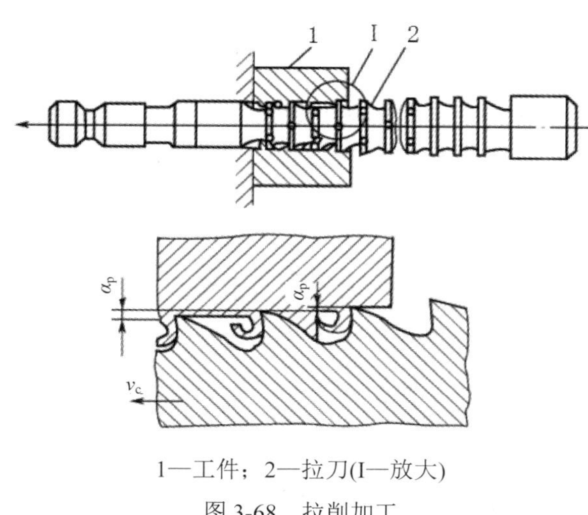

1—工件；2—拉刀(I—放大)

图 3-68　拉削加工

拉削的工艺特点：

(1) 只有主运动，拉床结构简单，操作方便。

(2) 工件表面的加工余量可在拉刀一次行程过程中全部切除，能一次完成粗、精加工，生产率高。

(3) 拉刀是定值刀具，一把拉刀只适宜加工一种规格尺寸的孔或槽。

(4) 拉刀的校准部起校准、修光作用，拉床切削速度低，传动平稳，可获得较高的加工质量。

(5) 拉削可加工各种形状的通孔、沟槽、平面及成形面，因此加工范围广。

(6) 拉刀结构比较复杂，其切削刃磨损慢，使用寿命长。

3.5.2 拉床与拉刀

1. 拉床

按工件加工表面的位置不同，拉床可分为内表面拉床与外表面拉床；按拉床结构与布局形式不同，拉床可分为立式拉床、卧式拉床及连续式拉床等。如图 3-69 所示为卧式拉床外形结构图。拉削时，主运动为拉刀所作的平稳低速直线运动，主运动使被加工表面在一次走刀中成形，拉床运动较简单，无进给传动机构。

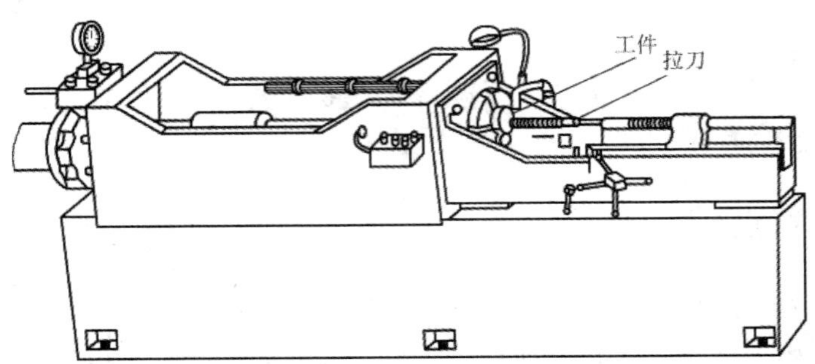

图 3-69　卧式拉床外形结构图

2. 拉刀

1) 拉刀的分类及应用范围

根据加工对象是工件内表面还是外表面，拉刀可分内拉刀(见图 3-70)与外拉刀(见图 3-71)。内拉刀有方孔拉刀、圆孔拉刀、键槽拉刀和花键拉刀等。一般内拉刀刀齿的形状都做成被加工孔的形状。拉削加工的典型表面如图 3-72 所示。

图 3-70　内拉刀

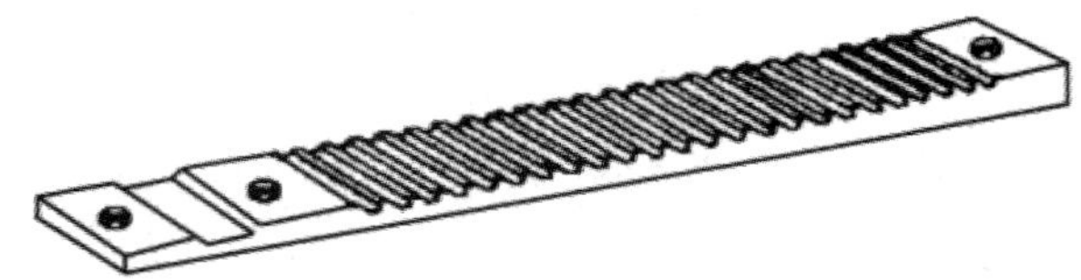

图 3-71　外拉刀

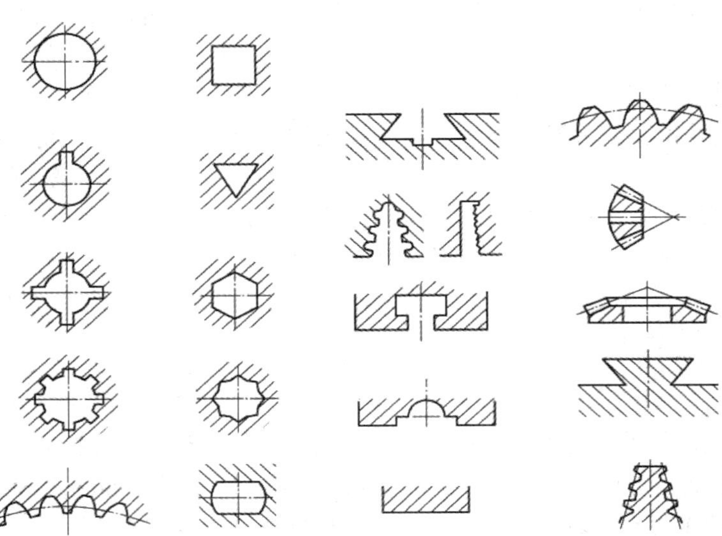

图 3-72　拉削加工的典型表面

2) 拉刀的结构

普通圆孔拉刀的结构如图 3-73 所示。

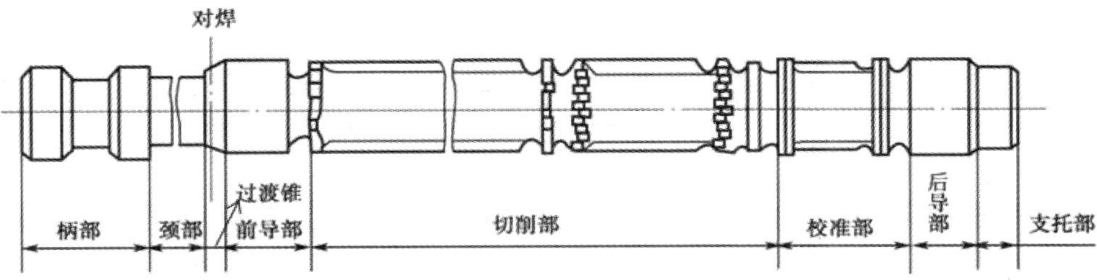

图 3-73　普通圆孔拉刀的结构

普通圆孔拉刀主要由柄部、颈部、过渡锥、前导部、切削部、校准部、后导部及支托部等组成。

(1) 柄部：由拉床夹头夹持并传递动力。

(2) 颈部：连接柄部与其后各部分，标记打在此处。

(3) 过渡锥：引导拉刀顺利进入工件的预制孔中。

(4) 前导部：正确引导拉刀进入切削位置，起定心和导向作用。

(5) 切削部：承担全部余量的切除，由粗切齿、过渡齿和精切齿组成。

(6) 校准部：由几个直径都相同的校准齿组成，起校准和修光作用，并作为精切齿的后备齿。

(7) 后导部：保持拉刀最后的正确位置，防止刀齿切离工件时因工件下垂而损坏已加工表面或刀齿。

(8) 支托部：对于长而重的拉刀，用以支撑并防止拉刀下垂。

3. 拉削方式(拉削图形)

拉削方式是指用拉刀从工件上切下余量的方式，一般用图形表达，又称拉削图形。

拉削方式可以分为 3 大类：分块拉削、分层拉削和综合拉削。

1) 分块拉削方式

分块拉削方式是指由一组尺寸相同或基本相同的刀齿切去工件上每层金属，每个刀齿仅切去一层金属的一部分，前后刀齿的切削位置相互错开，全部余量由几组刀齿顺序切完的一种拉削方式。如图 3-74 所示，图中表示的拉刀有 4 组切削刀齿。每组中包含 3 个直径相同的切削刀齿，先后切除同一层金属的黑白两部分余量。按分块拉削方式设计的拉刀称为轮切式拉刀，常用的是每组 2～4 齿。

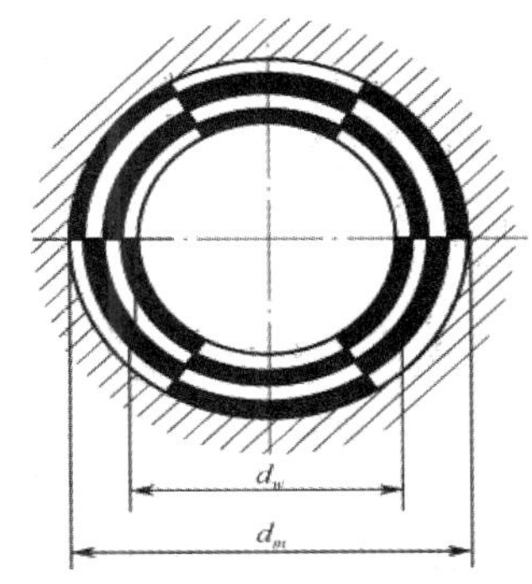

图 3-74　分块(轮切)拉削方式

分块拉削方式的优点是切削刃的长度(切削宽度)较短，允许的切削厚度较大，这样，拉刀的长度可大大缩短，大大提高了生产率，并可直接拉削带硬皮的工件。但是，这种拉刀的结构复杂、制造麻烦，拉削后工件的表面质量较差。

2) 分层拉削方式

分层拉削方式是将拉削余量一层一层地顺序切下的一种拉削方式。其拉刀参与切削的刀刃一般较长，即切削宽度较大，齿数较多，拉刀长度较长。这种切削方式的生产率较低，不适用于拉削带硬皮的工件。分层拉削方式又可分为渐成拉削、同廓拉削两种方式。

(1) 渐成拉削方式。按此方式设计的拉刀，其刀齿廓形与被拉削表面的形状不同，被加工工件表面的形状和尺寸由各刀齿的副切削刃形成，如图 3-75 所示。

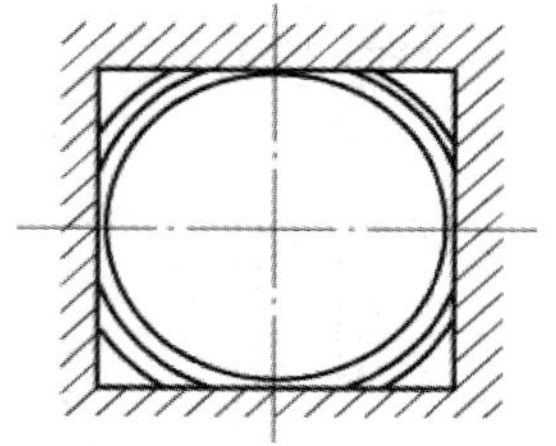

图 3-75　渐成拉削方式

对于需要加工复杂成形表面的工件，尤其是内孔式构件，用拉刀的成形制造比采用其他加工方法加工相同轮廓更简单，但在工件已加工表面上可能出现副切削刃的交接痕迹，故加工出的工件表面质量较差。

(2) 同廓拉削方式。按同廓拉削方式设计的拉刀，每个刀齿的廓形与被加工表面最终要求的形状相似，如图 3-76 所示。工件表面的形状与尺寸由最后一个精切齿和校准齿形成，故可获得较高的工件表面质量。

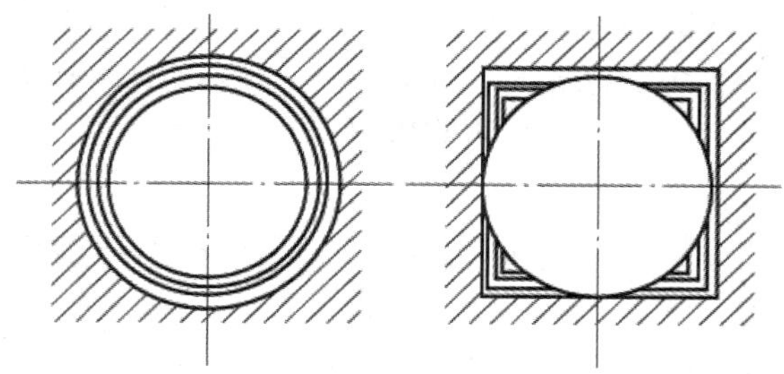

图 3-76　同廓拉削方式

3) 综合拉削方式

综合拉削方式是分块拉削、分层拉削两种方式综合在一起的一种拉削方式，如图 3-77 所示。综合拉削集中了轮切式拉刀、同廓式拉刀的优点，即精切齿采用同廓式结构，粗切齿和过渡齿采用轮切式结构。这样可缩短拉刀长度，提高生产率，并获得较好的表面质量。我国生产的圆孔拉刀多采用这种结构。

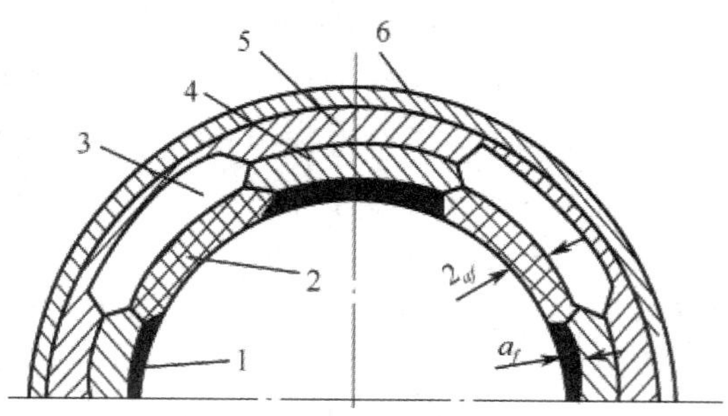

1、2、3、4—粗切齿和过渡齿；5、6—精切齿

图 3-77　综合拉削方式

3.6　镗削加工

3.6.1　镗削特点、应用及镗削运动

1. 镗削的特点

(1) 原有孔的位置误差与轴线歪斜可通过多次走刀校正。

(2) 镗刀结构简单，可调节径向尺寸，一把镗刀可加工不同直径的孔；工件在一次装夹后，既可粗加工，也可半精加工、精加工；可加工如阶梯孔、盲孔等结构的孔。镗刀适应性广，灵活性大。

(3) 镗床及镗刀调整复杂，加工中要求有较高的操作技术。

(4) 不适宜进行细长孔的加工。可加工铸铁、钢与有色金属材料，但不宜加工淬火钢与硬度过高的材料。

(5) 单刃镗刀的镗刀杆为支撑跨距较大或悬臂布置，刚性较差，降低了切削的稳定性，只能采用较小的切削用量，以减少镗刀杆的振动与变形。由于只有一个主切削刃，因而生产率较低，加工精度不易保证。

2. 镗削的应用

镗削主要用于加工孔、复杂零件上的平面、阶梯孔、孔内槽及螺纹等，应用于加工中、大型箱体类零件的孔系及平面，适用于加工单件、小批量生产中复杂大型工件上的孔系。这些孔的尺寸精度要求、相对位置精度要求都较高。镗孔精度一般可达 IT 9～IT 7，表面粗糙度可达 *Ra*1.6～0.8 μm。对于直径大于 80 mm 的孔、孔内环槽及内成形表面等，镗孔是唯一合适的加工方法。如图 3-78 所示为工件在卧式铣镗床上的几种典型加工方法。

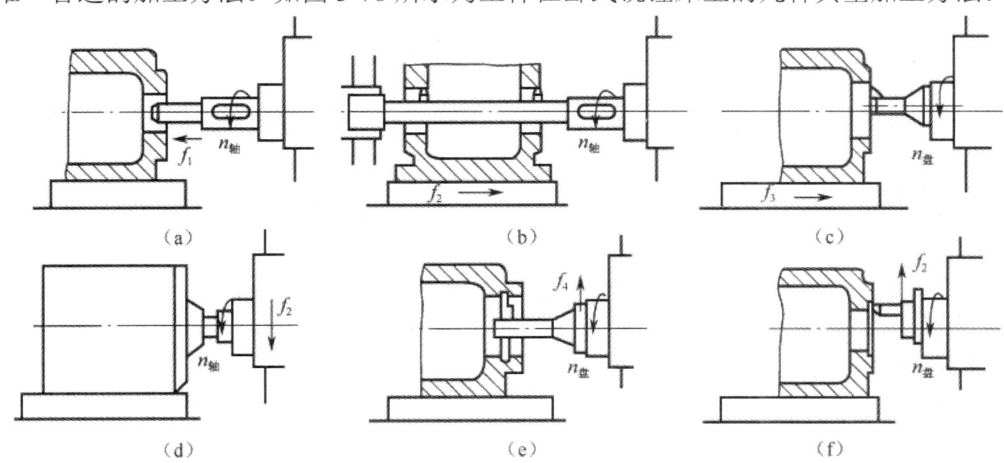

图 3-78　工件在卧式镗床上的几种典型加工方法

在图 3-78 中，图(a)为工件固定不动，镗刀单支撑进给镗削；图(b)为镗刀双支撑旋转，工件进给镗削；图(c)为镗刀单支撑旋转，由工件进给镗削；图(d)中将镗刀换成碗型砂轮，磨工件端面；图(e)为在现有孔的基础上通过刀杆的移动镗削圆形槽；图(f)为工件固定，通

过可调镗刀杆的位置移动，在工件上镗削台阶孔。

3. 镗削运动

1) 主运动

镗床的主运动为主轴与平旋盘的旋转运动。

2) 进给运动

镗床的进给运动包括：主轴箱沿立柱的升降运动(垂直进给)；主轴在主轴箱中的移动进给；工作台的横向和纵向进给(手动或机动)；平旋盘上刀具在旋转时同时进行的径向进给。

3) 辅助运动

镗床的辅助运动包括：主轴箱、工作台等进给运动上的快速调位移动；后立柱的纵向调位移动；回转工作台的转动；尾座的垂直调位移动。

3.6.2 镗床

镗床按结构可分为卧式镗床、坐标镗床、落地镗床和金刚镗床等。

1. 卧式镗床

如图 3-79 所示为卧式铣镗床，刀具装夹在主轴上或者平旋盘的径向刀架上，通过主轴箱获得多种转速与进给量。主轴箱可沿前立柱的垂直导轨上下移动，即作垂直进给运动。

卧式铣镗床的加工范围较广泛，可进行孔的加工，如镗孔、钻孔、扩孔、铰孔等，也可加工端平面。增加附件后，还可车削圆柱表面、螺纹。在平旋盘上安装各种不同形式的铣刀可以铣削平面或者平面上的沟槽。

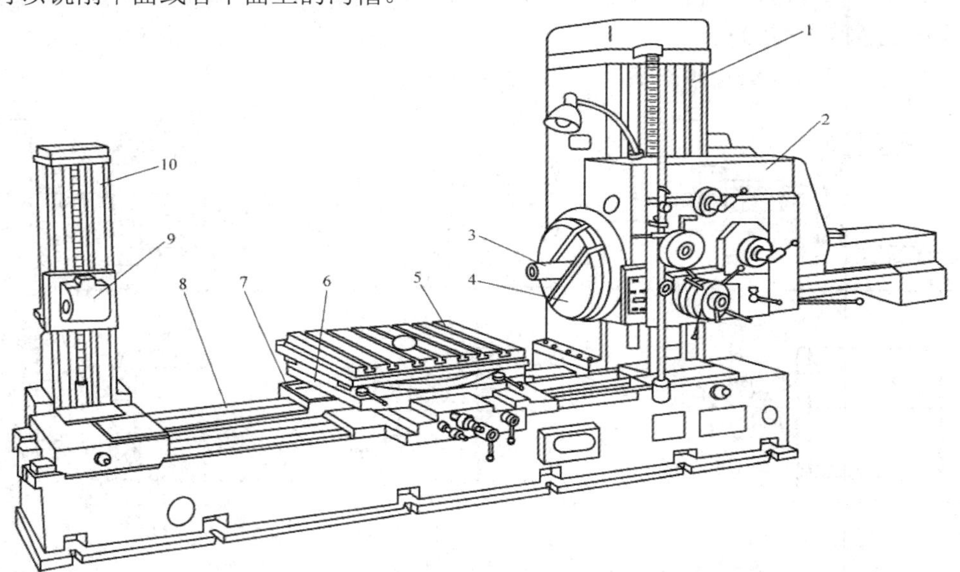

1—前立柱；2—主轴箱；3—主轴；4—平旋盘；5—工作台；6—上滑座；
7—下滑座；8—床身；9—后支撑(尾座)；10—后立柱

图 3-79　卧式铣镗床

2. 坐标镗床

坐标镗床是指具有精密坐标定位装置的镗床，是一种用途较为广泛的精密机床。

坐标镗床主要用于镗削尺寸、形状及位置精度要求比较高的孔系，以及铣削、钻孔、扩孔、铰孔、锪端面及切槽等工作。此外，在坐标镗床上还能进行样板的精密划线、精密刻度、直线尺寸及孔间距的精密测量等。它不仅适用于在生产车间成批地加工孔距精度要求较高的箱体及其他类零件，也适用于在工具车间加工精密钻模、镗模及量具等。

坐标镗床分卧式、立式两种。卧式坐标镗床适用于加工与安装基面平行的孔系及铣削侧面。立式坐标镗床有单柱、双柱两种形式，主要适用于加工孔轴线与安装基面垂直的孔系及铣削顶面。

立式单柱坐标镗床加工时，工件固定在工作台上，工作台沿导轨做横向、纵向移动以确定坐标位置。此类型多为中、小型坐标镗床，如图3-80(a)所示。

立式双柱坐标镗床的床身、两个立柱及顶梁呈龙门框架结构。两个坐标方向的移动分别为工作台9沿床身10的导轨做纵向移动和主轴箱7沿横梁6的导轨做横向移动。因立式双柱坐标镗床工作台与床身之间的环节比单柱式要少，故刚度较高。大、中型坐标镗床多采用此种结构，如图3-80(b)所示。

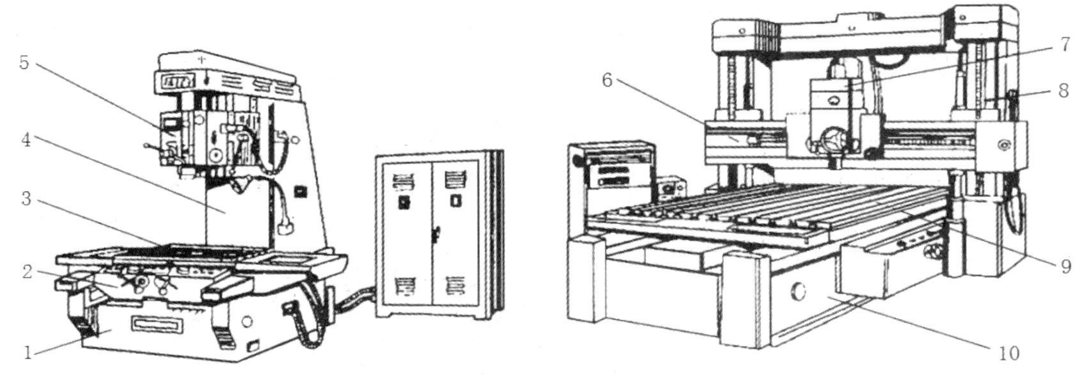

(a) 立式单柱坐标镗床　　(b) 立式双柱坐标镗床

1—立式单柱坐标镗床床身；2—坐标调节台；3—工作台；4—立柱；5—主轴箱；
6—横梁；7—主轴箱；8—立柱；9—工作台；10—立式双柱坐标镗床床身

图3-80　坐标镗床

3.6.3　镗刀

镗刀一般分单刃镗刀、双刃镗刀和镗刀头。

1. 单刃镗刀

单刃镗刀只有一个切削刃，结构简单、对刀简便、容易制造。如图3-81(a)所示为通孔镗刀，如图3-81(b)所示为盲孔镗刀。

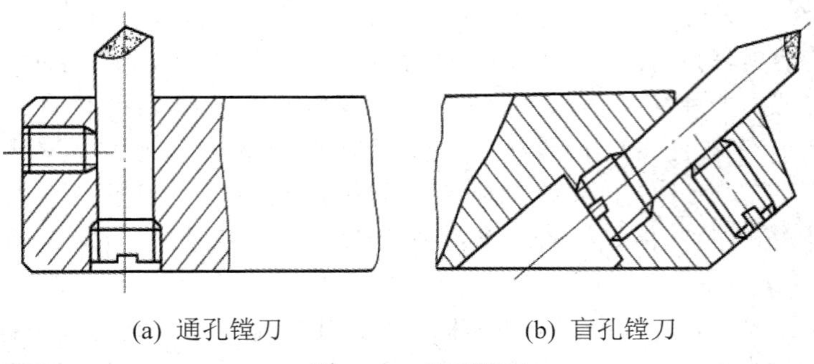

(a) 通孔镗刀　　(b) 盲孔镗刀

图 3-81　单刃镗刀

镗孔时，可采用如图 3-82 所示的带微调装置的单刃镗刀(业内习惯称微调镗刀)来调整镗刀尺寸。镗刀杆 3 中装有带有精密螺纹的圆柱形镗刀头 6，导向键 7 起导向作用。带刻度的调整螺母 4 与镗刀头螺纹精密配合，并以镗杆的圆锥面定位。拉紧螺钉 2 通过垫圈 1 将镗刀头 6 固定在镗杆孔中。镗盲孔时，镗刀头与镗杆轴线倾斜 53° 8'。镗刀头上螺纹螺距为 0.5 mm，螺母刻线为 40 格。

螺母每转 1 格，镗刀在径向的移动量为

$$\Delta R = \frac{0.5 \times \sin 53°8'}{40} = 0.01(\text{mm})$$

镗通孔时，刀头若垂直于刀杆轴线安装，可用螺母刻度为 50 格，当螺母转 1 格，镗刀在径向的移动量为

$$\Delta R = \frac{0.5}{50} = 0.01(\text{mm})$$

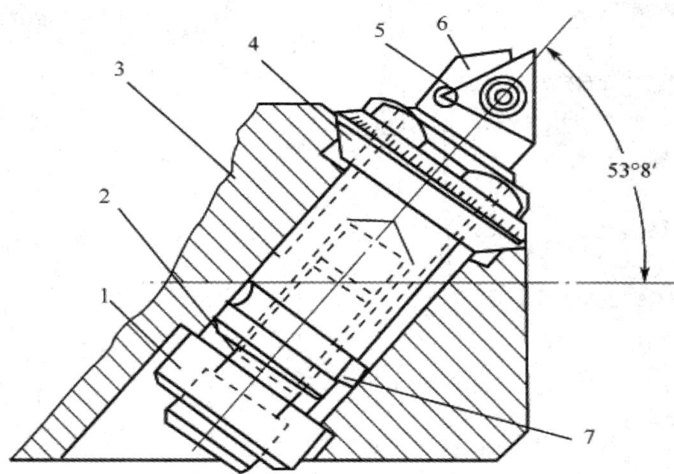

1—垫圈；2—拉紧螺钉；3—镗刀杆；4—调整螺母；5—刀片；6—镗刀头；7—导向键

图 3-82　带微调装置的单刃镗刀结构

2. 双刃镗刀

如图 3-83 所示，双刃镗刀的镗刀杆轴线两侧对称分布有两个切削刃，以消除切削抗力对镗刀杆变形的影响。

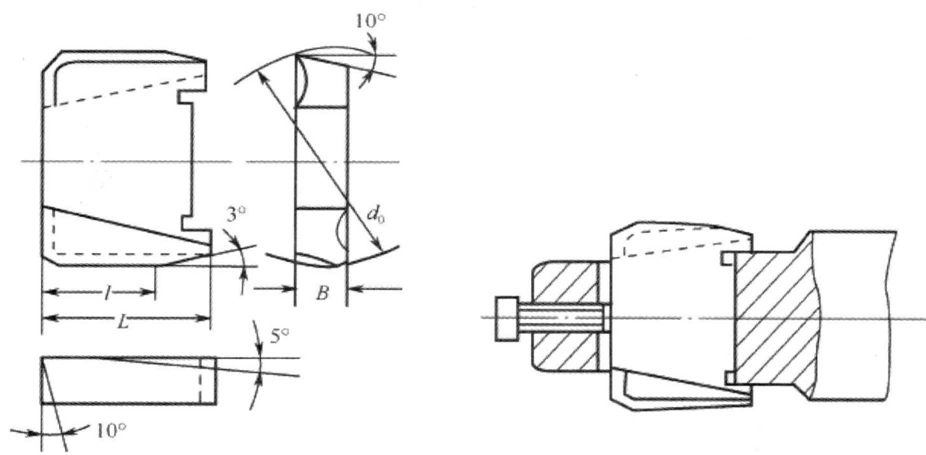

图 3-83　双刃镗刀

3. 镗刀头

1) 套装镗刀头

双刃套装镗刀头如图 3-84 所示。使用时，将其装在镗刀杆上。

用螺钉 1 通过滑块 2 将镗刀调节到所需要的尺寸，其尺寸精度可从螺钉 1 端面上的游标读出，游标的每一格刻度值为 0.05 mm。此种镗刀头具有分成两半的本体 3 与 4，两半本体是用铰链 5 连接的。使用时，用螺钉 6 将镗刀紧固在镗刀杆的任一位置上。

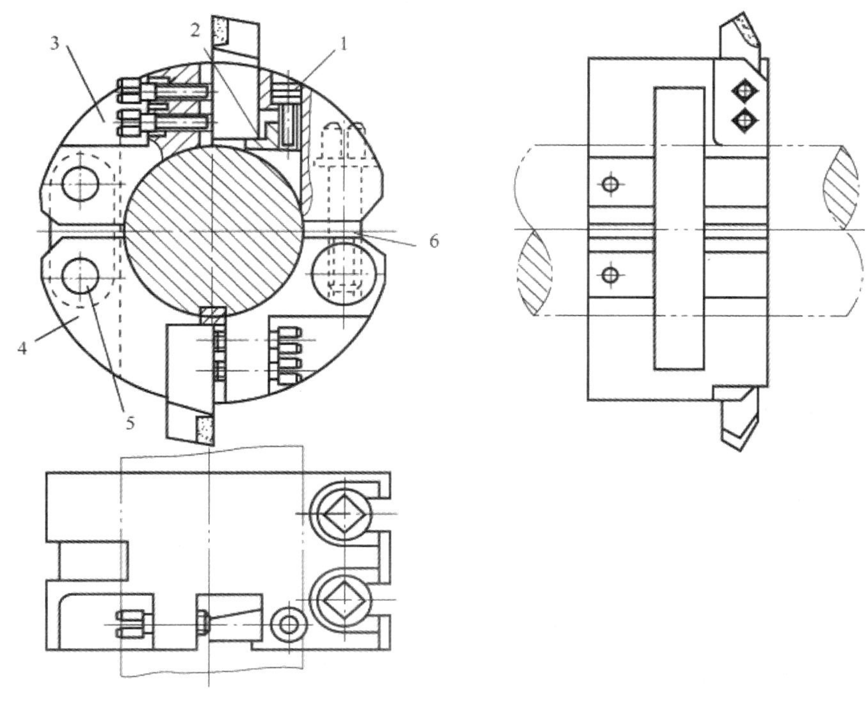

1、6—螺钉；2—滑块；3、4—本体；5—铰链

图 3-84　双刃套装镗刀头

2) 深孔镗刀头

深孔镗刀头如图 3-85 所示，其结构是前后均有导向块，前导向块 2 是由两块硬质合金组成，后导向块 4 由 4 块硬质合金组成，镗刀尺寸用对刀块 1 调整，其尺寸应当与镗刀头导向尺寸及导向套尺寸一致。前导向块 2 的轴向位置应在刀尖后面 2 mm 左右。刀体 5 的右端加工有内螺纹，用于与刀杆连接。

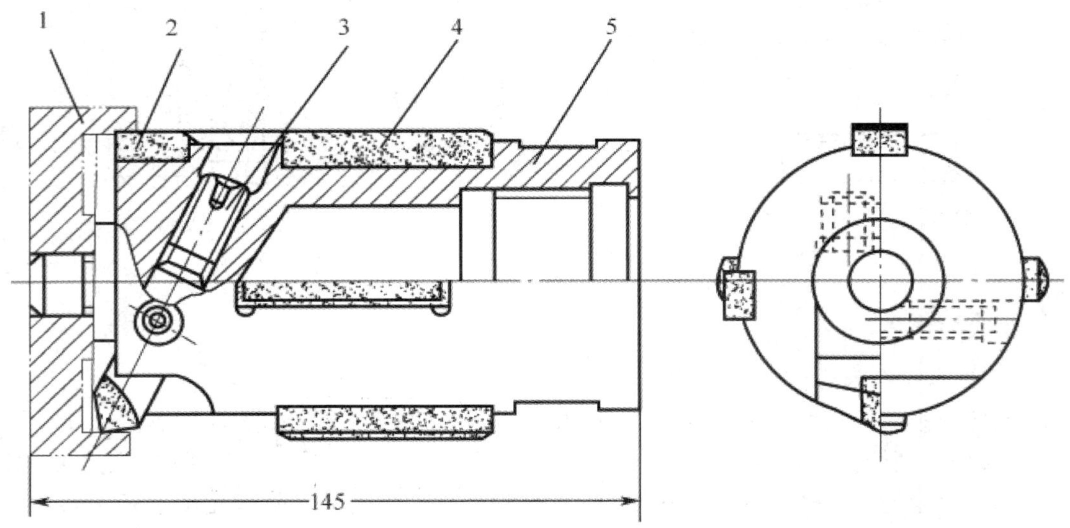

1—对刀块；2—前导向块；3—调节螺钉；4—后导向块；5—刀体

图 3-85　深孔镗刀头

深孔镗刀头的进给方式采用推镗法和前排屑方式，改变了拉镗方法。拉镗法虽然刀杆受拉力，受力方式较好，但装夹工件与调整镗孔尺寸比较困难，因此，生产效率较低。

3.7　钻 削 加 工

3.7.1　钻削概述

钻削加工是指用钻头或者扩孔钻等刀具在工件上加工孔的方法。用钻头在实体材料上加工孔的方法称为钻孔，用扩孔钻扩大已有孔的方法称为扩孔。此外，还可以进行锪孔、锪埋头孔和攻螺纹等工作，如图 3-86 所示。钻削时，钻床主轴的旋转运动为主运动，主轴的轴向移动为进给运动。

钻孔是一种粗加工方法，尺寸精度一般为 IT13～IT11，表面粗糙度为 Ra50～12.5 μm，钻孔直径一般小于 80 mm。对精度要求不高的孔，可作为终加工方法，如螺栓孔、润滑油通道孔等。对于精度要求较高的孔，由钻孔进行预加工后再进行扩孔、铰孔或镗孔。钻孔的特点如下：

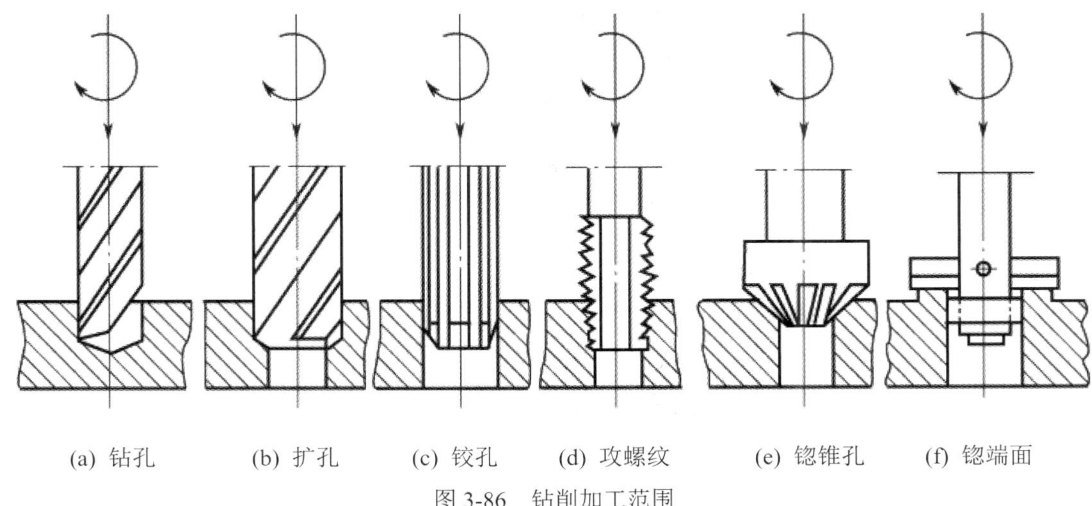

图 3-86　钻削加工范围

(1) 钻孔加工是一种半封闭式切削，因切屑较宽、切屑变形大，容屑槽尺寸受到限制，以致排屑困难，造成加工表面的质量不高。

(2) 钻头引偏、钻头刃磨质量差会引起加工的孔径扩大。因此钻头的两个主切削刃应磨得对称一致，否则钻出的孔径就会大于钻头直径。

(3) 钻削时，因不能及时排出高温切屑、切削液难以注入到切削区，导致切削温度较高，加快刀具的磨损，限制了切削用量及降低了生产率。

(4) 因钻头定心作用差、刚性差，在钻孔时容易导致孔轴线歪斜，钻头易扭断。

3.7.2　钻床

常用的钻床有台式钻床、立式钻床、摇臂钻床 3 种。

1. 台式钻床

台式钻床简称台钻，如图 3-87 所示，其体积小巧，操作简便。台式钻床钻孔直径一般在 13 mm 以下，一般不超过 25 mm。主轴进给靠手动操作，通过改变三角带在塔型带轮上的位置来实现主轴变速。台式钻床具有以下特点：

(1) 台式钻床主要应用于机床修配车间与技工车间，对中小型零件进行钻孔、扩孔、铰孔、攻螺纹、刮平面等加工。

(2) 与国内外同类型机床比较，具有精度高、刚度高、马力小、刚性好、操作方便、易于维护等特点。

(3) 把精密弹性夹头的振动精度调节到 0.01 mm 以下，就可以对玻璃等材料进行 1 mm 以下的精密钻孔加工。

(4) 工作台可沿圆立柱上下移动，并可绕立柱转动到任意位置。松开锁紧螺钉，工作台在垂直平面还可左右倾斜 45°。工件较小时，可放在工作台上钻孔；当工件较大时，可把工作台转开，直接放在钻床底面上钻孔。

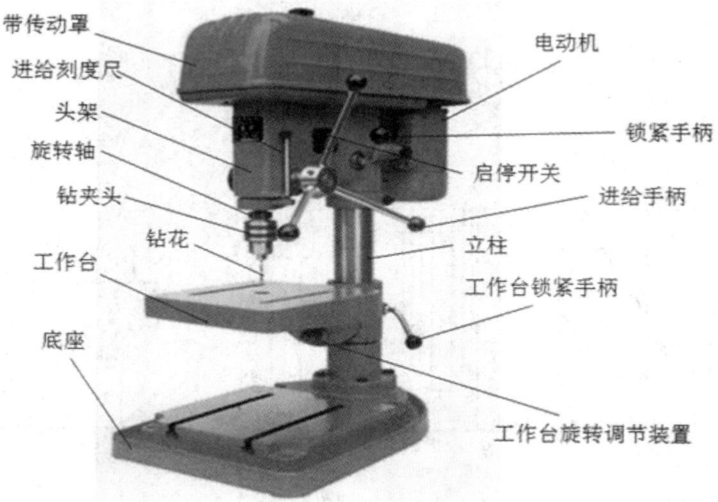

图 3-87 台式钻床

2. 立式钻床

立式钻床简称立钻，如图 3-88 所示。用最大钻孔直径来表示其规格，常用的立钻有 25、35、40、50 等几种。加工时工件直接或通过夹具安装在工作台上，电动机经主轴变速箱将运动传递给主轴作旋转运动。主轴既作旋转的主运动，又作轴向的进给运动。工作台和进给箱的上下位置可沿立柱上的导轨进行调整，以适应不同高度的工件加工。在立式钻床上钻孔时，工件上被加工孔的中心要通过移动工件位置与主轴中心对中，操作很不方便，尤其不适用于加工大型零件，影响生产率。立式钻床自动化程度较低，一般用于单件、小批量生产中加工小型工件。

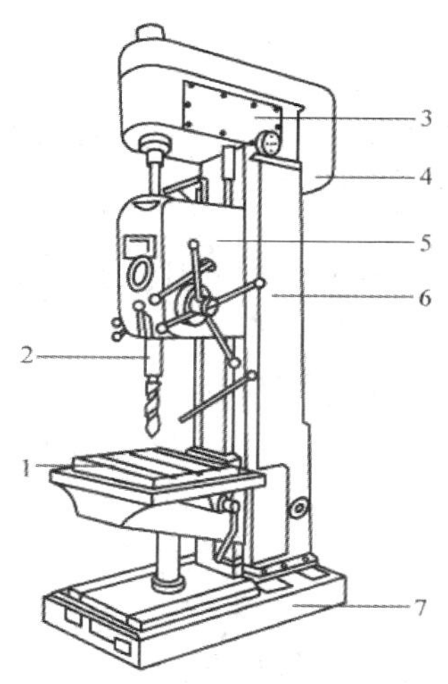

1—工作台；2—主轴；3—主轴变速箱；4—电动机；5—进给箱；6—立柱；7—机座

图 3-88 立式钻床

3. 摇臂钻床

摇臂钻床是指钻床的摇臂可绕立柱升降或者回转，主轴箱在摇臂上可做水平移动的钻床。如图 3-89 所示为摇臂钻床的外形图。工件固定在底座 7 的工作台 6 上，主轴 5 的旋转和轴向进给运动是由电动机通过主轴箱 2 来实现动力传递的。主轴箱可在摇臂导轨 3 上移动，摇臂借助立柱上端的电动机及丝杠的传动，可沿立柱 1 上下移动。立柱 1 由内立柱和外立柱组成，外立柱可绕内立柱作任意角度的回转。由此主轴很容易地被调整到所需的加工位置上，这就为在单件、小批量生产中，加工大而重的工件上的孔带来了很大的方便。

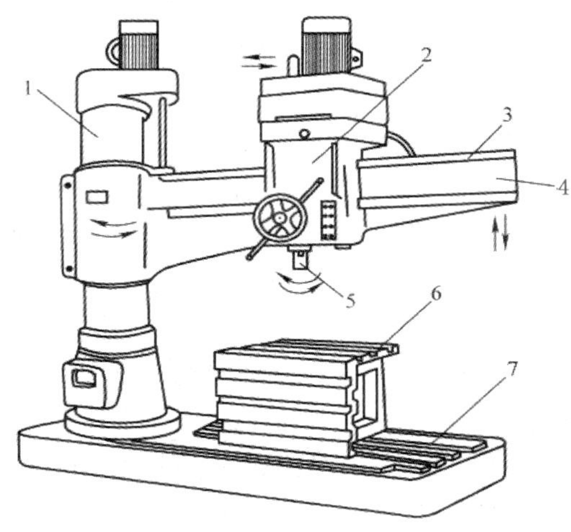

1—立柱；2—主轴箱；3—摇臂导轨；4—摇臂；5—主轴；6—工作台；7—底座

图 3-89　摇臂钻床

3.7.3　钻头

钻头是钻孔用的主要刀具，一般用高速钢制造，其工作部分经热处理淬火。常用钻头类型有麻花钻、扩孔钻、锪钻、铰刀、深孔钻等。

1. 麻花钻

麻花钻是钻孔的常用刀具，一般由高速钢制成。钻孔时，孔的尺寸是由麻花钻的尺寸来保证的。钻出孔的直径比钻头实际尺寸略有增大。麻花钻的组成与结构如图 3-90 所示。

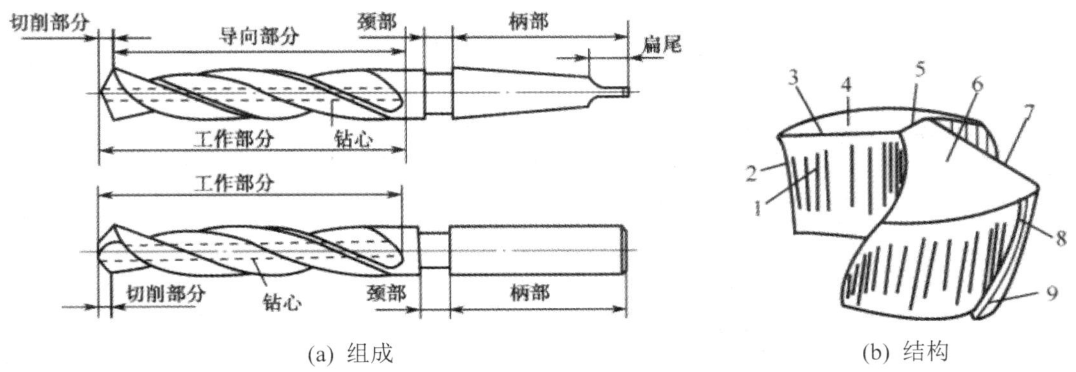

(a) 组成　　(b) 结构

1—前刀面；2、8—副切削刃(棱边)；3、7—主切削刃；4、6—后刀面；5—横刃；9—副后刀面

图 3-90　麻花钻

1) 麻花钻的组成部分

麻花钻由柄部、颈部及工作部分组成，如图 3-90(a)所示。

(1) 柄部。柄部是与机床主轴孔配合来传递扭矩的部分，是钻头的夹持部分。它有直柄、锥柄两种形式。柄部末端有扁尾。直柄传递较小的转矩，而锥柄能传递较大的转矩。通常，钻头直径在 12 mm 以下的用直柄，而锥柄则用于直径大于 16 mm 的钻头。直径介于 12 mm 和 16 mm 之间的钻头，两者都可以用。

(2) 颈部。颈部位于柄部与工作部分之间，是打标记处，可供砂轮磨锥柄时退刀。为了制造上的方便，有些直柄钻头无颈部。

(3) 工作部分。工作部分包括导向部分和切削部分。切削部分承担切削工作，它有两个刀齿，每个刀齿可看作是一把外圆车刀。麻花钻切削部分由两个前刀面、两个后刀面、两个副后刀面、两条主切削刃与一条横刃组成。

前刀面即螺旋沟表面，是切屑流经的表面，起容屑、排屑作用，需抛光以使排屑流畅。

后刀面与加工表面相对，位于钻头前端，形状由刃磨方法决定，可为螺旋面、圆锥面或平面，手工刃磨可得任意曲面。

副后刀面是与已加工表面(孔壁)相对的钻头外圆柱面上的窄棱面。

主切削刃是前刀面(螺旋沟表面)与后刀面的交线，标准麻花钻主切削刃为直线(或近似直线)。两主切削刃之间的夹角称为顶角(2ϕ)，一般为 118° ±20° 。

副切削刃是前刀面(螺旋沟表面)与副后刀面(窄棱面)的交线，即棱边。

两个主后刀面的交线称为横刃，位于钻头的最前端，亦称钻尖。它是麻花钻特有而其他刀具没有的。横刃上有很大的负前角，会造成很大的轴向力，恶化了切削条件。

导向部分的作用在于切削部分切入孔后起导向作用。导向部分有两条对称的棱边和螺旋槽。其中较窄的棱边起导向和修光孔壁的作用，同时也减小了钻头外径和孔壁的摩擦面积；较深的螺旋槽(容屑槽)用来进行排屑和输送切削液。

2) 麻花钻的修磨

麻花钻的修磨是指在使用钻头过程中对不够合适的结构参数进行补充刃磨。如果修磨得当，会提高钻孔效率、减少钻头磨损、改善加工质量。

2. 扩孔和锪孔

1) 扩孔

扩孔是指扩大已加工出的孔，可以是铸出、锻出或钻出的孔。

一般用麻花钻作扩孔钻。在扩孔精度要求较高或生产批量较大时，还可采用专用扩孔钻扩孔。由于扩孔钻切削平稳，可提高扩孔后孔的加工质量，如图 3-91 所示为扩孔钻与扩孔。

扩孔钻特点如下：

(1) 没有横刃，改善了切削条件。

(2) 刀体刚性及强度较好；

(3) 刀齿数多(一般 3～4 个)，导向性好，切削平稳。

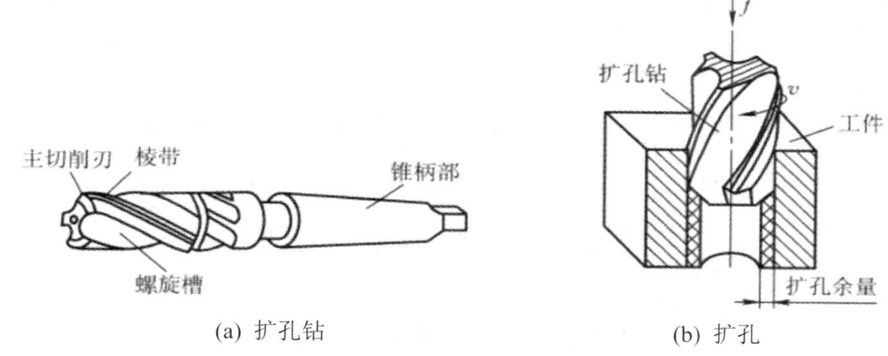

(a) 扩孔钻　　(b) 扩孔

图 3-91　扩孔钻与扩孔

扩孔加工的特点如下：

(1) 生产率高。在已有孔上扩孔加工，切削量小，进给量大，生产率较高。

(2) 加工质量高。扩孔可以校正孔的轴线偏差，质量比钻孔高。扩孔精度一般为 IT11～IT10，表面粗糙度为 *Ra*6.3～3.2 μm，可以作为精度要求不高的孔的终加工或者铰孔前的预加工。

在成批或大量生产时，为提高钻削孔、铸锻孔或冲压孔的精度和降低表面粗糙度值，常使用扩孔钻扩孔。

2) 锪孔

锪孔是用锪钻对工件上已有孔进行孔口形面的加工，其目的是保证孔端面与孔中心线的垂直度，以便使与孔连接的零件位置正确、连接可靠。常用的锪孔工具有柱形锪钻、锥形锪钻与端面锪钻 3 种，3 种工具的锪孔方式如图 3-92 所示，可用于加工圆柱形沉头座、圆锥形沉头座、鱼眼坑以及孔端的凸台等。

圆柱形埋头锪钻的端刃起切削作用，其周刃作为副切削刃起修光作用，如图 3-92(a)所示。锥形锪钻用来锪圆锥形沉头孔(见图 3-92(b))。锪钻顶角有 60°、75°、90° 和 120° 4 种，其中以顶角为 90° 的锪钻应用最为广泛。

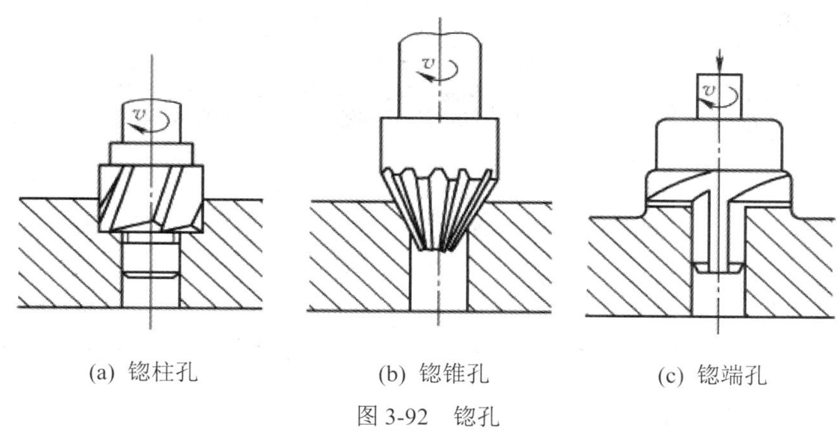

(a) 锪柱孔　　(b) 锪锥孔　　(c) 锪端孔

图 3-92　锪孔

3. 铰刀与铰孔

铰孔是指为了降低工件表面的粗糙度值以及提高尺寸精度，用铰刀从工件的孔壁切除微量金属层的加工，如图 3-93(a)所示。它主要适用于孔的半精加工、精加工及磨孔或者研孔前的预加工。

1) 铰刀

铰刀的结构如图 3-93(b)所示，分手用铰刀、机用铰刀两种。手用铰刀为直柄，工作部分较长，导向作用好，可防止手工铰孔时铰刀歪斜。机用铰刀多为锥柄，可安装在钻床、车床和镗床上铰孔。

铰刀的工作部分包括切削部分和修光部分。切削部分呈锥形，担负主要的切削工作。修光部分用于矫正孔径、修光孔壁并起导向作用。铰刀有 6～12 个刀齿，刃带数与刀齿数相同，切削槽浅，刀芯粗大。因此，铰刀的刚度和导向性好。

2) 铰削的特点

铰削的特点如下：

(1) 加工质量高。铰孔精度可高达 IT7～IT6，表面粗糙度为 Ra1.6～0.4 μm。

(2) 切削余量小。铰孔加工属于精加工，一般在扩孔之后进行，加工余量较小。粗铰时加工余量为 0.50～0.15 mm，精铰时加工余量为 0.25～0.05 mm。

(3) 绞削不适合加工淬火钢和硬度太高的材料。铰刀是定尺寸刀具，适合加工中小直径孔。

(4) 铰孔时铰刀不能倒转，否则，切屑会卡在孔壁和切削刃之间，从而使孔壁划伤或切削刃崩裂。铰削时如采用切削液，孔壁表面粗糙度将更小。

(5) 不能提高位置精度。铰孔可以有效地提高孔的尺寸精度和表面质量，但一般不能提高孔的位置精度。

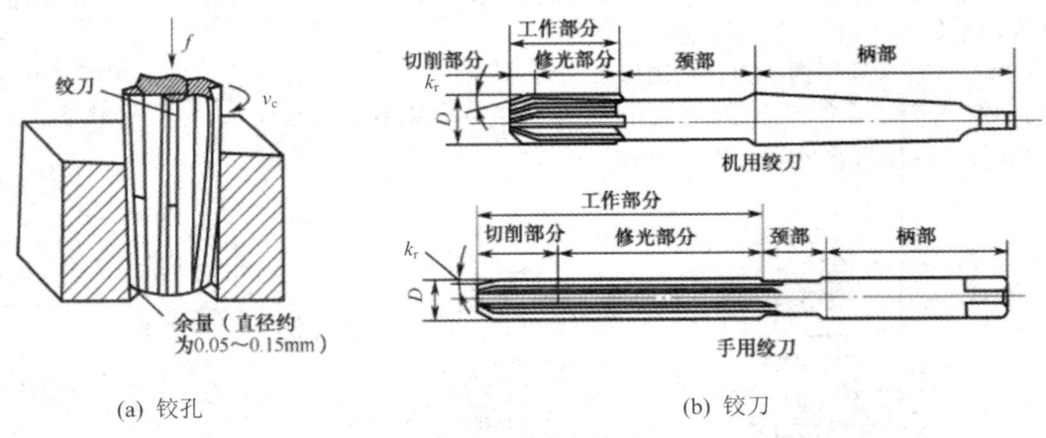

(a) 铰孔　　(b) 铰刀

图 3-93　铰孔和铰刀

4. 深孔钻削

通常把孔深与孔径之比大于 5～10 的孔称为深孔，加工深孔所用的钻头称为深孔钻。

1) 深孔钻削的特点

深孔钻削的特点如下：

(1) 切削热不易传散；

(2) 不能观测到切削情况；

(3) 刀柄细长、刚度差、易振动；

(4) 孔易钻偏斜。

因此，钻深孔时要经常将钻头退出，及时排屑和冷却，否则易造成切屑堵塞或使钻头切削部分过热磨损、折断。

2) 深孔钻

深孔钻常用的有内排屑深孔钻、单刃外排屑深孔钻、喷吸钻及套料钻等。

(1) 错齿内排屑深孔钻。

错齿内排屑深孔钻如图3-94所示。其特点为：无横刃、内外切削刃余偏角不相等、有钻头偏距切削刃分段、交错排列，保证可靠分屑和断屑，外缘刀片耐磨性好，中心韧性好。

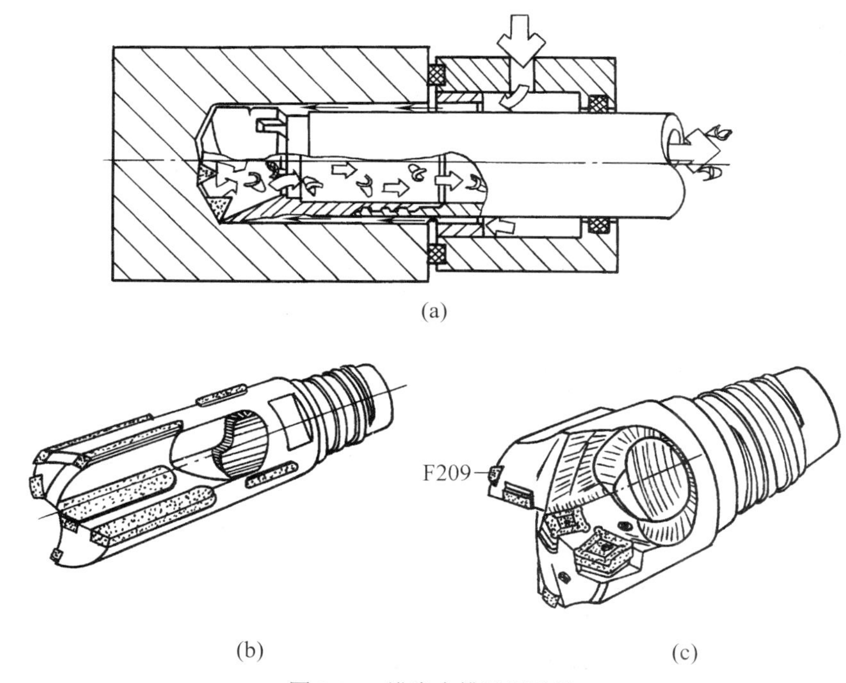

(a)

(b) (c)

图3-94 错齿内排屑深孔钻

(2) 单刃外排屑深孔钻。

如图3-95所示的枪孔钻就是一种单刃外排屑深孔钻，其特点如下：

① 优点：导向性较好，能改善排屑条件。

② 缺点：生产率不高。

枪孔钻属于小直径深孔钻，它的前刀面为平面，为了方便制造，前角一般作成0°；后角一般取10°～15°，加工硬质材料时取小值。

枪孔钻切削部分的一个重要特点是只有单刃切削，钻尖与轴线不在一条直线上，而是偏离了一定距离 e，偏移量大约为1/4钻头的直径。外刃余偏角一般大于内刃余偏角，能够使作用在钻头上的合力的径向分力始终指向切削部分的导向面，这样就能够保证深孔钻得到很好的导向作用。

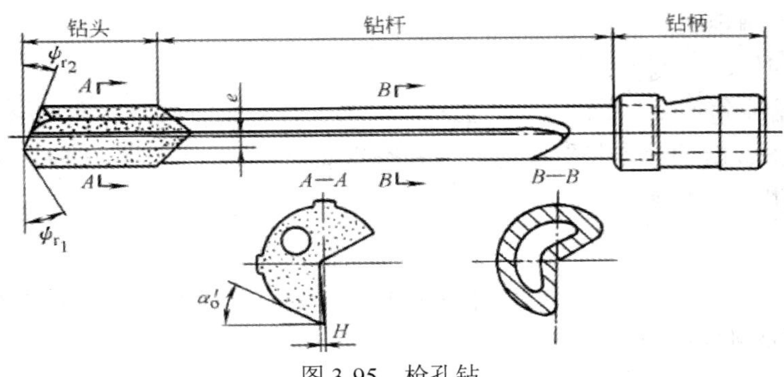

图 3-95　枪孔钻

(3) 喷吸钻。

喷吸钻的排屑原理是将压力切削液从刀体外压入切削区并用喷吸法进行内排屑。

喷吸钻(见图 3-96)的特点如下：

① 由于钻杆内还有一层内管，排屑空间受到限制，较难用于小直径。其加工精度略低于 BTA 钻头。

② 可在车、钻、镗床上使用，操作方便，钻孔效率高。

③ 不需要 BTA 系统的高压输油器及密封装置。不但提高了排屑效果，又改进了工作条件。

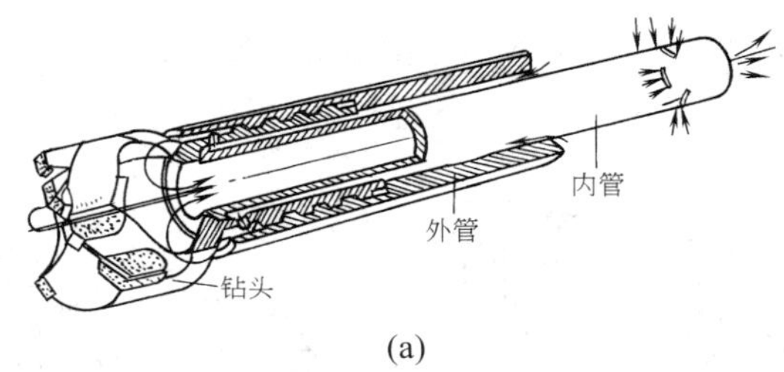

(a)

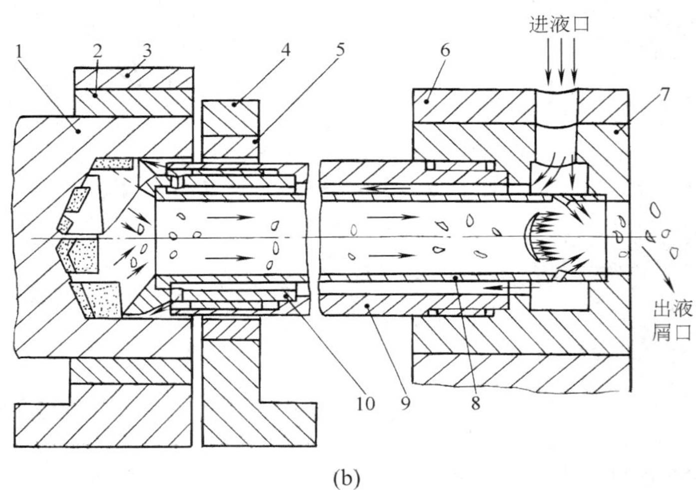

(b)

1—工件；2—夹爪；3—中心架；4—引导架；5—导向套；

6—支持座；7—连接套；8—内管；9—外管；10—钻头

图 3-96　喷吸钻

5. 中心钻

中心孔是轴类零件中常见的结构要素，中心孔一般用中心钻来进行加工。中心钻有带护锥中心钻、无护锥中心钻和弧形中心钻 3 种结构形式，如图 3-97 所示。

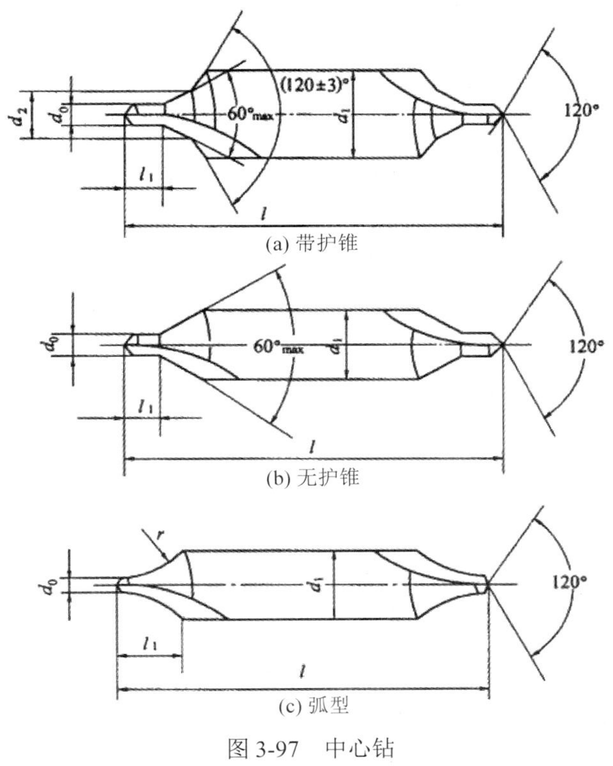

图 3-97　中心钻

1) 中心钻的装夹

(1) 根据加工需要选择合适的中心钻，根据机床尾座套筒锥度选择带莫氏锥柄的钻夹。

(2) 用钻夹头钥匙逆时针方向旋转夹头外套，三爪张开，将中心钻装于三爪之间，伸出长度为中心钻长度的 1/3，然后用钻夹钥匙顺时针方向转动钻夹头外套，三爪夹紧中心钻。

(3) 擦净钻夹头柄部和尾座锥孔，沿尾座套筒轴线方向将钻夹头锥柄部分稍用力插入尾座套筒锥孔中(注意扁尾方向)。

2) 中心孔的钻削方法

(1) 装夹中心钻。

(2) 钻中心孔。由于在工件轴心线上钻削，钻削线速度低，必须选用较高的转速，一般为 500～1000 r/min 左右，进给量要小。孔径越大，转速越小。

(3) 工件端面必须车平，不允许出现小凸头。校正尾座，以保证中心钻和轴线同轴。

(4) 中心钻起钻时，进给速度要慢，钻大工件时要用毛刷加注切削液并及时退屑冷却。钻削完毕时应使中心钻停留在中心孔中 2～3 s，然后退出，使中心孔光、圆、准确。

6. 钻孔用的夹具

钻孔用夹具主要包括钻头夹具和工件夹具两种。

1) 钻头夹具

常用的钻头夹具有钻夹头和钻套，如图 3-98 所示。

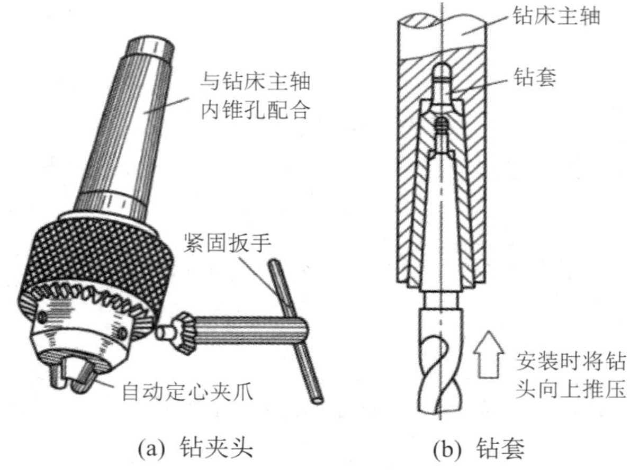

(a) 钻夹头　　(b) 钻套

图 3-98　钻夹头和钻套

(1) 钻夹头适用于装夹直柄钻头，其柄都是圆锥面，可以与钻床主轴内锥孔配合安装，而在其头部的 3 个夹爪有同时张开与合拢的功能，这使钻头的装夹与拆卸都很方便。

(2) 钻套又称过渡套筒，用于装夹锥柄钻头。由于锥柄钻头柄部的锥度与钻床主轴内锥孔的锥度不一致，为使其配合安装，故把钻套作为锥体过渡件。

2) 工件夹具

加工工件时，应根据钻孔直径和工件形状来合理使用工件夹具。

对于薄壁工件常用手虎钳夹持(见图 3-99(a))；机床用平口虎钳用于中小型平整工件的夹持(见图 3-99(b))；对于轴或套筒类工件可用 V 形架夹持(见图 3-99(c))并和压板配合使用；对不适合用虎钳夹紧的工件或要钻大直径孔的工件，可用压板、螺栓直接固定在钻床工作台上(见图 3-99(d))。

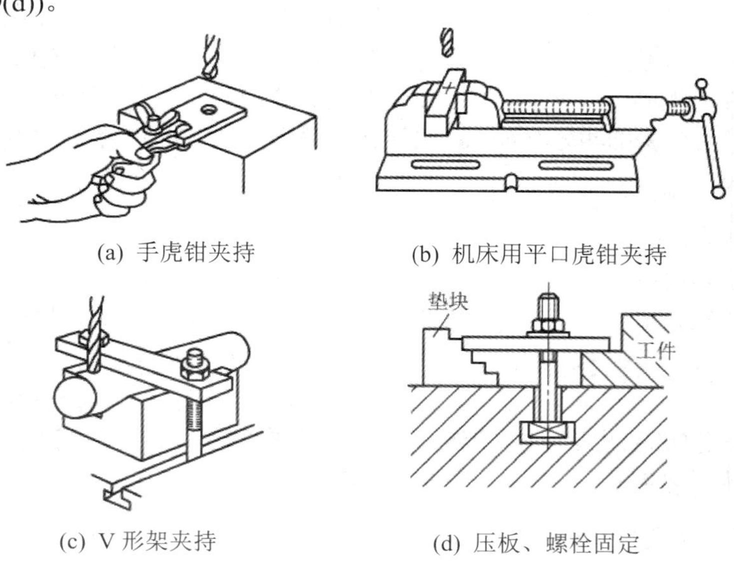

(a) 手虎钳夹持　　(b) 机床用平口虎钳夹持

(c) V 形架夹持　　(d) 压板、螺栓固定

图 3-99　工件夹持方法

7. 钻孔操作

1) 切削用量的选择

钻孔切削用量是指钻头的切削速度、进给量和背吃刀量 3 要素。切削用量越大，单位时间内切除金属越多，生产效率越高。但切削用量受工件精度、钻头强度、钻床功率、钻头耐用度等许多因素的限制，不能任意提高，因此，要合理选择切削用量，以提高钻孔质量、钻头的寿命及生产率。

2) 操作方法

钻孔操作方法的正确与否，将直接影响钻孔的质量和操作安全，可按如下方法操作：

(1) 按划线位置钻孔。工件上的孔径圆和检查圆均需打上样冲眼，作为加工界线，中心眼应打大一些。

(2) 钻孔时先用钻头在孔的中心锪一小窝(约占孔径的 1/4)，检查小窝与所划圆是否同心。如稍偏离，可用样冲将中心冲大矫正或移动工件借正；若偏离较多，可用窄錾在偏斜相反方向凿几条槽再钻，便可逐渐将偏斜部分矫正过来，如图 3-100 所示。

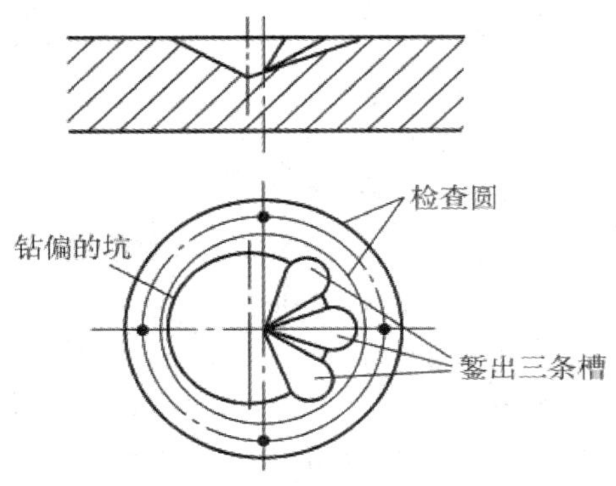

图 3-100　钻偏时的纠正方法

(3) 钻通孔时，在孔将被钻透时，进给量要小，可将自动进给变为手动进给。钻盲孔时，要注意掌握钻孔深度，以免将孔钻深出现质量事故。钻直径(D)超过 30 mm 的孔时应分两次钻。钻削时要冷却润滑。

3) 钻孔质量问题及原因

由于钻头刃磨得不好、切削用量选择不当、切削液使用不当、工件装夹不善等原因，会使钻出的孔径偏大、孔壁粗糙、孔的轴线有偏移或歪斜、甚至使钻头折断。

3.8　磨削加工

磨削是指在磨床上用磨具(如砂轮、油石、研磨剂、砂带等)对工件进行切削加工的方法。磨削加工是零件精加工的主要方法。

3.8.1　磨削加工的特点及应用

磨削加工的工艺范围很广，不仅能加工内外圆柱面、内外圆锥面和平面，还能加工螺纹、花键轴、曲轴等特殊的成形面，常见的磨削加工类型如图 3-101 所示。

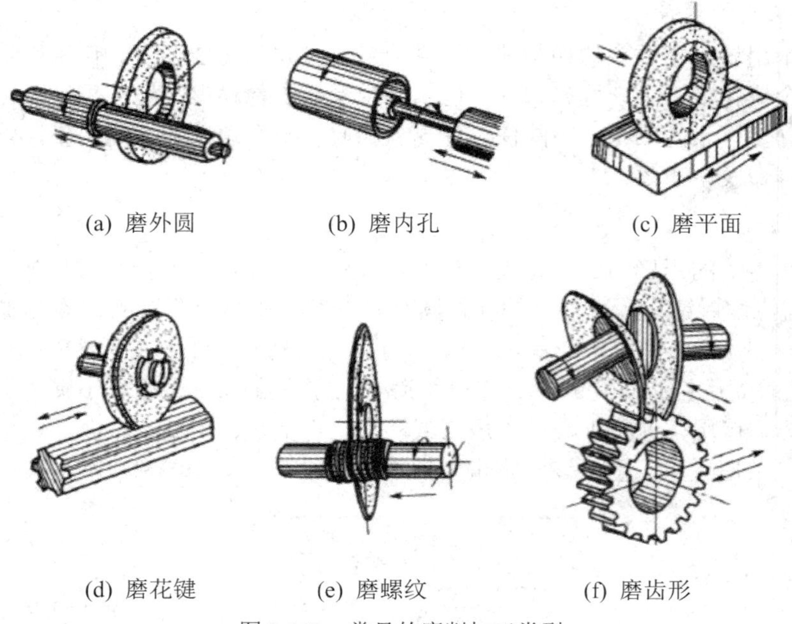

(a) 磨外圆　(b) 磨内孔　(c) 磨平面

(d) 磨花键　(e) 磨螺纹　(f) 磨齿形

图 3-101　常见的磨削加工类型

磨削加工与其他常见的切削加工方法如车、铣、刨削相比，具有以下特点：

(1) 加工范围广，可加工高硬度材料。磨削不但可以加工软材料，如未淬火钢、铸铁等多种金属，还可以加工一些高硬度的材料，如淬火钢、高强度合金、各种切削刀具以及硬质合金、陶瓷材料等，这些材料用一般的金属切削刀具是很难加工甚至是无法加工的。

(2) 加工精度高。磨削属于多刃、微刃切削，砂轮上每个磨粒都相当于一个刃口半径很小且锋利的切削刃，能切下很薄一层金属，可以获得很高的加工精度和低的表面粗糙度。磨削所能达到的经济精度为 IT 6～IT 5，表面粗糙度一般为 *Ra* 0.8～0.2 μm。

(3) 磨削温度高。磨削时，砂轮相对工件作高速旋转，加之绝大部分磨粒以负前角工作，因而磨削时会产生大量的切削热。为保证加工质量，磨削时需使用大量的冷却液。

(4) 磨削速度高、切削厚度小、径向切削力大。

(5) 砂轮有自锐性。砂轮的自锐性使得磨粒总能以锐利的刀刃对工件进行连续切削，这是一般刀具所不具备的特点。

由于以上特点，磨削主要用于对机器零件、刀具、量具等进行精加工，也就是先用其他加工方法去除大部分余量，留下很小的余量由磨削加工去除，以获得较高的精度和很小的表面粗糙度。经过淬火的零件，几乎只能用磨削来进行精加工。

3.8.2　磨削运动与磨削用量

1. 磨削运动

磨削运动由主运动、进给运动及辅助运动组成。磨削外圆时的磨削运动和磨削用量如图 3-102 所示。

1) 主运动

磨外圆时主运动为砂轮的回转运动；磨内圆时主运动为内圆磨具砂轮的回转运动。

2) 进给运动

进给运动包括以下几种运动：

(1) 砂轮架的横向进给运动：每当工作台一个纵向往复运动终了后，机械传动机构就将砂轮架横向移动一个位移量(控制磨削深度)，即砂轮架的横向进给运动为步进运动。

(2) 工作台的纵向进给运动：该运动采用液压传动，以保证运动的平稳性及实现无级调速和自动往复运动，也可手动调整工作台位置。

(3) 工件的圆周进给运动：即头架主轴的回转运动。

3) 辅助运动

辅助运动包括砂轮架横向快速进退和尾座套筒缩回，以便装卸工件。这两个运动都采用液压传动。

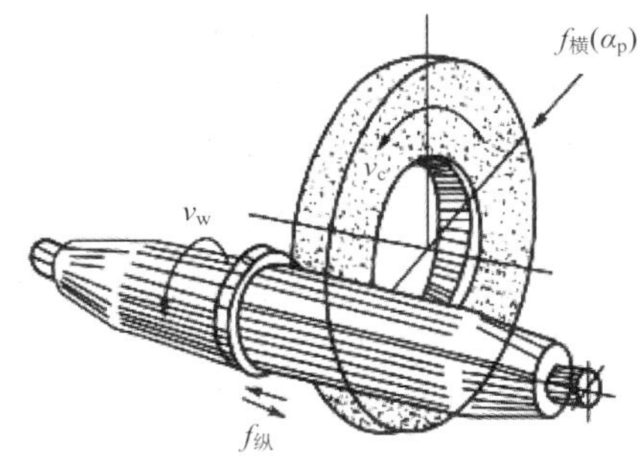

图3-102　磨削外圆时的磨削运动和磨削用量

2. 磨削用量

1) 主运动及磨削速度(v_c)

砂轮的旋转运动是主运动，砂轮外圆相对于工件的瞬时速度称为磨削速度，可用下式计算：

$$v_c = \frac{\pi dn}{1000 \times 60} \tag{3-10}$$

式中，d——砂轮直径(mm)；

n——砂轮每分钟转速(r/min)。

2) 圆周进给运动及进给速度(v_w)

工件的旋转运动是圆周进给运动，工件外圆处相对于砂轮的瞬时速度称为圆周进给速度，可用下式计算：

$$v_w = \frac{\pi d_w n_w}{1000 \times 60} \tag{3-11}$$

式中，d_w——工件磨削外圆直径(mm)；

n_w——工件每分钟转速(r/min)。

3) 纵向进给运动及纵向进给量($f_{纵}$)

纵向进给运动是指工作台带动工件作的直线往复运动，工件每转一转时砂轮在纵向进给运动方向上相对于工件的位移称为纵向进给量，用$f_{纵}$表示，单位为 mm/r。

4) 横向进给运动及横向进给量($f_{横}$)

横向进给运动是指砂轮沿工件径向上的移动，工作台每往复行程一次砂轮相对工件径向上的移动距离称为横向进给量，用 $f_{横}$表示，其单位为 mm/行程。横向进给量实际上是砂轮每次切入工件的深度，即背吃刀量，也可用 α_p 表示，单位为 mm(即每次磨削切入以毫米计的深度)。

3.8.3　磨床

磨床是用磨具和磨料(如砂轮、砂带、油石、研磨剂等)对工件表面进行磨削加工的一种机床，它可以加工各种表面，如平面、内外圆柱面、圆锥面和螺旋面等。通过磨削加工，使工件的形状及表面的精度、光洁度达到预期的要求；同时，它还可以进行切断加工。

根据用途和采用的工艺方法不同，磨床可分为外圆磨床、内圆磨床、平面磨床、工具磨床以及各种专用磨床(如螺纹磨床、齿轮磨床、球面磨床、导轨磨床等)。

1. 平面磨床

平面磨床是用砂轮的周边或端面磨削工件平面的磨床。工件夹紧在工作台上或靠电磁吸力固定在电磁工作台上。平面磨床又分为卧轴和立轴、矩台和圆台 4 种类型。

如图 3-103 所示为 M7120A 型平面磨床，是一种常用的卧轴矩台平面磨床。它由床身 9、立柱 5、工作台 7、磨头 1 和砂轮修整器 4 等主要部件组成。

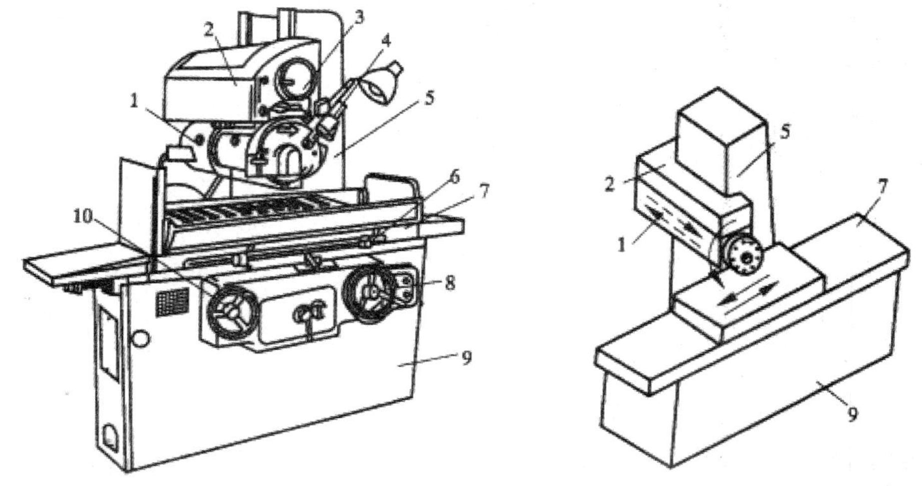

1—磨头；2—床身；3—横向手轮；4—砂轮修整器；5—立柱；
6—撞块；7—工作台；8—升降手轮；9—床身；10—纵向手轮

图 3-103　M7120A 型平面磨床

矩形工作台安装在床身的水平纵向导轨上，由液压传动系统实现纵向直线往复移动，利用撞块 6 自动控制换向。此外，工作台也可用纵向手轮 10 通过机械传动系统手动操纵往复移动或进行调整工作。工作台上装有电磁吸盘，用于固定、装夹工件或夹具。

装有砂轮主轴的磨头可沿床身 2 上的水平燕尾导轨移动，磨削时的横向步进进给和调整时的横向连续移动，由液压传动系统实现，也可用横向手轮 3 手动操纵。

磨头的高低位置调整或垂直进给运动，由升降手轮 8 操纵，通过床身沿立柱的垂直导轨移动来实现。

2. 万能外圆磨床

如图 3-104 所示为 M1432A 型万能外圆磨床的外形图，它由下列主要部件组成：

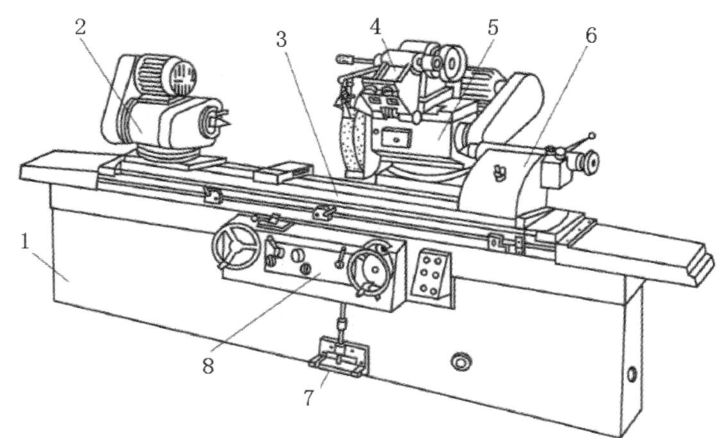

1—床身；2—头架；3—工作台；4—内圆磨具；5—砂轮架；
6—尾座；7—脚踏操纵板；8—控制箱

图 3-104　M1432A 型万能外圆磨床

1) 床身

床身用于支撑和连接各部件。其上部装有工作台和砂轮架，内部装有液压传动系统。床身上的纵向导轨供工作台移动用，横向导轨供砂轮架移动用。

2) 工作台

工作台由液压驱动，沿床身的纵向导轨作直线往复运动，使工件实现纵向进给。在工作台前侧面的 T 形槽内装有两个换向挡块，用以控制工作台自动换向，工作台也可手动。

3) 头架

头架上有主轴，主轴端部可以安装顶尖、拨盘或卡盘，以便装夹工件。主轴由单独的电动机通过带传动变速机构带动，使工件获得不同的转动速度。头架可在水平面内偏转一定的角度。

4) 砂轮架

砂轮架用来安装砂轮，并由单独的电动机通过带传动带动砂轮高速旋转。砂轮架可在床身后部的导轨上作横向移动，移动方式有自动间歇进给、手动进给、快速趋近工件和退出。

砂轮架可绕垂直轴旋转某一角度。

普通外圆磨床的结构与万能外圆磨床基本相同，所不同的是：

(1) 头架和砂轮架不能绕轴心在水平面内调整角度位置。

(2) 头架主轴直接固定在箱体上不能转动，工件只能用顶尖支撑进行磨削。

(3) 不配置内圆磨头装置。

因此，普通外圆磨床的工艺范围较窄，但由于减少了主要部件的结构层次，故机床及头架主轴部件的刚度高，工件的旋转精度好。普通外圆磨床适用于中批量及大批量生产磨削外圆柱面、锥度不大的外圆锥面及阶梯轴轴肩等。

3. 内圆磨床

内圆磨床有普通内圆磨床、无心内圆磨床和行星内圆磨床等多种类型，用于磨削圆柱孔和圆锥孔。普通内圆磨床比较常用，其主参数以最大磨削孔径的 1/10 表示。

内圆磨削一般采用纵磨法，如图 3-105(a)所示。头架安装在工作台上，可随同工作台沿床身导轨作纵向往复运动，还可在水平面内调整角度位置以磨削圆锥孔。工件装夹在头架上由主轴带动作圆周进给运动。内圆磨砂轮由砂轮架主轴带动作旋转运动，砂轮架可由手动或液压传动沿床身作横向进给，工作台每往复一次，砂轮架作横向进给一次。

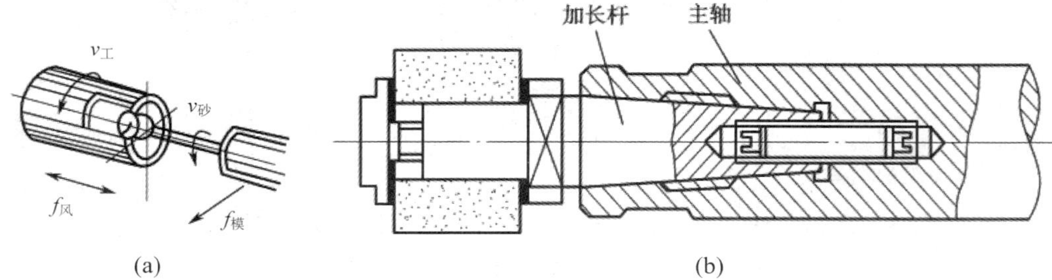

图 3-105　内圆磨削及砂轮的安装

砂轮装在加长杆上，加长杆锥柄与主轴前端锥孔相配合，如图 3-105(b)所示，可根据磨孔的不同直径和长度进行更换，砂轮的线速度通常为 15～25 m/s，这种磨床适用于单件、小批量生产。

4. 无心磨床

无心磨床通常指无心外圆磨床。无心磨削示意图如图 3-106 所示。

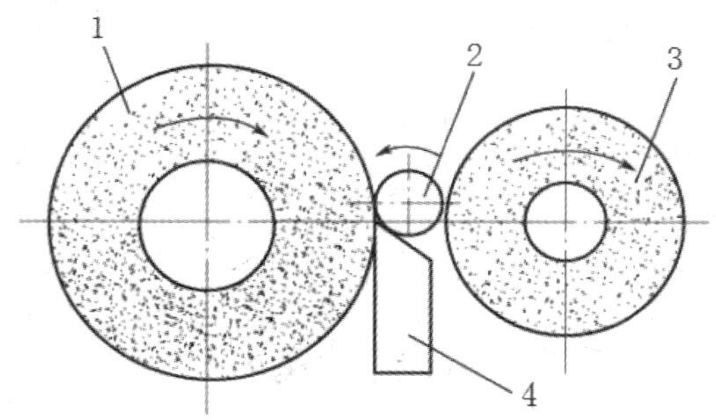

1—磨削砂轮；2—工件；3—导轮；4—托板

图 3-106　无心磨削示意图

无心磨削的特点是：工件 2 不用顶尖支撑或卡盘夹持，置于磨削砂轮 1 和导轮 3 之间，并用托板 4 支撑定位，工件中心略高于两轮中心的连线，并在导轮摩擦力作用下旋转。导轮为刚玉砂轮，它以树脂或橡胶为结合剂，与工件间有较大的摩擦系数，线速度为 10～50 m/min，工件的线速度基本上等于导轮的线速度。磨削砂轮 1 采用一般的外圆磨砂轮，通常不变速，线速度很高，一般为 35 m/s 左右，所以在磨削砂轮与工件之间有很大的相对速度，这就是磨削工件的切削速度。

为了避免磨削出棱圆形工件，工件中心必须高于磨削砂轮和导轮的连心线。这样，就可使工件在多次转动中逐步被磨圆。无心磨削通常有纵磨法(贯穿磨法)和横磨法(切入磨法)两种，如图 3-107 所示。

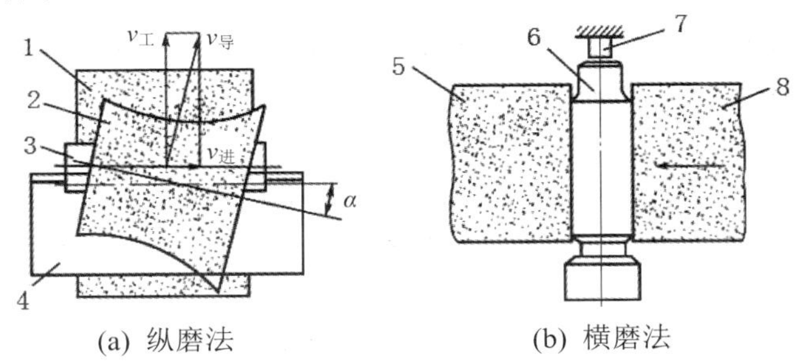

(a) 纵磨法　　(b) 横磨法

1、5—磨削砂轮；2、8—导轮；3、6—工件；4—托板；7—挡块

图 3-107　无心磨削的两种方法

如图 3-107(a)所示为纵磨法，导轮轴线相对于工件轴线偏转角为 $\alpha = 10° \sim 40°$，粗磨时取大值，精磨时取小值。此偏转角使工件获得轴向进给速度。如图 3-107(b)所示为横磨法，工件无轴向运动，导轮作横向进给运动，为了使工件在磨削时紧靠挡块，一般取偏转角 $\alpha = 0.5° \sim 1°$。无心磨床适用于大批量生产中磨削细长轴以及不带中心孔的轴、套、销等零件，它的主参数以最大磨削直径表示。

3.8.4　砂轮

1. 砂轮的特性

磨削加工最常用的磨具是砂轮。砂轮是由许多细小而坚硬的磨粒用结合剂固结而成的多孔体，如图 3-108 所示，磨粒、结合剂、气孔(网状空隙)是构成砂轮结构的三要素。磨削时，砂轮工作面上外露的磨粒担负着切削工作。磨粒必须锋利、坚韧并能承受切削高温。

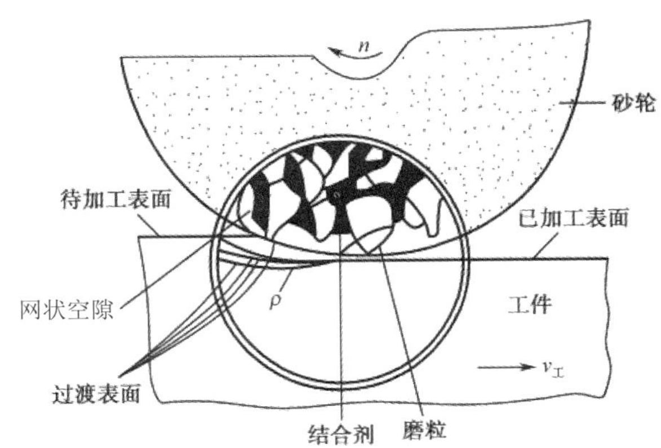

图 3-108　砂轮的构造

砂轮的特性包括磨料、粒度、硬度、结合剂、组织、形状和尺寸等方面，对工件的加工质量和生产率影响很大。

1) 磨料

常用磨料(磨粒的材料)有两类：

(1) 刚玉类。它的主要成分是 Al_2O_3，适用于磨削钢料及一般刀具。它有以下几种：

① 棕刚玉(代号 A)，显微硬度为 2200～2280 HV，呈棕褐色，韧性好，适于磨削碳素钢、合金钢、可锻铸铁和硬青铜等。

② 白刚玉(代号 WA)，显微硬度为 2200～2300 HV，呈白色，硬度高，韧性稍低，适于磨削淬火钢、高速钢、高碳钢及薄壁零件。

③ 铬刚玉(代号 PA)，显微硬度为 2000～2200 HV，呈玫瑰红色，硬度稍低，韧性比白刚玉好，磨削表面粗糙度低，适于磨削高速钢、不锈钢等。

(2) 碳化硅(SiC)类。它的主要成分是碳化硅、碳化硼，硬度比氧化铝高，磨粒锋利但韧性差。它有以下几种：

① 黑色碳化硅(代号 C)，显微硬度为 2800～3300 HV，呈黑色，有光泽，导热性和导电性好，适于磨削铸铁、黄铜、铝、耐火材料及非金属材料等。

② 绿色碳化硅(代号 GC)，显微硬度为 3280～3400 HV，呈绿色，比黑色碳化硅硬度高，导热性好，但韧性差，适于磨削硬质合金、宝石、陶瓷和玻璃等材料。

2) 粒度

砂轮的粒度是指磨料颗粒的大小。以磨粒刚能通过的筛网的网号来表示磨料的粒度。

将磨粒的直径小于 40 μm 的磨粒称为微粉，微粉以 W 表示，微粉粒度共有 14 级，每级用颗粒的最大尺寸(以 μm 计)来表示粒度号。

磨粒粒度对磨削生产率和加工表面粗糙度有很大关系。一般来说，粗磨用粗粒度砂轮，精磨用细粒度砂轮。当工件材料软、塑性大且磨削面积大时，为避免堵塞砂轮，应该采用粗粒度。

3) 结合剂

结合剂是将细小的磨粒黏结成砂轮的结合物质，有以下几种：

(1) 陶瓷结合剂(代号 V)。它是由黏土、长石、滑石、硼玻璃和硅石等陶瓷材料配成。其特点是化学性质稳定、耐水、耐酸、耐热、价廉、性脆。大多数砂轮(90%以上)都采用陶瓷结合剂。所制成砂轮的线速度一般为 35 m/s。

(2) 树脂结合剂(代号 B)。它的主要成分为酚醛树脂，也可采用环氧树脂。这种结合剂强度高、弹性好，多用于制作切断和开槽的薄片砂轮及高速磨削砂轮等，但耐热、耐蚀性差。

(3) 橡胶结合剂(代号 R)。它的主要成分为合成或天然橡胶。这种结合剂的结合强度高、弹性及自锐性好，但耐酸、耐油及耐热性较差，磨削时有臭味，适用于无心磨的导轮、抛光轮及薄片砂轮等。

(4) 金属结合剂(代号 J)。这种结合剂强度高、成形性好，有一定韧性，但自锐性差，用于制造各种金刚石砂轮。

4) 组织

砂轮的组织是指磨粒、结合剂和气孔三者体积的比例关系，用来表示结构紧密或疏松的程度。砂轮的组织用组织号的大小表示，把磨粒在磨具中所占的体积百分数称为组织号。

5) 硬度

砂轮的硬度表示磨粒受切削力作用而脱落的难易程度。磨粒不易脱落的，称为硬砂轮；易脱落的，称为软砂轮。磨削硬材料时，砂轮的硬度应低些，反之应高些。在成形磨削和精密磨削时，砂轮的硬度应更高些。

6) 形状和尺寸

为了使用方便，在砂轮的非工作面上标有砂轮特性及形状和尺寸代号，例如：

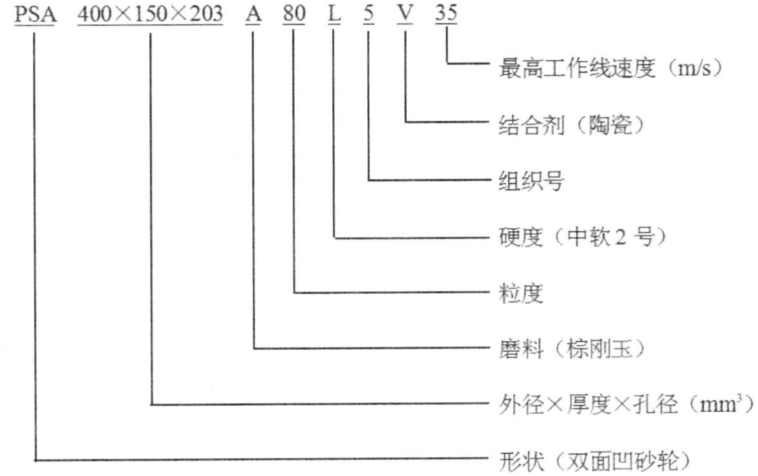

2. 砂轮的选用

1) 按工件材料及其热处理方法选择磨料

工件材料为一般钢材，选用棕刚玉；工件材料为淬火钢、高速钢，可选用白刚玉或铬刚玉；工件材料为硬质合金，可选用人造金刚石或绿色碳化硅；工件材料为铸铁、黄铜，可选用黑色碳化硅。

2) 按工件表面粗糙度和加工精度选择粒度

细粒度的砂轮可磨出光洁的表面，粗粒度则相反，但由于其颗粒粗大，砂轮的磨削效率高，一般常用 46#～80#。粗磨时选用粗粒度砂轮，精磨时选用细粒度砂轮。

3) 砂轮硬度的选择

(1) 磨削很软很韧的材料时，如铜、铝、韧性黄铜、软钢等，为了避免砂轮堵塞，砂轮的硬度也应软一些。

(2) 工件材料硬度高，磨料易磨钝，为使磨钝的磨粒及时脱落，应选较软的砂轮；反之，软材料应选较硬的砂轮。

(3) 精磨时的硬度应比粗磨时的硬度适当高一些，为了较好地保持砂轮外形轮廓，成形磨削应选用较硬的砂轮。

(4) 磨断续表面时，如花键轴、有键槽的外圆等，由于撞击作用容易使磨粒脱落，因此，应选较硬的砂轮。

4) 结合剂的选择

(1) 在绝大多数磨削工序中，一般采用陶瓷结合剂砂轮。

(2) 在荒磨和粗磨等冲击较大的工序中，为避免工件发生烧伤和变形，常用树脂结合剂砂轮。

(3) 在切断与开槽工序中常用树脂结合剂或橡胶结合剂砂轮。

3.9 齿轮加工

3.9.1 齿轮概述

齿轮齿形通常为渐开线，圆柱齿轮有直齿、斜齿和人字齿之分，圆锥齿轮则有直齿和曲线齿之分。

常用的配对齿轮副如图 3-109 所示，在这些齿轮中，直齿圆柱齿轮是最基本的，也是应用最多的。

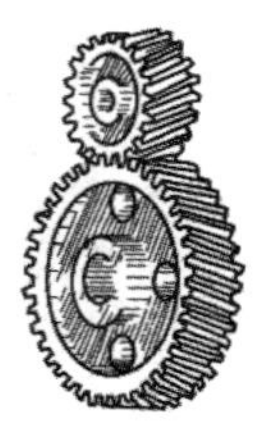

(a) 外啮合直齿圆柱齿轮副

(b) 内啮合直齿圆柱齿轮副

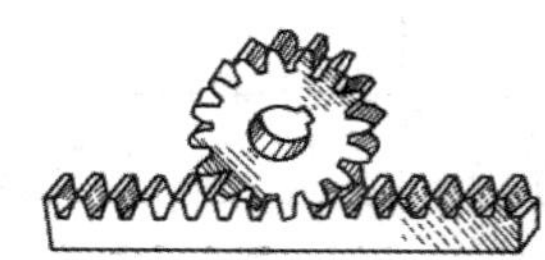

(c) 齿轮齿条副

(d) 斜齿圆柱齿轮副

(e) 人字齿轮副

(f) 直齿锥齿轮副

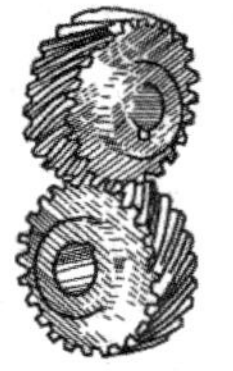

(g) 交错轴斜齿轮副

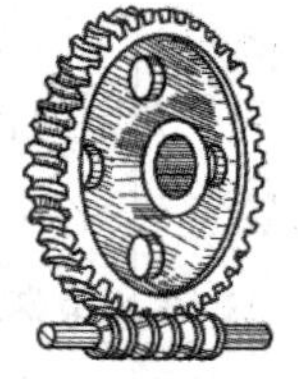

(h) 蜗杆蜗轮副

图 3-109　常用的配对齿轮副

根据所加工齿轮形状不同，齿轮加工机床可分为圆柱齿轮加工机床和锥齿轮加工机床。圆柱齿轮加工机床主要有滚齿机、插齿机、铣齿机等，其精加工机床包括剃齿机、珩齿机及各种圆柱齿轮磨齿机等；直齿锥齿轮的加工机床主要有刨齿机、铣齿机和弧齿锥齿轮铣齿机。

齿轮的加工可分为齿坯加工和齿面加工两个阶段，齿轮的齿坯加工通常经车削(齿轮精度较高时须经磨削)完成，而齿面加工是在齿轮加工机床上进行的，齿轮加工的方法有成形法和展成法两类。

成形法是利用成形刀具对工件进行加工的方法。齿面的成形加工方法有铣齿、成形插齿、拉齿、成形磨齿等，最常用的方法是铣齿。

展成法是刀具和齿坯在完成切削运动的同时，还要完成包络运动，即展成运动，从而在齿坯上留下刀具刃形的包络面，生成齿轮的齿面。这种加工方法模拟了齿轮的啮合过程，不需要分度便可连续切出全部轮齿，故加工精度和生产率都比较高，可用于各类齿轮的加工，并且一把刀具可加工相同模数、相同压力角的任何齿数的齿轮。常用的齿面的展成加工方法包括滚齿和插齿。

3.9.2　成形法加工齿轮

成形法加工齿轮过程中，每个工作行程只能完成一个齿槽的加工，经若干次分度，才能加工出全部轮齿。这种加工的加工精度和生产率都比较低，主要用于单件、小批量直齿圆柱齿轮的加工。如图 3-110(a)所示为用盘形齿轮铣刀在卧式铣床上铣削加工直齿圆柱齿轮的情况，如图 3-110(b)所示为用指状齿轮铣刀在立式铣床上铣削加工直齿圆柱齿轮的情况。

对于模数、压力角相同的齿轮，当其齿数不同时，齿形也不同，所以，一种铣刀只能用来加工某一齿数范围内的齿轮。于是，每一个模数齿轮的加工都需配备若干把铣刀。

(a) 用盘形齿轮铣刀在卧式铣床上加工

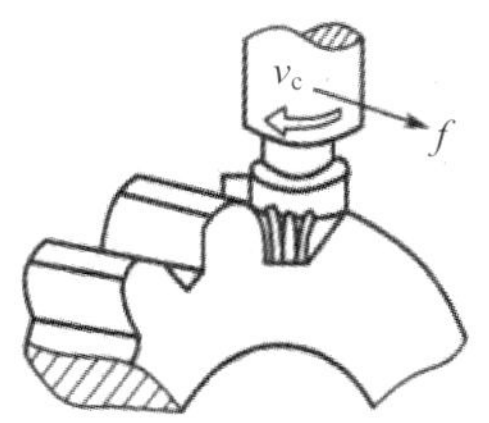

(b) 用指状齿轮铣刀在立式铣床上加工

图 3-110　成形法铣削加工直齿圆柱齿轮

1. 成形齿轮铣刀的应用

1) 盘形齿轮铣刀

盘形齿轮铣刀是具有渐开线齿形的铲齿成形铣刀，它用于加工模数 $m = 0.3 \sim 16$ mm 的直齿或斜齿圆柱齿轮。这种铣刀已经标准化(JB 2498—78)。

用盘形齿轮铣刀加工齿轮时，只需在万能铣床上加分度装置(万能分度头)即可。刀具回转为主运动，工件(工作台)作轴向进给运动，一个齿槽加工完毕后由分度头分齿，进行第二个齿槽的加工，如此下去直至所有齿槽加工完为止。

此方法生产效率低，齿轮加工精度也不高(一般低于 IT7)，但不需专用机床，铣刀成本也较低。

2) 指状齿轮铣刀

指状齿轮铣刀是具有渐开线齿形的立铣刀，可以制成铲齿或尖齿结构。它适于加工较大模数(m＞10 mm)的直齿或斜齿圆柱齿轮、人字齿轮，特别是加工多于两列齿的人字齿轮时，它是唯一的刀具。

2. 盘形齿轮铣刀的分类与刀号

从理论上讲，加工不同模数、不同齿数的齿轮，都需用相应刃形的齿轮铣刀。实际生产中，为减少齿轮铣刀的规格与数量，降低刀具成本，每种模数的齿轮铣刀分别由 8 把或 15 把组成一套。每套中齿形相近的用一把铣刀来代替，编成刀号 1～8，每个刀号的铣刀用来加工齿数在给定范围及相近齿形的齿轮，如表 3-14 所示。

表 3-14　1～8 号齿轮铣刀及齿形外观图

刀号	1	2	3	4	5	6	7	8
加工齿数范围	12～13	14～16	17～20	21～25	26～34	34～54	55～134	135 以上及齿条
齿形								

3.9.3　滚齿加工

1. 滚齿加工方法与原理

滚齿加工是按展成法加工齿轮的一种方法，如图 3-111(a)所示。滚刀在滚齿机上滚切齿轮的过程与一对螺旋齿轮的啮合过程相似。滚刀相当于一个单齿(或双齿)大螺旋角齿轮，只是齿轮齿面上开有容屑槽和切削刃。当它与齿坯作强迫啮合运动时，即切去齿坯上的多余材料，齿坯上将留下滚刀切削刃的包络面，形成一个新的齿轮。如图 3-111(b)所示为齿廓的展成过程。

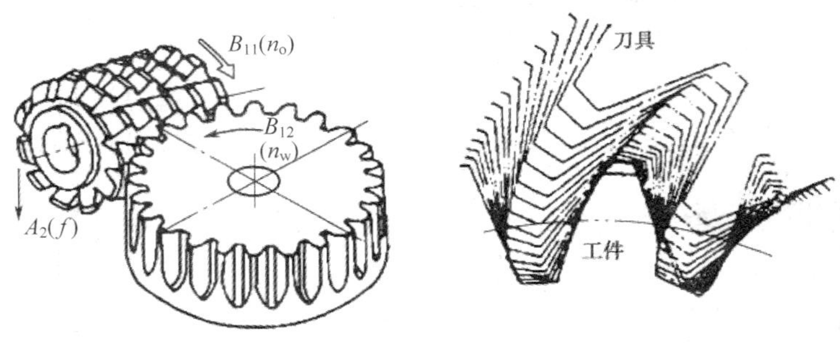

(a) 滚齿加工　　(b) 齿廓的展成过程

图 3-111　滚齿加工方法与原理

2. 滚齿机

滚齿机主要用于加工直齿和斜齿圆柱齿轮，如图 3-112 所示为滚齿机的外形图。立柱固定在床身上，刀架溜板可沿立柱导轨上下移动，刀架安装在刀架溜板上，可绕自己的水平轴线转动。滚刀安装在刀杆上作旋转运动。工件安装在工作台的心轴上，随同工作台一起转动。后立柱和工作台一起装在床身上，可沿机床水平导轨移动，用于调整径向位置或作径向进给运动。

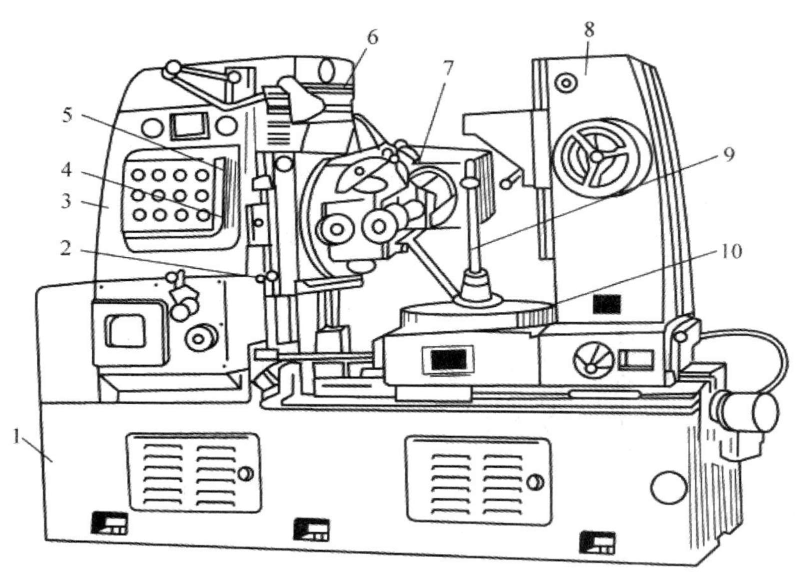

1—床身；2—挡铁；3—立柱；4—行程开关；5—挡铁；6—刀架；
7—刀杆；8—支撑架；9—齿坯心轴；10—工作台

图 3-112　滚齿机的外形图

3. 齿轮滚刀

由滚切原理可知，齿轮滚刀是一个开出了容屑槽和切削刃的单头(或多头)螺旋齿轮，即蜗杆。

通常把滚刀切削刃所在的蜗杆叫基本蜗杆，如图 3-113 所示。根据螺旋齿轮的啮合性质，此蜗杆的法向模数和压力角应分别等于被切齿轮的模数和压力角，其端面齿形都应是渐开线。

从理论上讲，只有以渐开线蜗杆为基本蜗杆的齿轮滚刀，其造型误差才是零。但由于渐开线蜗杆轴截面和法截面都是曲线，制造较为困难，故生产中采用阿基米德蜗杆代替渐开线蜗杆。这样，虽然会产生一定的造型误差，但制造比较容易。

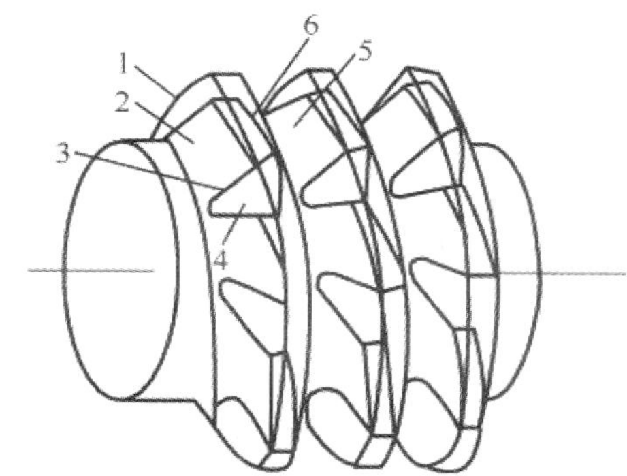

1—蜗杆表面；2—侧刃后刀面；3—侧刃；4—滚刀前刀面；5—齿顶刃；6—顶刃后刀面

图 3-113　齿轮滚刀基本蜗杆

图 3-113 表示出了齿轮滚刀和基本蜗杆的关系。齿轮滚刀有容屑槽和后角，但必须保证它的切削刃在基本蜗杆齿面上，这就确定了滚刀的基本结构。齿轮滚刀一般分为如下几种：

1) 整体齿轮滚刀

如图 3-114 所示为整体齿轮滚刀的结构示意图。滚刀的容屑槽形成前刀面，目前，生产中使用的滚刀多为零前角，齿轮滚刀的顶刃和侧刃均经铲磨以得到后刀面和后角。

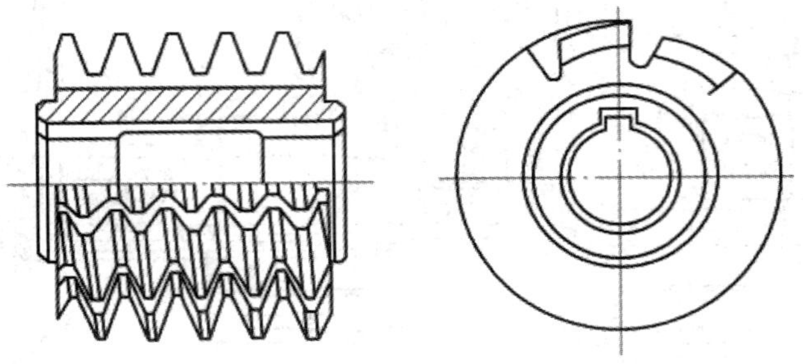

图 3-114 整体齿轮滚刀的结构示意图

顶刃和侧刃应有相同的铲磨量，以保证滚刀刃磨后齿形基本不变。滚刀的顶刃后角一般取 100°～120°，这时侧刃后角大约为 30°。为便于铲磨砂轮的退刀，滚刀齿背应为双重铲齿。

一般的齿轮滚刀都做成带内孔的套装结构。内孔直径应做得足够大，以保证刀杆有足够的刚度。齿轮滚刀两端的轴肩是经过磨制的，和内孔同心。齿轮滚刀装在机床的刀杆上后，用它来测径向跳动。

齿轮滚刀大多为单头，这样螺旋升角较小，加工齿轮时精度较高。粗加工用的滚刀有时做成双头，以提高生产率。

2) 镶齿齿轮滚刀

当齿轮滚刀模数较大时，一般做成镶齿结构。这样既可节约高速钢，又能使高速钢刀片容易锻造，得到较细的金相组织，有时中等模数滚刀也采用镶齿结构。

3) 硬质合金滚刀

滚刀是断续切削的，刀齿需承受较大的冲击，所以采用硬质合金比较困难，目前生产中使用的滚刀主要是由高速钢制造的。但经过多年的研究和开发，硬质合金滚刀已在一些加工中得到应用。

3.9.4 插齿加工

插齿主要用于加工内外啮合的圆柱齿轮、扇形齿轮、齿条等，尤其适于加工内齿轮和多联齿轮，这是其他机床无法加工的，但插齿机不能加工蜗轮。

1. 插齿加工原理

插齿也是按展成法加工齿轮的一种方法。插齿机加工齿轮的过程，相当于一对圆柱齿轮的啮合过程。齿坯是一个齿轮，插齿刀是带有切削刃的另一个齿轮，它的模数和压力角与被切齿轮相同。

图 3-115 所示为插齿原理及插齿时所需的展成运动。其中插齿所需的展成运动可分解

为插齿刀的旋转 B_{11} 和齿坯的旋转 B_{12}，从而生成渐开线齿廓。

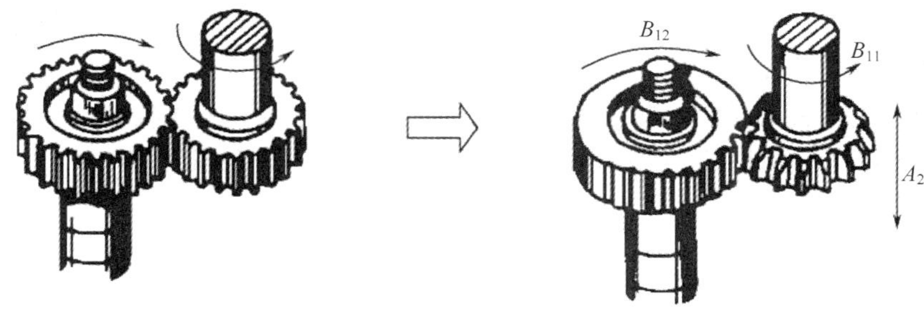

图 3-115　插齿原理及插齿时所需的展成运动

插齿刀上下的往复运动 A_2 是切削运动中的主运动。当需要插制斜齿轮时，插齿刀主轴将在一个专用螺旋导轨上运动，这样，在上下往复运动时，由于导轨的作用，插齿刀便能产生一个附加转动。

插齿时，插齿刀和齿坯除完成展成运动和主运动外，还应有一个径向进给运动，进给到全齿深时停止进给，齿坯和插齿刀继续作啮合运动一周，全部轮齿就切削完了。然后，插齿刀与工件分开，机床停机。由于插齿刀在往复运动的回程时不切削，为了减小刀具的磨损，机床还应有一让刀运动，以便回程时，插齿刀有一退出动作，使切削刃稍稍离开工件。

2. 插齿机

Y5132 型插齿机外形如图 3-116 所示。它主要由床身、立柱、刀架、主轴、工作台、工作台溜板等部件组成。

立柱固定在床身上，插齿刀安装在刀具主轴上，工件装夹在工作台上，工作台溜板可沿床身导轨作工件径向切入进给运动及快速接近或快退运动。

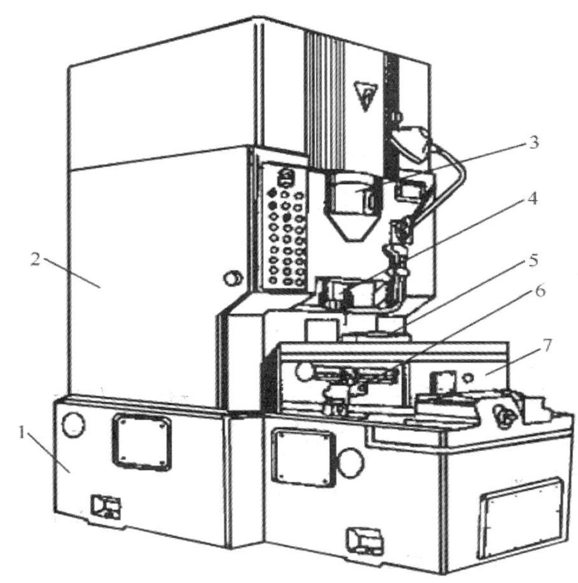

1—床身；2—立柱；3—刀架；4—主轴；5—工作台；6—挡块支架；7—工作台溜板

图 3-116　Y5132 型插齿机外形

3. 插齿刀

插齿刀分为标准直齿插齿刀和斜齿插齿刀两种。标准直齿插齿刀有 3 种形式，其类型和结构如图 3-117 所示。

(1) 盘形插齿刀(见图 3-117(a))主要用于加工外啮合齿轮和大直径内啮合齿轮。

(2) 碗形插齿刀(见图 3-117(b))主要用于加工多联齿轮和某些内齿轮。

(3) 锥柄直齿插齿刀(见图 3-117(c))主要用于加工内齿轮。

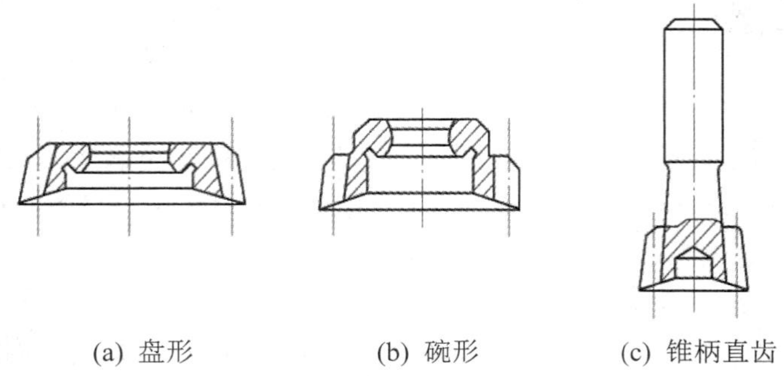

(a) 盘形　　(b) 碗形　　(c) 锥柄直齿

图 3-117　标准直齿插齿刀的类型和结构

插齿刀的精度等级有 AA 级、A 级和 B 级 3 种。在合适的工艺条件下，AA 级用于加工 6 级齿轮，A 级用于加工 7 级齿轮，B 级用于加工 8 级齿轮。

插齿刀一般用高速钢制造，为整体结构。大直径插齿刀也有做成镶齿结构的。

3.9.5　磨齿加工

按齿形的形成方法，磨齿也有成形法和展成法两种。大多数磨齿均以展成法来加工。磨齿加工主要用于对高精度齿轮或淬硬的齿轮进行齿形的精加工，齿轮的加工精度可达 IT6 以上。

1. 连续分度展成法磨齿原理

连续分度展成法磨齿是利用蜗杆形砂轮来磨削齿轮轮齿的，其工作原理和滚齿相同，如图 3-118 所示。由于在加工过程中，蜗杆形砂轮连续地磨削工件的齿形，所以其生产率是最高的。这种磨齿方法的缺点是砂轮修磨困难，磨削不同模数的齿轮时需要更换砂轮，因此，这种磨齿方法适用于中小模数齿轮的成批和大量生产。

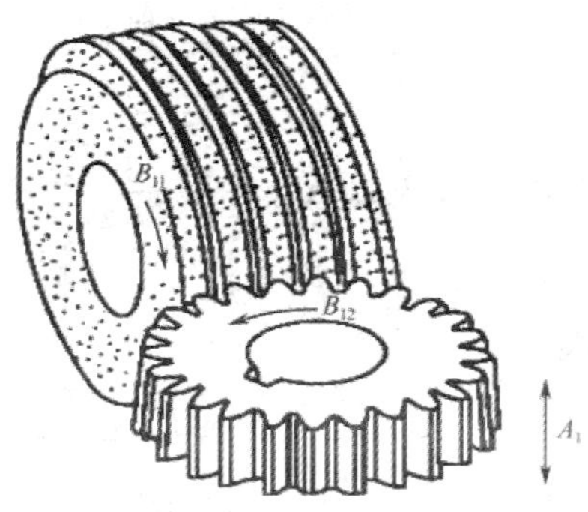

图 3-118　蜗杆形砂轮磨齿工作原理

2. 单齿分度展成法磨齿原理

单齿分度展成法磨齿根据砂轮形状不同有锥形砂轮磨齿和双片碟形砂轮磨齿两种方法，二者都是利用齿条和齿轮的啮合原理来磨削齿轮的。磨齿时被加工齿轮每往复滚动一次，完成一个或两个齿面的磨削，因此，需经多次分度及加工才能完成全部轮齿齿面的加工。

双片碟形砂轮磨齿是用两个碟形砂轮的端平面来形成假想齿条的两个齿侧面(见图3-119(a))，同时磨削齿槽的左右齿面。磨削过程中，主运动为砂轮的高速旋转运动 B_1；工件既作旋转运动 B_{31}，同时又作直线往复移动 A_{32}，工件的这两个运动就是形成渐开线齿形所需的展成运动。为了磨削整个齿轮宽度，工件还需要作轴向进给运动 A_2；在每磨完一个齿后，工件还需进行分度。

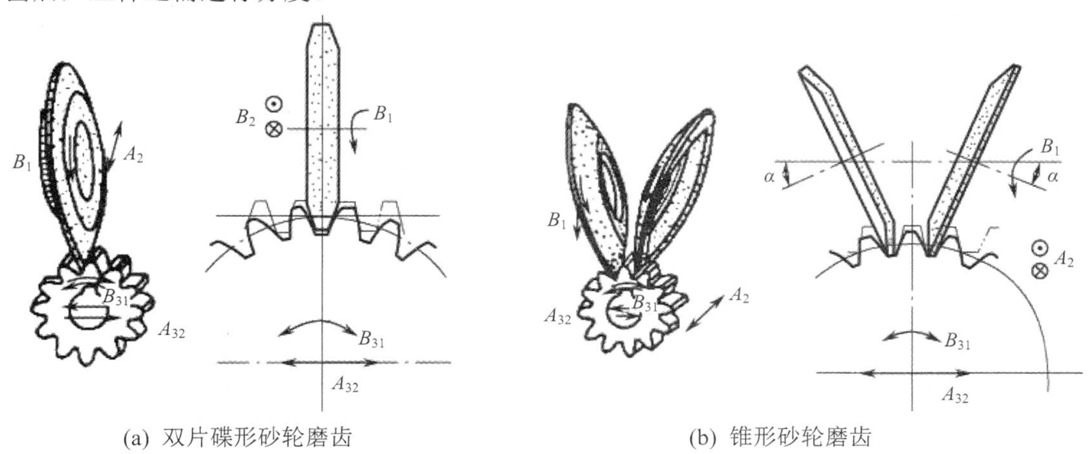

(a) 双片碟形砂轮磨齿　　(b) 锥形砂轮磨齿

图3-119　单齿分度展成法磨齿原理

锥形砂轮磨齿是用锥形砂轮的两侧面形成假想齿条一个齿的两齿侧来磨削齿轮的，如图3-119(b)所示。磨削过程中，砂轮除了作高速旋转主运动 B_1 外，还作纵向直线往复运动 A_2，以便磨出整个齿宽。其展成运动是由工件作旋转运动 B_{31}，同时又作直线往复运动 A_{32} 来实现的。工件往复滚动一次，磨完一个齿槽的两侧面后，再进行分度，磨削下一个齿槽。

3.9.6　剃齿加工和珩齿加工

1. 剃齿加工

剃齿常用于未淬火圆柱齿轮的精加工(IT6 以上)。它的生产效率很高，是软齿面精加工最常见的加工方法之一。

剃齿是由剃齿刀带动工件自由转动，并模拟一对螺旋齿轮作双面无侧隙啮合的过程。剃齿刀与工件的轴线交错成一定角度，可视为一个高精度的斜齿轮，并在齿面上沿渐开线齿向开了很多槽，形成切削刃。

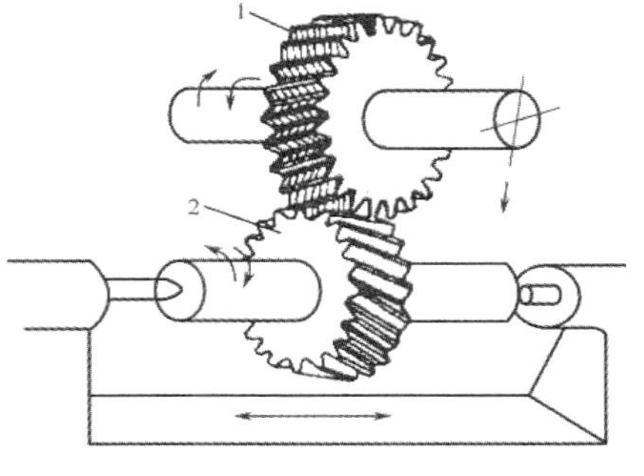

1—左旋剃齿刀；2—右旋被剃齿轮

图3-120　剃齿刀及剃齿工作原理

如图3-120所示为一把左旋剃齿刀和右旋被剃

齿轮相啮合。由于剃齿刀和工件是一对螺旋齿轮啮合，因而在啮合点处的速度方向不一致，使剃齿刀与工件齿面之间沿齿宽方向产生相对滑动，这个滑动速度就是切削速度。由于该速度的存在，使梳形刀刃从工件齿面上切下微细的切屑。为了使工件齿形的两侧能获得相同的剃削效果，剃齿刀在剃齿过程中应交替变换转动方向。

剃齿加工效率高，成本比磨齿低。剃齿对齿轮切向误差的修正能力差，因此，在工序安排上应采用滚齿作为剃齿的前道工序。剃齿对齿轮的齿形误差和基节误差有较强的修正能力，因而有利于提高齿轮的齿形精度。

2. 珩齿加工

珩齿加工是对淬硬齿轮进行精加工的一种方法。它主要用于去除热处理后齿面上的氧化皮，减小轮齿表面粗糙度，从而降低齿轮传动的噪声。

珩齿所用的刀具是珩轮，它是一个含有磨料的塑料螺旋齿轮。珩齿的运动与剃齿相同。珩齿加工时，珩轮与工件在自由啮合中靠齿面间的压力和相对滑动，由磨料进行切削。

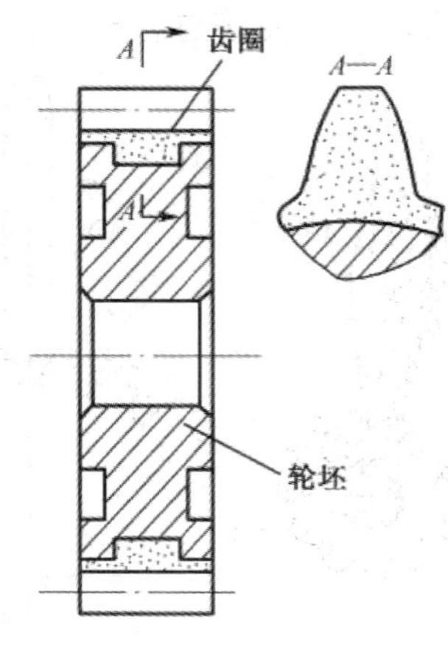

图 3-121　珩轮结构

珩轮由轮坯及齿圈构成，如图 3-121 所示。轮坯为钢质，齿圈部分是用磨料(氧化铝、碳化硅)、结合剂(环氧树脂)和固化剂(乙二胺)浇注而成，结构与磨具相似，只是珩齿的切削速度远低于磨削，但大于剃齿。因此，珩齿过程实际上是低速磨削、研磨和抛光的综合过程。由于珩轮的弹性较大，所以修正误差的能力较差。珩齿后表面的粗糙度 *Ra* 值为 1.25～0.16 μm。

3.10　螺纹加工

螺纹加工的方法很多，常用的有车螺纹、铣螺纹、攻螺纹、套螺纹、磨螺纹、滚压螺纹和搓丝等。各加工方法均具有不同的特点。

3.10.1　螺纹的车削加工

1. 螺纹车刀

1) 螺纹车刀的种类、特点及应用

螺纹车刀是一种具有螺纹廓形的成形车刀。其结构简单、通用性好，可用来加工各种形状尺寸和精度的内、外螺纹，多在普通车床上使用。用螺纹车刀车螺纹的生产效率较低，加工质量主要取决于操作者的技术水平及机床、刀具本身的精度。

螺纹车刀主要用于中、小批量及单件螺纹的加工。螺纹刀具材料主要是高速钢和硬质合金。常用螺纹车刀如图 3-122 所示。

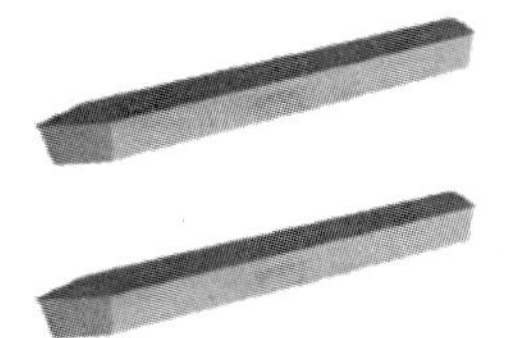

(a) 高速钢外螺纹车刀

(b) 焊接式硬质合金外螺纹车刀

(c) 机夹式硬质合金外螺纹车刀

(d) 机夹式硬质合金内螺纹车刀

图 3-122　常用螺纹车刀

2) 螺纹车刀几何参数

螺纹车刀的几何参数如图 3-123 所示，包括螺纹车刀的径向前角 γ_0 和螺纹车刀的顶刃后角 α_0 及侧刃后角 α_n。

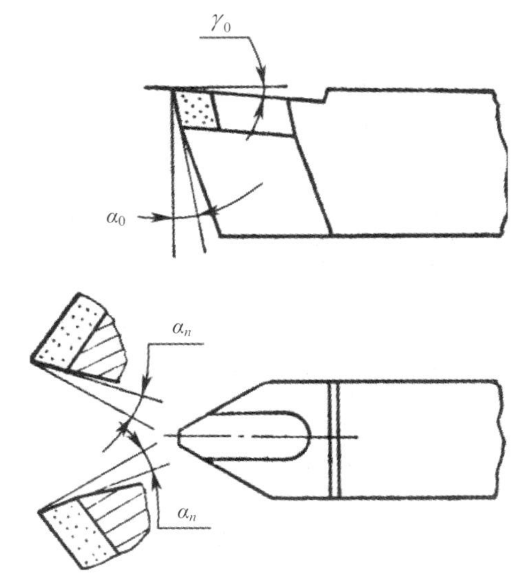

图 3-123　螺纹车刀的几何参数

径向前角 γ_0 的选择：螺纹精车刀一般为 0°～5°；螺纹粗车刀一般为 10°～15°；车有色金属、软钢时一般为 15°～25°；车硬材料、高强度材料时为-5°～-10°。

螺纹车刀的顶刃后角 α_0 的选择：高速钢车刀一般为 40°～60°，硬质合金车刀一般为 3°～5°。

侧刃后角 α_n 的选择：高速钢车刀一般为 3°～5°，硬质合金车刀一般为 2°～4°。

2. 三角形螺纹的车削

车削三角形螺纹时，中径尺寸应符合相应的精度要求；牙型角必须准确，两牙型半角应相等；牙型两侧面的表面粗糙度值要小；螺纹轴线与工件轴线应保持同轴。

1) 三角形螺纹车刀及其刃磨

(1) 三角形螺纹车刀的选择。三角形外螺纹车刀常采用高速钢外螺纹车刀(见图 3-124)和硬质合金外螺纹车刀(见图 3-125)。

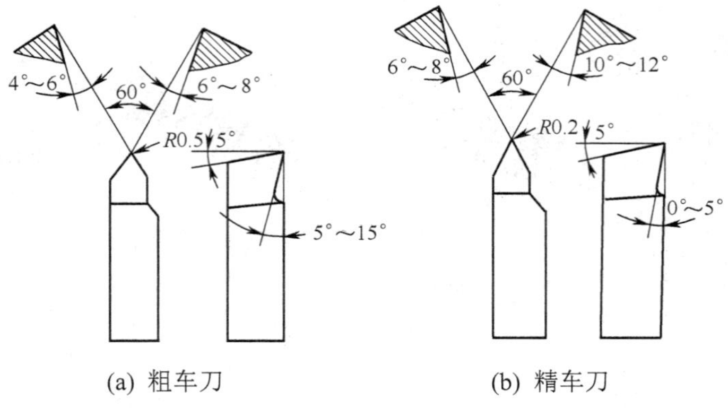

(a) 粗车刀　　(b) 精车刀

图 3-124　高速钢外螺纹车刀

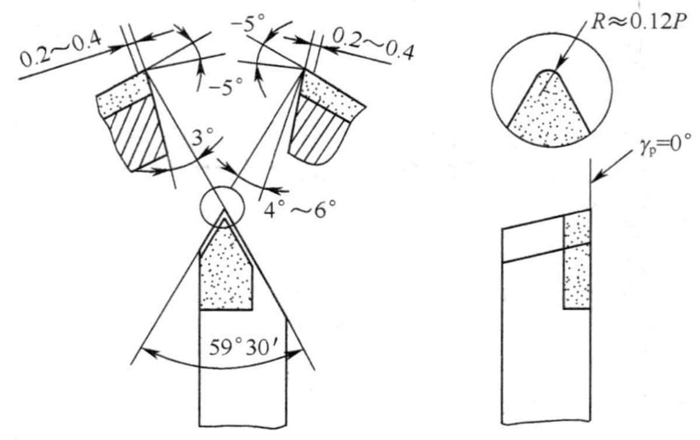

图 3-125　硬质合金外螺纹车刀

(2) 车刀刃磨步骤。

① 粗磨左、右侧后刀面，如图 3-126(a)、(b)所示，初步形成刀尖角、进刀后角，用对刀样板检查刀尖角。

② 粗、精磨前刀面，形成前角，如图 3-126(c)所示。

③ 精磨左、右侧后刀面，形成左、右后角，刀尖角和进刀角。检测两侧后角并修正。

④ 刃磨刀尖倒棱。

⑤ 用油石研磨前、后刀面。

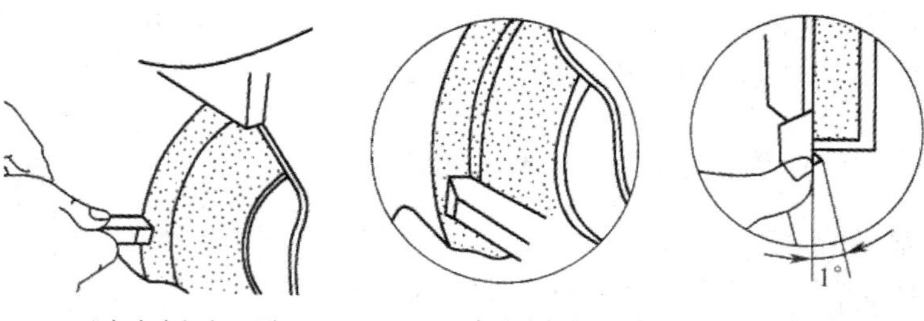

(a) 刃磨左侧后刀面　　(b) 刃磨右侧后刀面　　(c) 刃磨前刀面

图 3-126　车刀刃磨步骤

2) 螺纹车刀的装夹

(1) 装夹车刀时，刀尖位置一般应对准工件轴线中心。

(2) 螺纹车刀的两刀尖角半角的对称中心线应与工件轴线垂直，装刀时可用样板对刀，如图 3-127(a)所示，如图 3-127(b)所示表示车刀装斜。

(3) 螺纹车刀不宜伸出刀架过长，一般伸出长度为刀柄厚度的 1.5 倍。

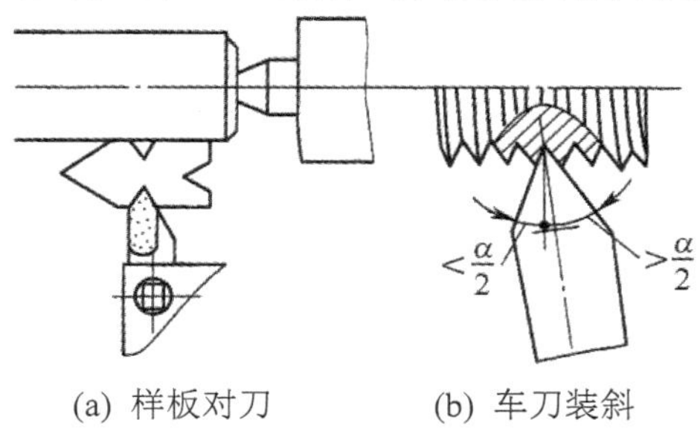

(a) 样板对刀　　(b) 车刀装斜

图 3-127　螺纹车刀的装夹

3) 三角形螺纹的车削方法

(1) 车有退刀槽螺纹的方法主要包括提开合螺母法与开倒顺车法。

① 提开合螺母法车螺纹，俗称“抬闸法”。车螺纹时车到位置了就退刀，马上提起开合螺纹车削手柄(就是专门用于车螺杆的那个手柄)，不用车床打反转，再把大拖板用手摇到开头后再按下开合螺母车第二刀，反复这样操作，直到车好螺纹，此方法车螺纹适用于加工小螺距、高转速或是螺纹退刀槽较短的工件。

② 开倒顺车法车螺纹。车螺纹时，通过对刀在大托板上记住退刀尺寸，在中拖板上记住进刀尺寸，压下开合螺母，主轴旋转进第一刀，左手持离合器手柄，右手持中拖板手柄，大托板到位后迅速中拖板退刀，同时离合器开反转倒车，然后进第二刀，如此反复直至尺寸到位，适用于螺距较大、精度较高、或工件螺距与丝杠螺距不是整数倍的情况。

(2) 车无退刀槽螺纹。车削无退刀槽螺纹时，先在螺纹的有效长度处用车刀刻划一道刻线。当螺纹车刀移动到螺纹终止线刻线处时，应横向迅速退刀并提起开合螺母或压下操纵杆开倒车。

(3) 车削方法。车削方法包括直进法、斜进法和左右切削法。

(4) 低速车螺纹的步骤。低速车削螺纹时，要选择粗、精车用量，并在一定进给次数内完成车削。切削用量选择如下：

① 切削速度：粗车时 $v_c = 10 \sim 15$ m/min；精车时 $v_c < 6$ m/min。

② 背吃刀量：车螺纹时，总背吃刀量 α_p 与螺距的关系是 $\alpha_p \approx 0.65$ P。

③ 进给次数：第一次进刀 $\alpha_p/4$，第二次进刀 $\alpha_p/5$，逐次递减，最后留 0.2 mm 的精车余量。

3. 梯形螺纹的车削

梯形螺纹有米制和英制两种，米制梯形螺纹的牙型角为 30°，英制梯形螺纹的牙型角为 29°。我国常用的是米制梯形螺纹。

1) 梯形螺纹车刀及其刃磨

车梯形螺纹时，径向切削力较大。为减小切削力，梯形螺纹车刀分粗车刀和精车刀两种。梯形螺纹车刀刃磨的主要参数是螺纹的牙型角和牙底槽宽度。

梯形螺纹车刀有高速钢梯形螺纹车刀(见图 3-128)、硬质合金梯形螺纹车刀(见图

3-129)。

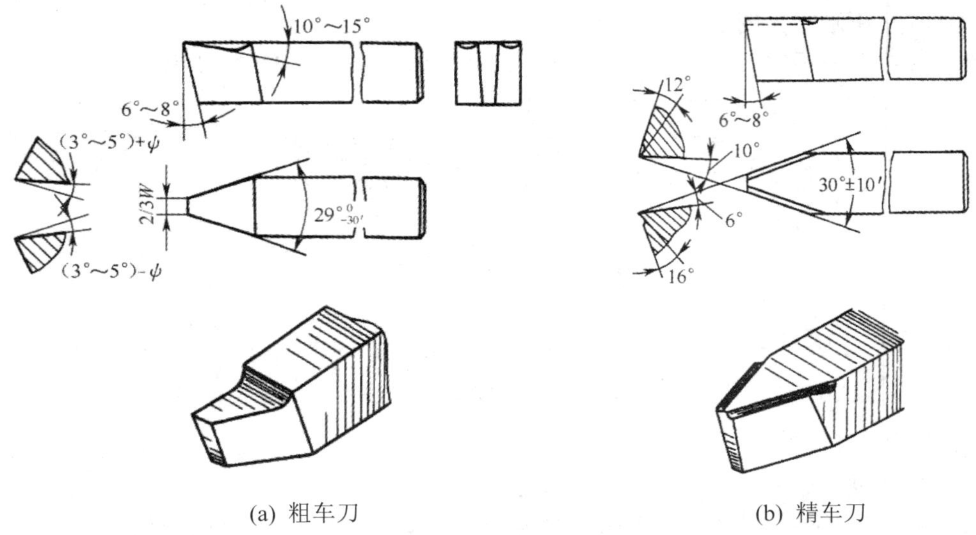

(a) 粗车刀　　(b) 精车刀

图 3-128　高速钢梯形螺纹车刀

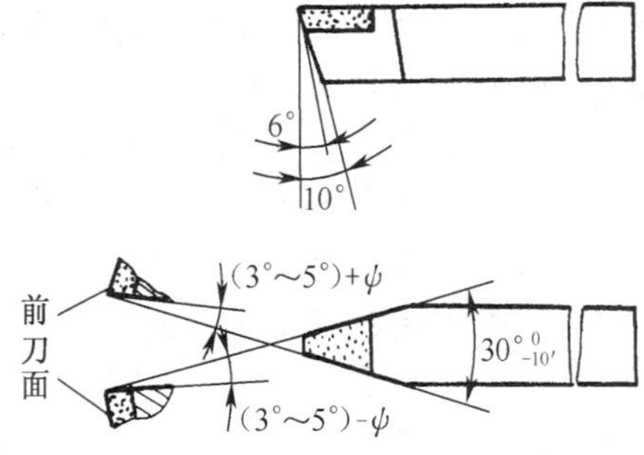

图 3-129　硬质合金梯形螺纹车刀

2) 梯形螺纹车刀的装夹

梯形螺纹车刀的刀尖应与工件轴线等高，如图 3-130 所示。

切削刃夹角的平分线应垂直于工件轴线，装刀时用对刀样板校正，以免产生螺纹半角误差。

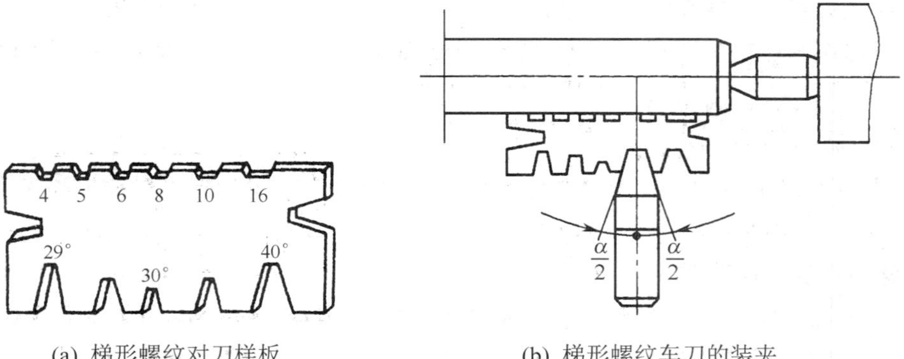

(a) 梯形螺纹对刀样板　　(b) 梯形螺纹车刀的装夹

图 3-130　梯形螺纹车刀的装夹

3) 梯形螺纹的车削方法

(1) 低速切削法。

低速切削螺距 4～8 mm 螺纹时，除了用中拖板刻度控制螺纹车刀的垂直吃刀外，还可同时使用小拖板的刻度，把车刀左、右微量进给(借刀)。这样重复切削几次行程，直至螺纹的牙形全部车好，称为左右切削法，如图 3-131(a)所示，采用此方法时车刀刀尖全部参加切削，螺纹不易车光，并且容易产生扎刀现象，为了保护好螺纹车刀的刀尖，建议先通过车直槽法粗车，如图 3-131(b)所示，再用左右切削法成形，最后通过精车梯形螺纹进行修正，如图 3-131(c)所示，这样既能提高螺纹质量，又能保护好车刀。

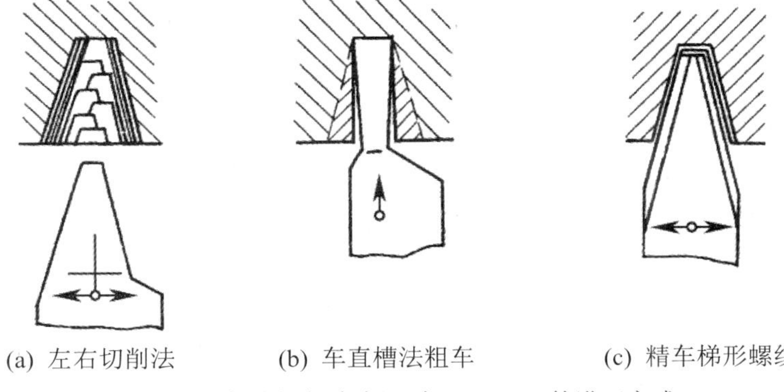

(a) 左右切削法　(b) 车直槽法粗车　(c) 精车梯形螺纹

图 3-131　低速切削法(螺距为 4～8 mm 的进刀方式)

低速切削螺距大于 8 mm 的梯形螺纹时，一般先车阶梯槽，如图 3-132(a)所示，然后用成形刀进行左右切削法半精车螺纹两侧面进行成形，如图 3-132(b)所示，最后用精车刀对梯形螺纹进行修正，如图 3-132(c)所示。

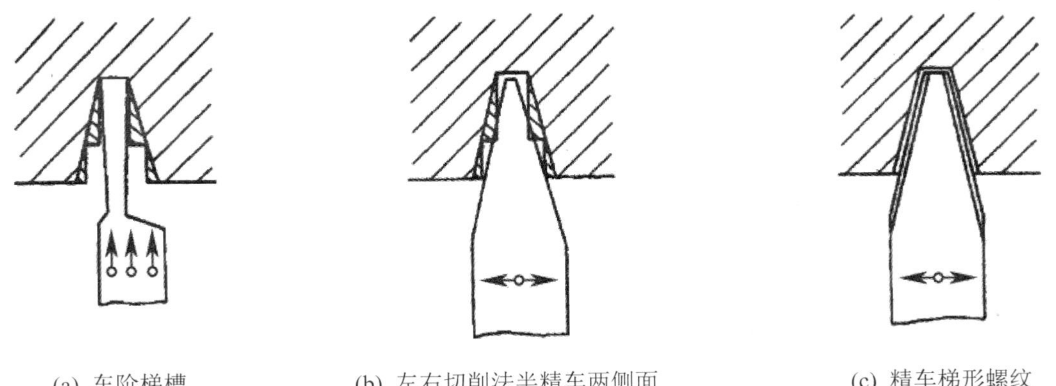

(a) 车阶梯槽　(b) 左右切削法半精车两侧面　(c) 精车梯形螺纹

图 3-132　低速切削法(螺距大于 8 mm 的进刀方式)

(2) 高速切削法。

对于精度要求较低的，特别是工件长度较短的梯形外螺纹，可采用一把车刀高速车削的方法进行，如图 3-133(a)所示。由于切屑倾斜排出，易擦伤螺纹牙侧表面，故不应采用左右切削法。对于精度要求较高的螺纹，高速切削螺纹时，可用三把车刀进行切削，如图 3-133(b)所示，首先用一把粗车刀将螺纹粗车成形，然后用切槽刀将螺纹牙底车至规定尺寸，最后使用精车刀精车牙型侧面。

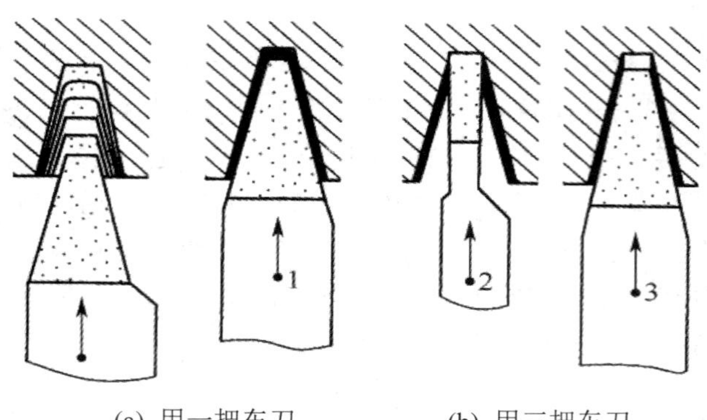

(a) 用一把车刀　　(b) 用三把车刀

图 3-133　高速车梯形螺纹的方法

4. 内螺纹的加工

内螺纹有通孔内螺纹、台阶孔内螺纹和不通孔内螺纹 3 种形式。

车三角形内螺纹的方法与车三角形外螺纹的方法基本相同，但进刀与退刀的方向正好相反。梯形内螺纹的车削方法与三角形内螺纹的车削方法基本相同。

车内螺纹时，应根据不同的螺纹形式选择用不同的内螺纹车刀，如图 3-134 所示。

装夹螺纹车刀时，将刀尖正对工件中心，再用对刀样板对刀装夹，如图 3-135 所示。

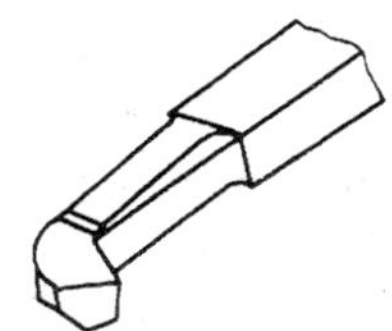

(a) 整体式(高速钢)

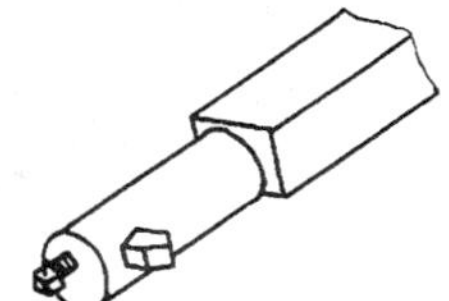

(b) 垂直机夹式(硬质合金)

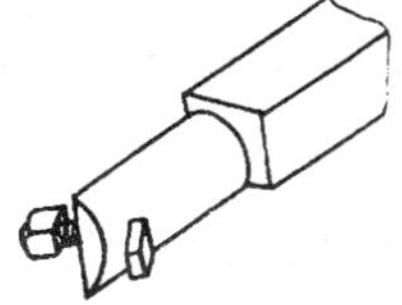

(c) 斜机夹式(硬质合金)

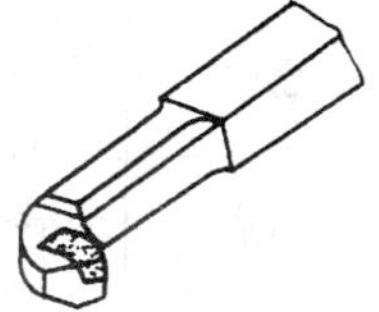

(d) 焊接式

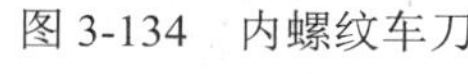

图 3-134　内螺纹车刀

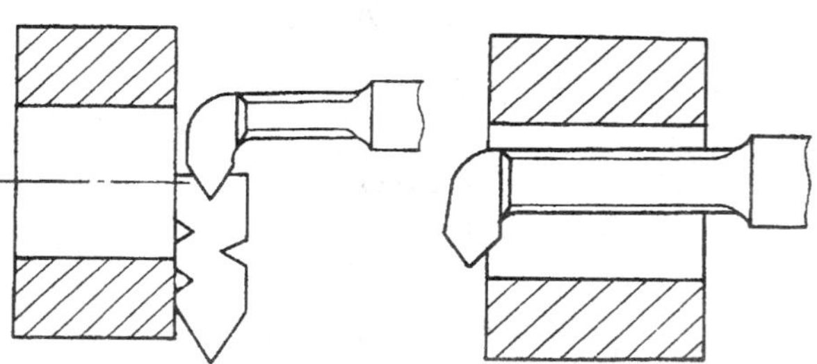

图 3-135　样板对刀装夹

3.10.2　使用丝锥和板牙加工螺纹

1. 攻螺纹

攻螺纹是指用丝锥在圆柱孔内或圆锥孔内切削内螺纹。

丝锥(见图 3-136)是用高速钢制成的一种多刃刀具，可以加工车刀无法车削的小直径内螺纹。

攻螺纹前，螺纹孔径应稍大于螺纹小径，孔深要大于规定的螺纹深度，并且要先车出孔口倒角。

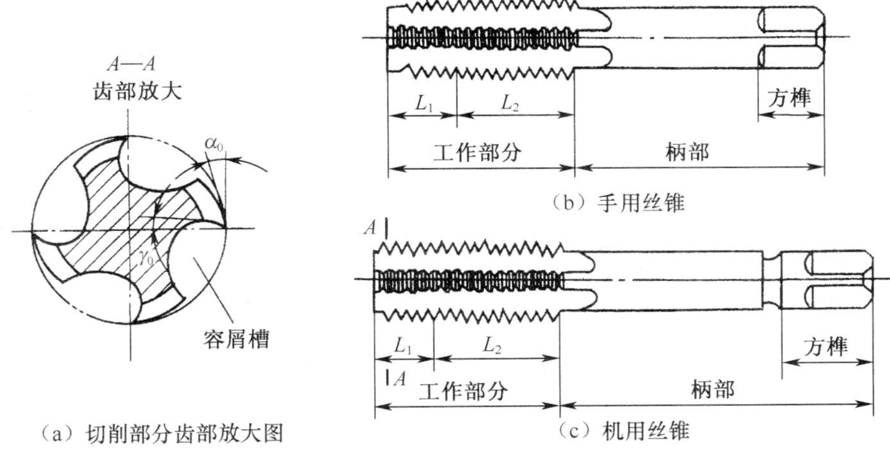

（a）切削部分齿部放大图　（b）手用丝锥　（c）机用丝锥

图 3-136　丝锥

攻螺纹的方法如图 3-137 所示。

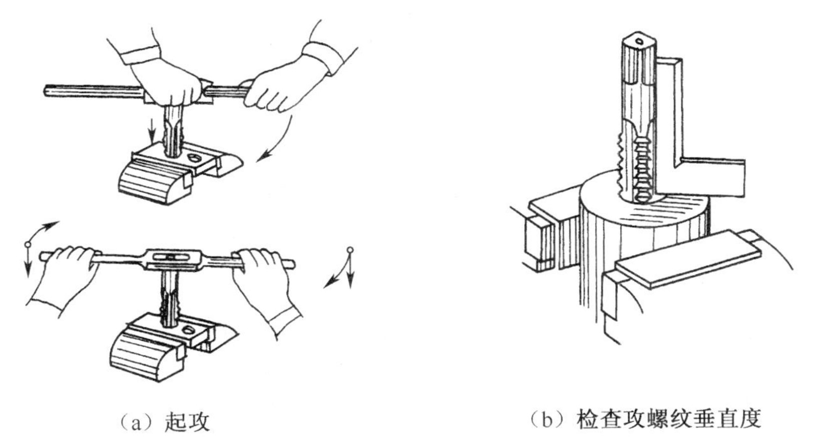

（a）起攻　（b）检查攻螺纹垂直度

图 3-137　攻螺纹的方法

2. 套螺纹

套螺纹是指用板牙(见图 3-138)或螺纹切头在外圆柱面或外圆锥面上切削外螺纹。

要使用板牙套螺纹，待加工工件必须满足下列条件：

(1) 用板牙套螺纹通常适用于加工公称直径小于 16 mm 或螺距小于 2 mm 的外螺纹。

(2) 由于套螺纹时工件材料受板牙的挤压而产生变形，牙顶将被挤高，所以套螺纹前工件外圆应车削至略小于螺纹大径。

(3) 外圆车好后，端面必须倒角，倒角后端面直径应小于螺纹小径，以便于板牙切入工件。

(4) 板牙端面应与主轴轴线垂直。

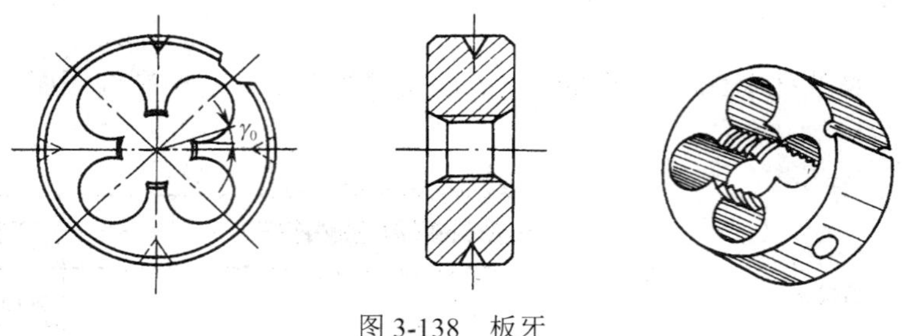

图 3-138　板牙

3.10.3　其他螺纹加工方法

1. 磨螺纹

磨螺纹是精加工螺纹的一种方法，用廓形经修整的砂轮在螺纹磨床上进行，如图 3-139 所示。其加工精度可达 IT 6～IT 4，表面粗糙度 $Ra \leqslant 0.8\ \mu m$。

根据采用的砂轮类型不同，外螺纹的磨削分为单线砂轮磨削和多线砂轮磨削，最常见的是单线砂轮磨削。

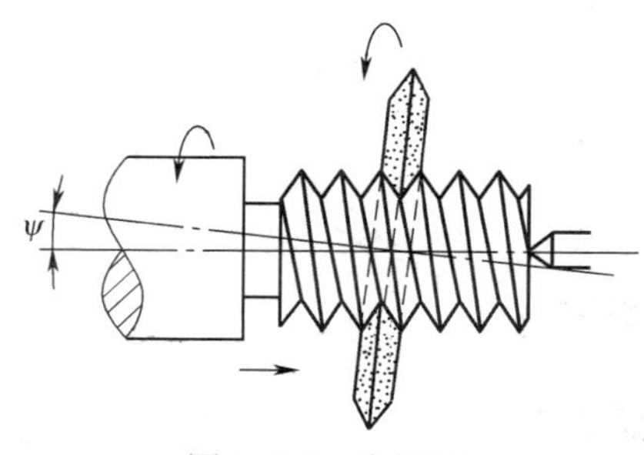

图 3-139　磨螺纹

2. 铣螺纹

铣螺纹是在螺纹铣床上用螺纹铣刀加工螺纹的方法，其原理与车螺纹基本相同，如图 3-140 所示。由于铣刀齿多，转速快，切削用量大，故比车螺纹生产率高。

但铣螺纹是断续切削，振动大，不平稳，铣出的螺纹表面较粗糙，因此铣螺纹多用于加工大批量、精度不太高的螺纹表面。

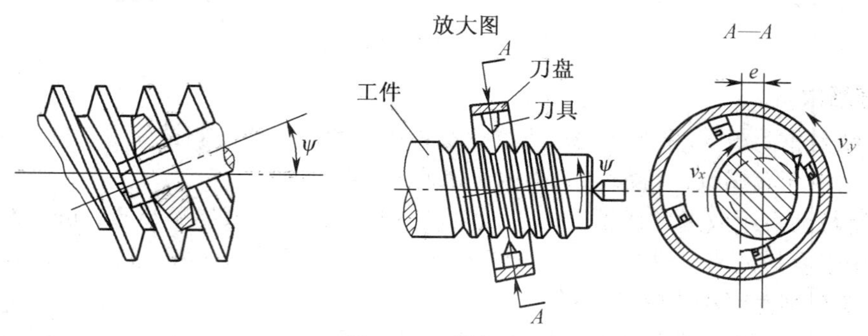

图 3-140　铣螺纹

3. 滚压螺纹

滚压螺纹是指用成形滚压模具使工件产生塑性变形以获得螺纹的加工方法。

按滚压模具的不同，滚压螺纹可分搓丝和滚丝两类。

1) 搓丝

如图 3-141 所示，将两块带螺纹牙型的搓丝板错开 1/2 螺距相对布置，静板固定不动，动板作平行于静板的往复直线运动。当把工件送入两板之间后，动板前进搓压工件，使其表面产生塑性变形而形成螺纹。

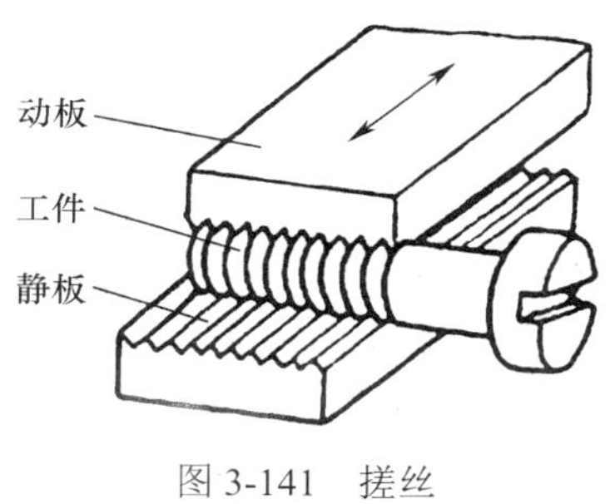

图 3-141　搓丝

2) 滚丝

滚丝有径向滚丝、切向滚丝和滚压头滚丝 3 种。

如图 3-142 所示，径向滚丝是将 2 个(或 3 个)带螺纹牙型的滚丝轮安装在互相平行的轴上，工件放在两轮之间的支撑上，两轮同向等速旋转。工件在滚丝轮带动下旋转，表面受径向挤压形成螺纹。

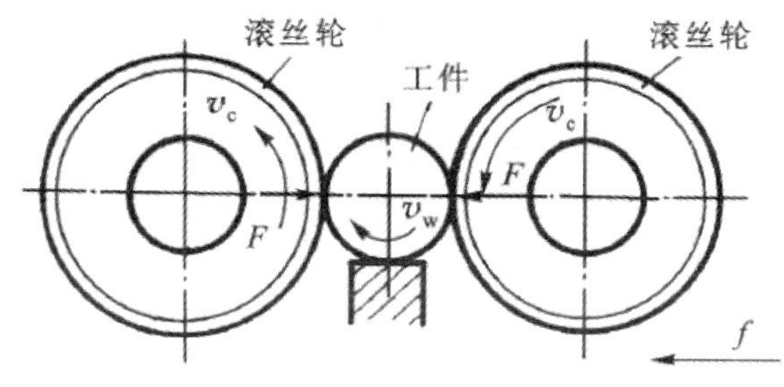

图 3-142　径向滚丝

切向滚丝又称行星式滚丝，滚压工具由 1 个旋转的中央滚丝轮和 3 块固定的弧形丝板组成。

滚压头滚丝是在自动车床上进行的，一般用于加工工件上的短螺纹，滚压头有 3～4 个均布于工件外周的滚丝轮。滚丝时，工件旋转，滚压头轴向进给，将工件滚压出螺纹。

3.10.4　螺纹加工方法的选择

影响螺纹加工的因素有工件结构形状、螺纹牙型、螺纹尺寸和精度、工件材料、热处理要求及生产类型等。

螺纹加工方法的选择应根据零件图样上的技术要求进行合理的选择。一般对直径较大的螺纹大多采用切削加工，而直径小且材料塑性好的螺纹，在批量较大的情况下，广泛采用滚丝方法。

3.11　数 控 机 床

3.11.1　数控机床概述

1. 数控机床的定义、特点及应用

1) 数控机床的定义

数字控制简称为数控(Numerical Control，NC)，是指用数字指令来控制机器动作的方式。采用数控技术的控制系统称为数控系统。采用通用计算机的硬件结构，用控制软件来实现数控功能的数控系统，称为计算机数控(Computer Numerical Control，CNC)系统。装备了计算机数控系统的机床，称为数控机床。

2) 数控机床的特点及应用

(1) 数控机床的特点。

① 柔性较大。改变加工对象后，通过重新编制对象的加工程序，数控机床可以很快地从一种零件的加工转变为另一种零件的加工，大大缩短了生产准备的周期。

② 精度高。数控机床的进给运动采用数字式伺服传动，能保证位移和速度等运动参数的准确性。

③ 能加工形状复杂的零件。数控机床可以同时控制多个坐标轴联动，其他机床很难加工的复杂零件能在数控机床上加工，甚至可以加工复杂的曲面。

④ 使用与维护技术要求高。数控机床集计算机技术、精密测量技术、自动控制技术、精密制造技术等多学科于一体，在机床的使用与维护等方面有较高的要求。此外，由于机床的价格高，一次性投资大，为保证数控机床加工的综合经济效益，要求操作者与维修人员具有较高的专业素质。

(2) 数控机床的应用。如图 3-143 所示，在单件，小批量生产条件下，数控机床最适合加工以下零件：

① 精度要求高、结构复杂的零件。

② 普通机床难以加工，或者能加工，但需要的工艺装备昂贵、复杂。

③ 不允许报废、价格昂贵的关键零件。

④ 要求生产周期短的急需零件。

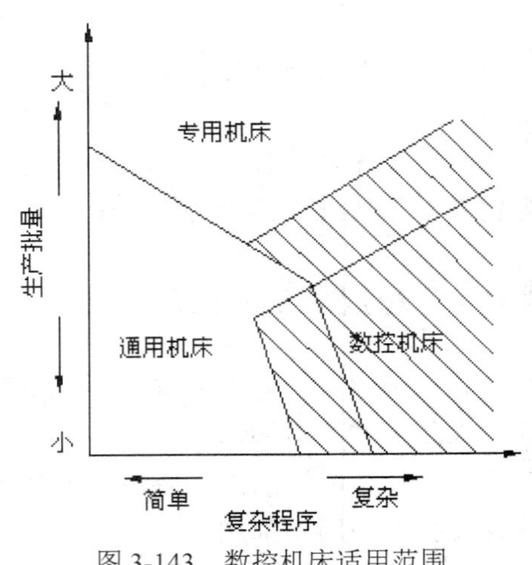

图 3-143　数控机床适用范围

2. 数控机床组成和分类

1) 数控机床的组成

数控机床一般由输入/输出设备、计算机数控装置(CNC 单元)、伺服单元、驱动装置(或称执行机构)、PLC(可编程控制器)、电气回路(电气控制装置)、辅助装置、机床本体及测量反馈装置组成，如图 3-144 所示为数控机床的组成框图。

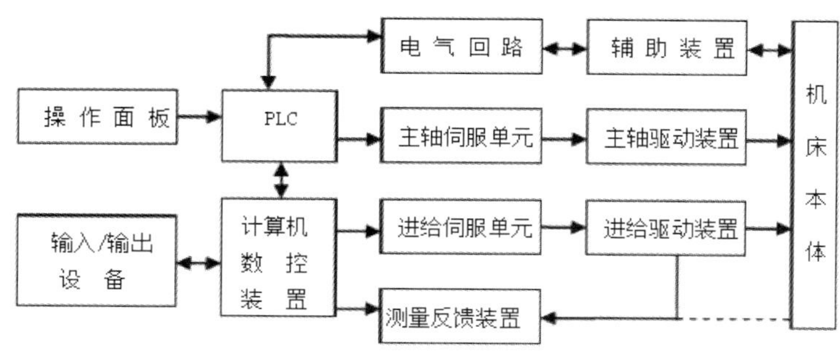

图 3-144　数控机床的组成框图

(1) 机床本体。数控机床的机床本体与传统机床相似，是由主轴传动装置、进给传动装置、床身、工作以及辅助运动装置、液压气动系统、润滑系统、冷却装置等组成的。但数控机床在整体布局、外观造型、传动系统、刀具系统的结构以及操作机构等方面都已发生了很大的变化，这种变化的目的是满足数控机床的要求和充分发挥数控机床的特点。

(2) 计算机数控装置(简称 CNC 单元)。它是数控机床的核心，由信息的输入、处理和输出 3 部分组成。CNC 单元接受数字化信息，经过数控装置的控制软件和逻辑电路进行译码、插补、逻辑处理后将各种指令信息输出给伺服单元，伺服单元驱动相应执行机构作进给运动。

(3) 输入/输出设备。输入设备是将各种加工信息传递给计算机的外部设备。在数控机床产生初期，输入设备为穿孔纸带(现已淘汰)，后来发展成盒式磁带，再发展成磁盘等便携式硬件，现在通用的是 DNC 网络通讯串行通信的方式，极大地方便了信息的输入工作。

输出设备指输出内部工作参数(含机床正常、理想工作状态下的原始参数，故障诊断参数等)的设备，一般在机床刚进入工作状态时需输出这些参数作记录保存，待工作一段时间后，再将输出与原始资料做比较、对照，可帮助判断机床工作是否正常。

(4) 伺服单元。伺服单元由驱动器和驱动电机组成，并与机床上的执行部件和机械传动部件组成数控机床的进给系统。它的作用是把来自数控装置的脉冲信号转换成机床移动部件的运动。对于步进电机来说，每一个脉冲信号使电机转过一个角度，进而带动机床移动部件移动一个微小距离。每个进给运动的执行部件都有相应的伺服驱动系统，整个机床的性能主要取决于伺服单元。

(5) 驱动装置。它把经放大的指令信号变为机械运动，通过简单的机械连接部件驱动机床，使工作台精确定位或按规定的轨迹作严格的相对运动，最后加工出图纸所要求的零件。和伺服单元相对应，驱动装置有步进电机、直流伺服电机和交流伺服电机等伺服单元和驱动装置，合称为伺服驱动系统，它是机床工作的动力装置，CNC 单元的指令要靠伺服驱动系统付诸实施，所以，伺服驱动系统是数控机床的重要组成部分。

(6) PLC(可编程控制器)。可编程控制器(Programmable Controller，PC)是一种以微处理器为基础的通用型自控装置，专门为在工业环境下应用而设计。由于最初研制这种装置的目的是解决生产设备的逻辑及开关控制，故把它称为可编程逻辑控制器(Programmable Logic Controller，PLC)，PLC 用于控制机床顺序动作时，也可称之为编程机床控制器(Programmable Machine Controller，PMC)。PLC 已成为数控机床不可缺少的控制装置。CNC 单元和 PLC 协调配合，共同完成对数控机床的控制。

(7) 测量反馈装置。测量反馈装置也称反馈元件，包括光栅、旋转编码器、激光测距仪、磁栅等。通常安装在机床的工作台或丝杠上，它把机床工作台的实际位移转变成电信号反馈给 CNC 单元，供 CNC 单元与指令值比较产生误差信号，以控制机床向消除该误差的方向移动。

2) 数控机床的分类

数控机床种类较多，通常可按以下方式分类。

(1) 按加工方式，数控机床可分为金属切削类数控机床、金属成形类数控机床、特种加工数控机床及其他类型数控机床。

① 金属切削类数控机床包括数控车床、数控铣床、数控磨床、数控镗床及加工中心等。

② 金属成形类数控机床包括数控压力机、数控折弯机、数控弯管机等。

③ 特种加工数控机床包括数控电火花成形机床、数控电火花线切割机床、数控激光加工机床等。

④ 其他类型数控机床包括数控火焰切割机床、数控三坐标测量机等。

(2) 按伺服系统的控制方式，数控机床可分为开环控制数控机床、半闭环控制数控机床、闭环控制数控机床。

① 开环控制数控机床。在开环控制中，机床通过数控装置将零件的程序处理好，同时输出指令脉冲信号，并驱动步进电机，控制机床工作台移动，进行切削加工。开环控制数控机床没有检测反馈装置，其加工精度不高，主要取决于伺服系统的性能。但系统稳定性不存在问题，调试方便，维修简单。

② 半闭环控制数控机床。在半闭环控制中，不需要检查测量工作台的实际位置，而是通过与伺服电机有联系的速度传感器以及位置检测器测出伺服电机的转角，由此推算出工作台的实际位移量，比较此值与指令值，用差值来实现控制。由于控制回路没有完全将工作台包括在内，因而称之为半闭环控制。此种控制方式介于开环控制与闭环控制之间，精度没有闭环控制高，调试却比闭环控制方便。中等精度以上的数控机床多采用半闭环控制方式。

③ 闭环控制数控机床。在闭环控制中，伺服电机采用直流伺服电机或交流伺服电机，通过速度传感器和位置检测器时刻检测工作台的移动位置并与指令值进行比较，用差值进行控制，直至差值消除为止。此类机床的特点是速度快、精度高，控制系统的成本高，系统稳定性较难控制，调试与维修较复杂。闭环控制主要用于高精度和超高精度机床。

(3) 按功能水平，数控机床可分为低档经济型数控机床、中档数控机床、高档数控机床。

① 低档经济型数控机床。此类数控机床常用开环步进电机驱动，由单片机或单板机控制。脉冲当量为 0.01～0.005 mm，快进速度为 4～10 m/min，用简单的 CRT 或数码管显示，主 CPU 一般为 8 bit 或 16 bit。

② 中档数控机床。此类数控机床采用半闭环直流或交流伺服系统，脉冲当量为 0.005～0.001 mm，快进速度为 15～24 m/min，有齐全的 CRT 显示，可以显示字符和图形，具有人机对话、自诊断等功能，主 CPU 一般为 16 bit 或 32 bit。

③ 高档数控机床。此类数控机床采用闭环的直流或交流伺服系统，脉冲当量为 0.001～0.0001 mm，快进速度为 15～100 m/min，有三维图形显示功能，主 CPU 一般为 32 bit 或 64 bit。

3.11.2　数控车床

数控车床种类较多，结构各异，但也有许多共同之处。下面以 CK6450B 型数控车床为例进行介绍。

1. 数控车床的用途与组成

CK6450B 型数控车床配有 FANUC-OTC 系统，为两坐标、连续控制 CNC 车床。该车床能车削直线、斜线、圆弧及米制、英制螺纹。刀尖半径有补偿功能，适合于加工形状复杂、精度需求高的盘形零件和轴类零件。

CK6450B 型数控车床的主要部件包括床身、主轴箱、转塔刀架、纵向滑板(Z 轴)、横向滑板(X 轴)、尾座及电气控制系统等。

2. 数控车床的主要技术参数

CK6450B 型数控车床的主要技术参数如表 3-15 所示。

表 3-15　CK6450B 型数控车床的主要技术参数

<table>
<tr><th>序号</th><th colspan="2">项　　目</th><th>参　数</th></tr>
<tr><td>1</td><td colspan="2">盘类零件最大车削直径</td><td>500 mm</td></tr>
<tr><td>2</td><td colspan="2">轴类零件最大车削直径</td><td>260 mm</td></tr>
<tr><td>3</td><td colspan="2">最大车削长度</td><td>1000 mm</td></tr>
<tr><td>4</td><td colspan="2">刀架纵向行程</td><td>660 mm</td></tr>
<tr><td>5</td><td colspan="2">刀架横向行程</td><td>275 mm</td></tr>
<tr><td>6</td><td colspan="2">主轴锥孔锥度</td><td>莫氏 6 号</td></tr>
<tr><td>7</td><td colspan="2">主轴孔径</td><td>55 mm</td></tr>
<tr><td rowspan="2">8</td><td rowspan="2">主轴转速范围(无级)</td><td>排档 I</td><td>0～579 r/min</td></tr>
<tr><td>排档 II</td><td>0～1600 r/min</td></tr>
<tr><td>9</td><td colspan="2">刀具数</td><td>6 把</td></tr>
<tr><td rowspan="2">10</td><td colspan="2" rowspan="2">进给速度</td><td>0.01～500 mm/r</td></tr>
<tr><td>1～2000 mm/min</td></tr>
<tr><td rowspan="2">11</td><td rowspan="2">快移速度</td><td>纵向(Z 轴)</td><td>8 m/min</td></tr>
<tr><td>横向(X 轴)</td><td>4 m/min</td></tr>
<tr><td>12</td><td colspan="2">锥孔锥度</td><td>莫氏 5 号</td></tr>
<tr><td rowspan="2">13</td><td rowspan="2">主电动机</td><td>连续</td><td>5.5 kW</td></tr>
<tr><td>30 min</td><td>7.5 kW</td></tr>
<tr><td rowspan="2">14</td><td rowspan="2">伺服电动机</td><td>额定功率</td><td>1.4 kW</td></tr>
<tr><td>额定转速</td><td>1500 r/min</td></tr>
</table>

3. 数控车床的传动系统

CK6450B 型数控车床传动系统如图 3-145 所示，主传动系统由交流变频调速电动机驱动，具有无级调速和恒线速度切削性能，电动机的运动经两级宝塔带轮直接传至主轴。

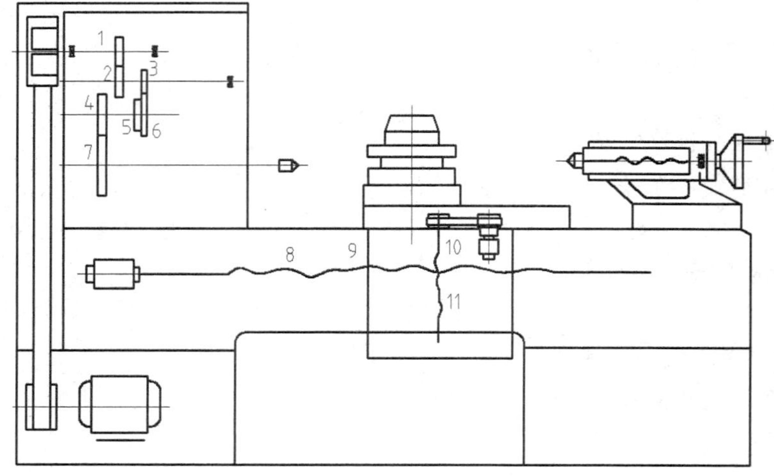

图 3-145　CK6450B 型数控车床传动系统

纵向 Z 轴进给是由伺服电动机直接带动滚珠丝杠，实现纵向滑板的进给。横向 X 轴进给是由伺服电动机驱动，通过同步齿形带传给滚珠丝杠，实现横向滑板的进给。

刀盘转位是由电动机驱动，经齿轮副、蜗杆副实现的。

3.11.3　数控铣床

数控铣床又称 CNC 铣床，是一种加工功能很强的数控机床，目前迅速发展起来的加工中心、柔性加工单元等都是在数控铣床、数控镗床的基础上发展起来的，两者都离不开铣削方式。

1. 数控铣床的基本工作原理

在数控铣床上，操作者要先把零件的加工工艺过程(如加工类别、加工顺序)、工艺参数(如主轴的转速、进给速度、刀具的尺寸)、刀具与工件的相对位移，都用数控语言编写成加工程序单，再将编写好的加工程序单输入到数控装置，加工时，由数控装置根据数控指令控制机床的各种操作和刀具与工件的相对位移。零件加工程序单执行结束后，数控机床自动停止，加工出合格的零件。其工作原理如图 3-146 所示。

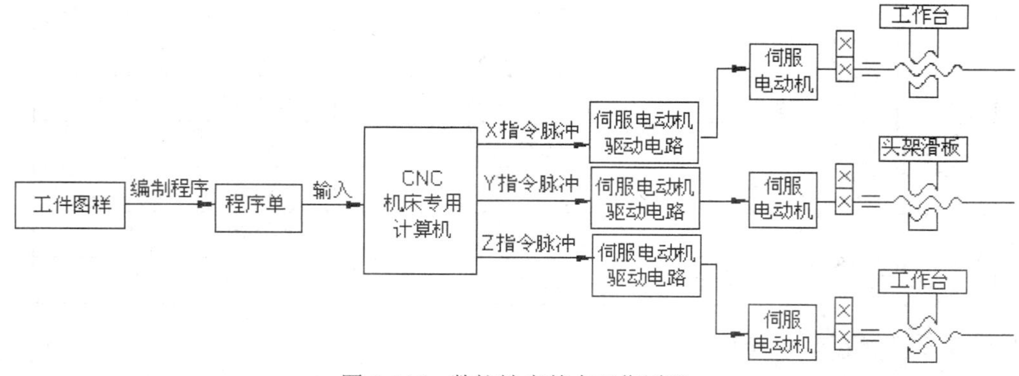

图 3-146　数控铣床基本工作原理

2. 数控铣床的主要规格

数控铣床的种类和规格较多，但其基本原理及编程操作方法都大同小异，以下是 XK5052 型数控铣床的用途、特点和主要规格。

1) XK5052 型数控铣床的用途和特点

XK5052 型数控铣床适用于加工多品种、小批量生产的零件，尤其是复杂曲线的凸轮、弧形槽、样板等零件。由于 XK5052 型数控铣床是三坐标数控机床，驱动部件采用性能高、可靠性高的交流伺服电机，其输出转矩大；控制系统具备手动回机械零点的功能，机床的定位精度、重复定位精度高，以确保零件的加工精度；另外，XK5052 型数控铣床配置系统具备刀具半径与长度补偿的功能，降低了编程的复杂性，提高了加工效率。

XK5052 型数控铣床主要操作均在键盘与按钮面板上进行，面板上的 9 in(1 in = 25.4 mm) CRT 可实时显示编程、操作、参数和图像等各种系统信息。

2) XK5052 型数控铣床的主要规格、参数和精度

XK5052 型数控铣床的主要规格及加工范围如表 3-16 所示，XK5052 型数控铣床主要参数如表 3-17 所示。

表 3-16 XK5052 型数控铣床的主要规格及加工范围

序号	项　目			主要参数
1	床身上最大工件回转直径			400 m
2	中滑板上最大工件回转直径			210 mm
3	工件最大长度(4 种规格)			750，1000，1500，2000 mm
4	主轴中心高度			205 mm
5	主轴内孔直径			48 mm
6	主轴前端锥孔的锥度			莫氏 6 号
7	主轴转速	正转(24 级)		10～1400 r/min
		反转(12 级)		14～1580 r/min
8	车削螺纹范围	普通螺纹螺距(44 种标准螺距)		1～192 mm
		英制螺纹螺距(20 种标准螺距)		2～24 牙/英寸
		模数螺纹(30 种标准螺距)		0.25～48 mm
		径节螺纹(37 种标准螺距)		1～96 牙/英寸
9	进给量	纵向 64 级	一般进给量	0.08～1.59 mm/r
			小进给量	0.028～0.054 mm/r
			加大进给量	1.71～6.33 mm/r
		横向 64 级	一般进给量	0.04～0.79 mm/r
			小进给量	0.014～0.027 mm/r
			加大进给量	0.86～3.16 mm/r
10	主电动机功率/转速			7.5kW/1 450 r/min

续表

序号	项　目		主要参数
11	快速电动机功率/转速		0.25 kW/2 800 r/min
12	尾座顶尖套锥孔锥度		莫氏 5 号
13	机床工件精度	圆度	0.002～0.005 mm
		精车端面平面度	0.005～0.01 mm
		表面粗糙度 *Ra*	3.2～0.8 μm

表 3-17　XK5052 型数控铣床的主要参数

序号	项　目			主要参数
1	工作台	工作台面积(宽×长)		250 mm × 1120 mm
		工作台纵向行程		680 mm
		工作台横向行程		550 mm
		升降台垂直行程		400 mm
		T 形槽数及宽度		3 × 15. 87 mm 或 3 × 14 mm
		T 形槽间距		65 mm
		工作台允许最大承重		250 kg
2	主轴	主轴孔锥度		ISO 30#(7∶24)
		主轴套筒行程		130 mm
		主轴套筒直径		85. 725 mm
		主轴转速范围	有级	65～4750 r/min
			无级	60～3500 r/min
		主轴中心至床身导轨面的距离		360 mm
		主轴端面至工作台面高度		30～430 mm
3	进给速度	铣削进给速度范围		0～0.35 m/min
		快速移动速度		2. 5 m/min
4	外形尺寸			1405 mm × 1712 mm × 2296 mm
5	机床净重			1500 kg
6	精度	分辨率		0.001 mm
		定位精度		± 0.013 mm/300 mm
		重复定位精度		± 0.005 mm

3) 铣床结构组成

XK5052 型数控铣床由床身、工作台、铣头部分、升降部分、横向进给部分、润滑部分、冷却部分等组成。

3. 数控铣床的旋转工作台

在军事、航天等高技术领域中，X、Y、Z 三维运动加工中心已不再适应制造需求，为扩大工业加工范围，提高生产率，加工中心除了沿 X、Y、Z 方向运动外，还需要绕 X、Y、Z 轴旋转作圆周进给运动，由此产生了四轴、五轴、六轴等联动的加工中心、数控机床。通常数控机床的圆周进给运动由旋转的工作台来实现。如图 3-147 所示的四轴联动加工中心的旋转工作台可以用来进行各种圆弧加工或与 X、Y、Z 轴配合实现多轴联动，进行复杂曲面的加工，还可以通过编程实现精确的自动分度。这给箱体类零件的加工带来了便利。

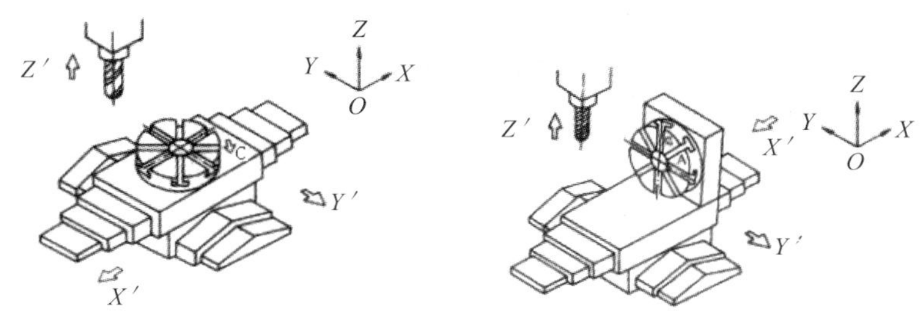

图 3-147　四轴联动加工中心的旋转工作台

数控铣床旋转工作台的外形与普通铣床使用的回转台十分相似，但其内部结构却具备了数控进给驱动伺服机构的特点。

数控旋转工作台开机时必须先回零点。旋转工作台作任意角度的转位与分度时，由光栅读数，能达到较精确的分度精度。

4. 数控铣床使用注意事项

(1) 使用前，必须熟悉铣床的结构与传动原理，了解铣床及数控系统的性能、操作使用方法。出厂前铣床均经过严格的调试，使用前一般不再进行调整。

(2) 铣床应按照规定进行润滑，定期注油。

(3) 当升降台处在锁紧状态时，绝不允许摇动升降台的手柄使其上、下移动，以免部件损坏。

(4) 为避免工作台台面的局部磨损，应尽可能地经常变换工件在工作台台面上的装夹位置，使台面磨损均匀。

(5) 在拆装、维修铣床前必须切断电源以保证安全。

3.11.4　加工中心

1. 加工中心简介

加工中心是一种备有刀库并能自动更换刀具，可对工件进行多工序加工的数控机床。加工中心与普通数控机床的区别主要在于一台加工中心能完成几台普通数控机床或者一台普通数控机床需经多次装夹和换刀才能完成的工作。加工中心一般分立式加工中心、卧式加工中心和万能加工中心 3 种。立式加工中心的主轴轴线(Z 轴)垂直于工作台面，卧式加工中心的主轴轴线(Z 轴)平行于工作台面，一般都配备容量较大的链式刀库。

2. 加工中心分类

1) *按功用不同*

加工中心可分为车削加工中心、钻削加工中心、镗铣加工中心和复合加工中心。

(1) 车削加工中心。车削加工中心除用于加工轴类零件外，还集中了铣(如铣扁、铣六角等)、钻(钻横向孔)等工序。

(2) 钻削加工中心。钻削加工中心主要用于钻孔，也可以进行小面积的端铣。

(3) 镗铣加工中心。镗铣加工中心(包括立式和卧式)主要用于镗削、铣削、钻孔、扩孔、铰孔及螺纹加工等工序，特别适合箱体类及形状复杂、工序集中的零件加工。

(4) 复合加工中心。复合加工中心的主轴头可绕45°轴自动回转，可转至垂直位置，也可转至水平位置，配合转位工作台，可以进行箱体类零件的4个侧面及顶面上的孔、平面的加工，也称“五面加工复合加工中心机床”。

2) *按布局方式*

加工中心可分为立式加工中心、卧式加工中心、龙门式加工中心、可更换主轴方式的加工中心和五面体加工中心。

(1) 立式加工中心。点位、直线控制的立式加工中心用于加工复杂扁平型零件；多轴联动轮廓控制的立式加工中心用于加工带成形面的复杂扁平型零件。

(2) 卧式加工中心。点位、直线控制的卧式加工中心用于加工非成形面复杂箱体件；多轴联动轮廓控制的卧式加工中心用于加工带成形面的复杂箱体件。

(3) 龙门式加工中心。点位、直线控制的龙门式加工中心适合于加工非成形面大型件；多轴联动轮廓控制的龙门式加工中心适合加工带成形面的大型件。

(4) 可更换主轴方式的加工中心。可更换主轴方式的加工中心多属于点位、直线控制系统，用于加工复杂箱体类零件。

(5) 五面体加工中心。五面体加工中心具有立式与卧式加工中心的功能，工件1次装夹后能完成除安装面以外的所有侧面、顶面等5个面的加工；另一种实现方式是主轴方向保持不变，而工作台可以带着工件作旋转运动来完成对工件的5个表面的加工。

3. 加工中心的结构特点

1) *自动换刀系统*

加工中心的自动换刀系统(Automatic Tool Changer，ATC)是按照加工的需要，自动更换装在主轴上的刀具的加工装置，它由刀库和自动换刀装置组成。自动换刀装置是一套完整、独立的部件。

加工中心刀库、自动换刀装置与机床主轴动作互相配合，自动进行选刀、换刀工作。刀库的容量由加工中心的工艺性能而定，形式很多，结构各不相同。加工中心最常用的刀库有鼓轮式刀库和链式刀库两种。

2) *自动装卸刀具的机械手*

在加工中心机床上，刀具的自动更换多借助于机械手来进行。换刀机械手有多种不同结构型式，如图3-148所示为常用的机械手，其中，图3-148(a)、(b)、(c)均为双臂回转机械手，能同时抓取和装卸位于刀库和主轴上的刀具，动作简单、换刀时间少；图3-148(d)

中的机械手不能同时抓取位于刀库和主轴上的刀具，但换刀时间及将刀具放回刀库的时间与机加工时间重叠，因此换刀时间也很短。

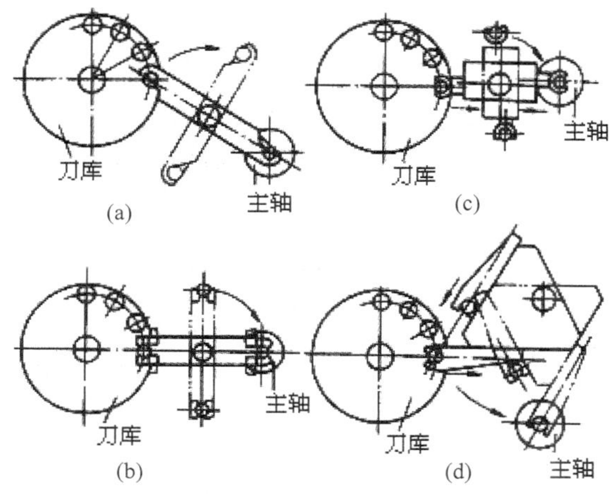

图 3-148　常用的机械手

3) 主轴部件组成

加工中心主轴部件主要由主轴准停机构、刀杆自动夹紧松开机构和刀柄切屑自动清除装置 3 部分组成，三者配合能够使加工中心顺利地实现自动换刀。刀杆自动夹紧松开机构采用弹簧夹紧、气压驱动放松，这种结构可保证工作中突然停电时刀杆不会自动脱落。在机械手把刀具从主轴中拨出或将待装的刀具插入主轴锥孔时，刀柄切屑自动清除装置能自动用压缩空气将主轴锥孔或刀具锥部表面吹净，以免夹有切屑或脏物。固定在主轴前端面上的端面键在自动换刀时，主轴准停机构能保证主轴准确停止在对准刀柄的端面键槽处。

3.11.5　数控刀具

1. 数控刀具与传统刀具的比较

数控刀具是指与先进高效的数控机床(包括数控车床、数控铣床、数控镗床、加工中心、自动生产线及柔性制造系统)相配套的各种刀具的总称，是数控机床不可缺少的关键的配套产品，数控刀具以其高效、精密、高速、耐磨、寿命长和良好的综合切削性能取代了传统的刀具。表 3-18 为传统刀具与现代数控刀具的比较。

表 3-18　传统刀具与现代数控刀具的比较

项目	传统刀具	现代数控刀具
刀具材料	普通工具钢、高速钢、焊接硬质合金等	PCD、PCBN、陶瓷、涂层刀具、超细晶粒硬质合金、TICN 基硬质合金、粉末冶金高速钢等
刀具硬度	低	高
被加工工件硬度	低	高，可对高硬材料实现“以车代磨”

续表

项目	传统刀具	现代数控刀具
切削速度	低	加工钢、铸铁，可转位涂层刀片切削速度可达 380 m/min；加工铸铁，PCBN 刀片切削速度可达 1000～2000 m/min；切削铝合金，PCBN 刀片切削速度可达 5000 m/min，切削过程中转速可达 1000～2000 r/min；加工铝合金，PCD 刀具切削速度可达 5000 m/min 或更高
刀具消耗费用和金属切除比	传统高速钢刀具约占全部刀具费用的 65%，切除的切屑仅占总切屑的 28%	可转位刀具、硬质合金刀具及超硬刀具占全部刀具费用的 34%，切除的切屑占总切屑的 68%
刀具使用机床	一般金属切削机床	数控车床、数控铣床、加工中心、流水线专机、柔性生产线专机、柔性生产线等
资金投入和企业规模	以通用机床和专机为主，追求低成本，劳动密集	以数控机床为主，追求差异化、多品种、小批量，属于知识、人才和资金密集型
人力资源	产业工人占多数，整体素质较高	技术开发、服务、数控工人占多数，人员综合素质及要求较高
国内状况	传统产业，制造成本高，劳动率低，从业人员占全部工具行业 95% 以上，市场占有额递减	高技术产业，制造成本低，技术开发费用高，从业人员占全部工具行业 5%以内，市场占有额递增

2. 数控刀具的种类

数控刀具的分类如图 3-149 所示，其中机夹可转位式刀具在数控加工中得到了广泛的应用，在数量上已达到整个数控刀具的 30%～40%，金属切除量占总数的 80%～90%。

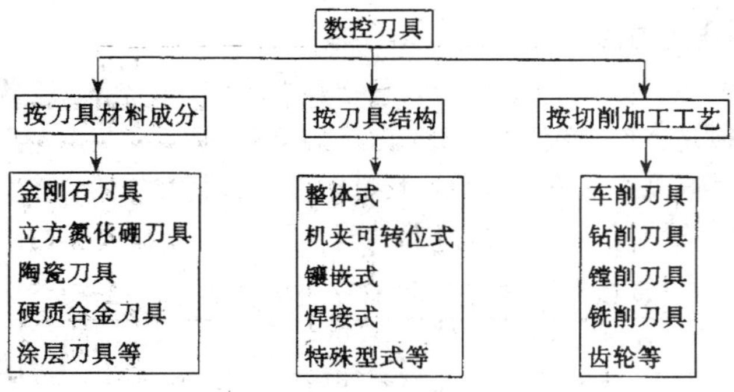

图 3-149　数控刀具的分类

3. 可转位刀具

1) 可转位刀具的概念

可转位刀具是使用可转位刀片的机夹刀具。机夹可转位刀具是将压制有合理的几何参数、断屑槽型、装夹孔和具有数个切削刃的多边形刀片，用夹紧元件、刀垫，以机械夹固方法，将刀片夹紧在刀体上的刀具。当刀片的一个切削刃用钝以后，只要把夹紧元件松开，将刀片转一个角度，换另一个新切削刃，并重新夹紧就可以继续使用。当所有切削刃用钝后，换一块新刀片即可继续切削，不需要更换刀体。

2) 可转位刀具的种类和用途

(1) 可转位车刀。

可转位车刀包括以下几种类型。

① 可转位外表面车刀：适于各种材料外回转表面和端面的粗车、半精车及精车。

② 可转位内表面车刀：适于加工通孔或不通孔。

③ 可转位切断、切槽刀：适于对棒料和管件进行切断和切削环槽、成形槽或端面槽。

④ 可转位仿形车刀：适于车削各种材料的仿形表面，常用圆形、三角形和平行四边形刀片。

⑤ 可转位螺纹车刀：适于加工各种内螺纹、外螺纹、管螺纹、锥管螺纹。

(2) 可转位自夹紧切断刀：适于对工件进行切断、切槽。

(3) 可转位面铣刀。

可转位面铣刀包括以下几种类型。

① 可转位精密面铣刀：适用于对表面质量要求高的场合，用于精铣。

② 普通形式面铣刀：适于铣削大的平面，用于不同深度的粗加工、半精加工。

③ 可转位圆刀片面铣刀：适于加工平面或根部有圆角肩台、肋条以及难加工材料，小规格的还可用于加工曲面。

④ 可转位立装面铣刀：适于钢、铸钢、铸铁的粗加工，能承受较大的切削力，适于重切削。

⑤ 重型可转位面铣刀：适于重型加工。

⑥ 阶梯式可转位面铣刀：适于功率小、刚性差的铣床铣削加工。

⑦ 可转位密齿面铣刀：适于铣削短切屑材料以及较大平面和较小余量的钢件，切削效率高。

(4) 可转位三面刃铣刀：适于铣削较深和较窄的台阶面、沟槽以及工件的侧面和凸台平面。

(5) 可转位两面刃铣刀：适于铣削深的台阶面，可组合起来用于多组台阶面的铣削。

(6) 可转位立铣刀。

可转位立铣刀包括以下几种类型。

① 可转位螺旋齿立铣刀(玉米铣刀)：它包括平装和立装两种形式。平装形式螺旋齿立铣刀适于铣削直槽、台阶、特殊形状及圆弧插补，适于高效率的粗加工或半精加工；立装形式螺旋齿立铣刀适于重切削，并要求机床刚性要好。

② 普通可转位立铣刀：适于粗铣或半精铣有肩台的窄平面及开口槽。

③ 沉孔立铣刀：适于钻铣平底沉孔。

④ 钻削立铣刀：适于水平方向进给铣台阶面和开口槽，也可垂直向下进给，钻浅孔和铣封闭槽，也可斜向进给铣斜槽。

⑤ 可转位球头立铣刀：适于模腔内腔及过渡圆弧的外形面的粗加工、半精加工。

⑥ 孔槽立铣刀：适于铣削内孔或外圆上的环形槽及平面上的窄槽。

(7) 可转位成形铣刀：适于各种型面的高效加工，可用于重切削。

(8) 特种专用可转位铣刀：用于大量生产和加工一些特殊形状的工件。例如，曲轴主轴颈及连杆轴颈加工可用可转位铣刀；凸轮轴加工可用成组可转位铣刀；轴承盖切断可用成组可转位沟槽铣刀；燃气轮机转子直槽加工的粗铣可用可转位铣刀；低压气轮机转子曲线槽的粗铣可用可转位铣刀；铁轨连接板加工可用成形可转位铣刀等。

(9) 可转位孔加工刀具。

可转位孔加工刀具包括以下几种类型。

① 可转位套料钻：适于浅孔、深孔套料加工，可节省原材料，减少加工余量。

② 可转位浅孔钻：适于高效率的加工铸铁、碳钢、合金钢等，可进行钻孔、铣切等。

③ 可转位镗刀：有单刃、多刃及复合镗刀，适于各种材料的高效镗削加工。

④ 可转位铰刀：适于各种材料的铰削。

⑤ 可转位深孔钻：适于加工深径比为 50～100 的各种深孔。

下面列举一些常见可转位刀具。如图 3-150 所示为几种可转位硬质合金铣刀，如图 3-151 所示为特殊铣刀应用范例，如图 3-152 所示为几种可转位镗孔刀。

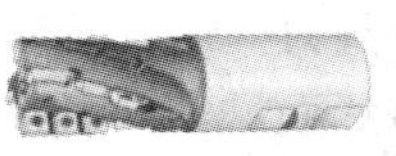

(a) 立铣刀　　(b) 面铣刀　　(c) 玉米铣刀　　(d) 盘形铣刀

图 3-150　可转位硬质合金铣刀

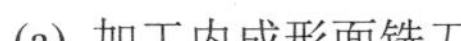
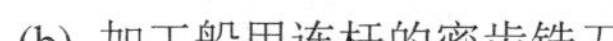

(a) 加工内成形面铣刀　　(b) 加工船用连杆的密齿铣刀　　(c) 加工液压缸的复合铣刀

(d) 带中心孔的密齿铣刀　　(e) 加工缸盖孔的复合铣刀　　(f) 切向布齿的三面刃铣刀

图 3-151　特殊铣刀应用范例

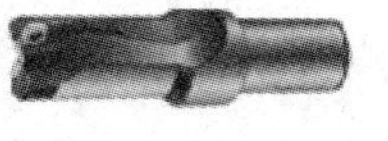

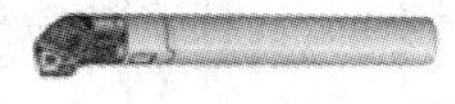

图 3-152　几种可转位镗孔刀

4. 数控工具系统

数控工具系统是针对数控机床要求与之配套的刀具必须可换和高效切削而发展起来的，是刀具与机床的接口。它除了刀具本身外，还包括实现刀具快换所必须的定位、夹紧、抓拿及刀具保护等机构。

1) 数控车削加工刀具的工具系统

(1) 数控车削工具系统的结构体系。如图 3-153 所示为数控车削工具系统的一般结构体系。

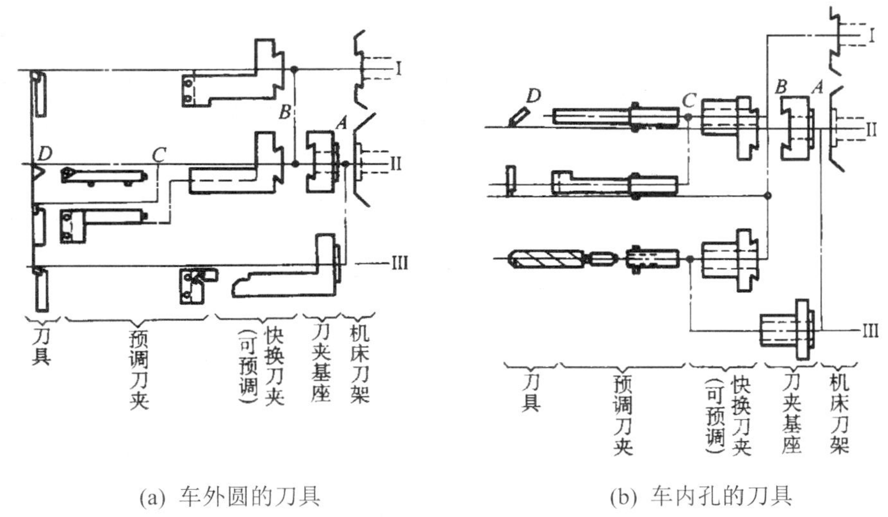

(a) 车外圆的刀具　　(b) 车内孔的刀具

图 3-153　数控车削工具系统的一般结构体系

(2) 模块式车削工具系统特点如下：

① 一般只有主柄模块、工作模块，较少使用中间模块，以适应车削中心较小的切削区空间，并提高工具的刚性。

② 主柄模块有较多的结构型式。根据刀具安装方向的不同，主柄模块可分为径向模块和轴向模块；根据加工的需要，主柄模块可分为装夹车刀的非动力式模块和安装钻头、立铣刀并使用回转的动力式模块；根据刀具与主轴相对位置的不同，主柄模块可分为右切模块和左切模块；根据机床换刀方式的不同，主柄模块可分为手动换刀模块和自动换刀模块。主柄模块通常都有切削液通道。

③ 工作模块主要包括两大类型：

a. 连接柄和刀体做成一体的各种刀具模块；

b. 装夹钻头、丝锥、铣刀等标准工具或专用工具的夹刀模块。

工作模块是换刀的更换单元，在结构上一般具备机械手夹持的部位、安装刀具识别磁片的部位，以适应自动换刀车削中心的需要。

2) 数控铣削加工刀具的工具系统

数控铣削加工刀具的工具系统一般由工具柄部、刀具装夹部分和刀具组成。

(1) 数控刀具的工具柄部。工具柄部是指工具系统与机床主轴连接的部分。

不同品种和规格的工作部分都必须带有与机床主轴相连接的柄部。属于这种类型的工具系统有日本的 TMT 系统和我国的 TSG82 系统等。TSG82 工具系统中各种工具型号由汉语拼音字母和数字组成。其型号组成、表示方法和书写格式如表 3-19 所示，TSG82 工具系统各种工具柄部的型式和尺寸代号如表 3-20 所示，TSG82 工具系统的代号和意义如表 3-21 所示。

(2) 刀具装夹部分。镗铣类工具系统可分为整体式结构和模块式两大类：即整体式结构镗铣类工具系统和模块式工具系统。

表 3-19　TSG82 工具系统型号组成和表示方法

型号组成	前　段		后　段	
表示方法	字母表示	数字表示	字母表示	数字表示
符号意义	工具柄部的型式	工具柄部的尺寸	工具用途、种类或结构型式	工具的规格
举例	JT	50	KH	40-82
书写格式	JT50-KH40-82			

表 3-20　TSG82 工具系统型号组成前段(工具柄部的型式和尺寸代号)

工具柄部的型式		工具柄部的尺寸	
型式代号	代号的意义	尺寸代号	代号的意义
JT	加工中心机床用锥柄柄部，带机械手夹持槽	50	ISO 锥度号
ST	一般数控机床用锥柄柄部，无机械手夹持槽	40	ISO 锥度号
MTW	无扁尾莫氏锥柄	3	莫氏锥度号
MT	有扁尾莫氏锥柄	1	莫氏锥度号
ZB	直柄接杆	32	直径尺寸
KH	7∶24 锥度的锥柄接杆	45	锥柄的锥度号

注：锥度号有 30、40、45、50 4 种，锥度为 7:24。

表 3-21　TSG82 工具系统型号组成后段的代号和意义

代号	代号的意义	代号	代号的意义	代号	代号的意义
J	装接长杆用刀柄	C	切内槽工具	TZC	直角型粗镗刀
Q	弹簧夹头	KJ	用于装扩、铰刀	TF	浮动镗刀
KH	7:24 锥度快换夹头	BS	倍速夹头	TK	可调镗刀
Z(J)	用于装钻夹头(贾氏锥度加注 J)	H	倒锪端面刀	X	用于装铣削刀具
		T	镗孔刀具	XS	装三面刃铣刀用
MW	装无扁尾莫氏锥柄刀具	TZ	直角镗刀	XM	装面铣刀用
MG	装有扁尾莫氏锥柄刀具	TQW	倾斜式微调镗刀	XDZ	装直角端铣刀用
	攻螺纹夹头	TQC	倾斜式粗镗刀	XD	装端铣刀用
规格	用数字表示工具的规格，其含义随工具不同而异。有些工具的数字表示轮廓尺寸 *D*—*L*；有些工具的数字表示应用范围。还有表示其他参数值的，如锥度号等。				

① 整体式结构镗铣类工具系统：这种工具系统的工具柄部是与夹持刀具的工作部分连成一体的。

② 模块式工具系统：为了克服整体式工具系统规格品种繁多，给生产、使用和管理带来诸多不便的缺点，模块式工具系统把工具的柄部和工作部分分开，制成各种系列化的模块，然后用不同规格的中间模块，组装成不同用途、不同规格的模块式工具，从而方便了制造、使用和保管，减少了工具储备。

属于这类工具系统的主要有：德国 Walter 公司的 Novex 工具系统、Komet 公司的 ABS 系统、Hertel 公司的 MC 工具系统、Krupp Widia 公司的 Widanex 工具系统、瑞典 Sandvik 公司的 Varilock 工具系统、Epb 公司(Seco 公司的分公司)的 Granex 系统。我国也开发了 TMG 系列模块式工具系统，有 TMG10、TMG13、TMG14、TMG21、TMG22、TMG26、TMG50 和 TMG53 等系列，其中 TMG21 工具系统是我国参照 ABS 工具系统开发的，其包括的模块品种如图 3-154 所示。

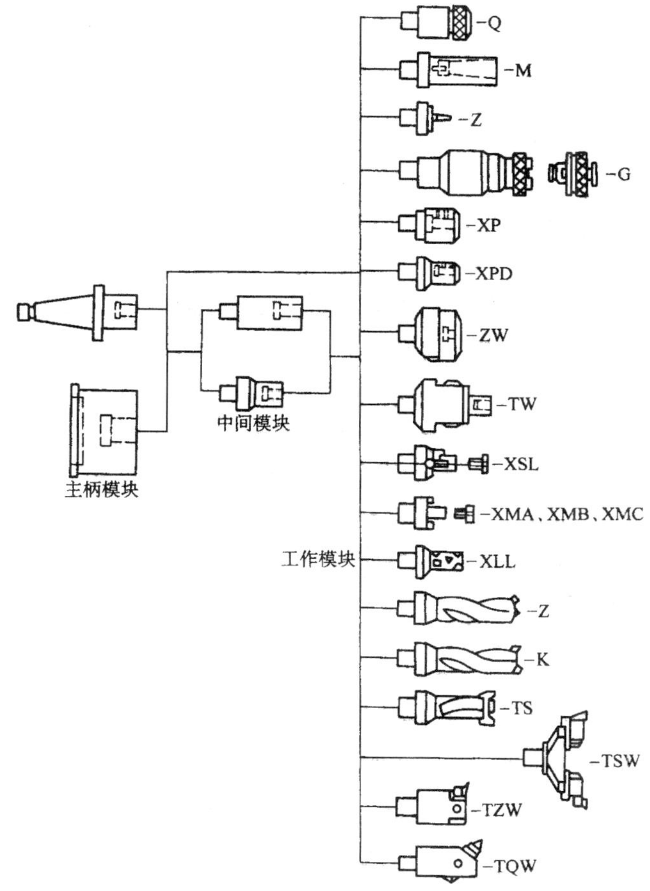

图 3-154　TMG21 工具系统

第 4 章　机械零件制造工艺

4.1　机械零件加工工艺过程组成及规程

4.1.1　机械零件加工工艺过程组成

1. 工艺过程的定义

工艺过程是指在生产产品的过程中，直接改变生产对象的尺寸、形状、性能及相对位置等，使其成为半成品或者成品的过程。工艺过程根据工作内容可分为锻造、铸造、机械加工、焊接、冲压、热处理、表面处理、装配等。

产品整个生产过程的核心是工艺过程，它是生产过程的主体，是由产品设计向产品转化的过程，此过程直接影响产品的生产质量。本章重点介绍机械零件的加工工艺。

加工工艺是指按图样尺寸及技术要求，利用机械加工的方法直接改变毛坯的尺寸、形状以及表面质量等，使之成为合格零件的过程。这一过程比较复杂，通常要采用多种设备以及不同的加工方法才能完成零件的制作。

2. 工艺过程的组成

1) *工序*

工序是指一个或一组工人在一个工作地对一个或几个工件进行连续生产所完成的那一部分工艺过程。生产规模不同，工序的划分也不一样。如图 4-1 所示为阶梯轴图纸，其小批生产工序如表 4-1 所示，其大批量生产工序如表 4-2 所示。

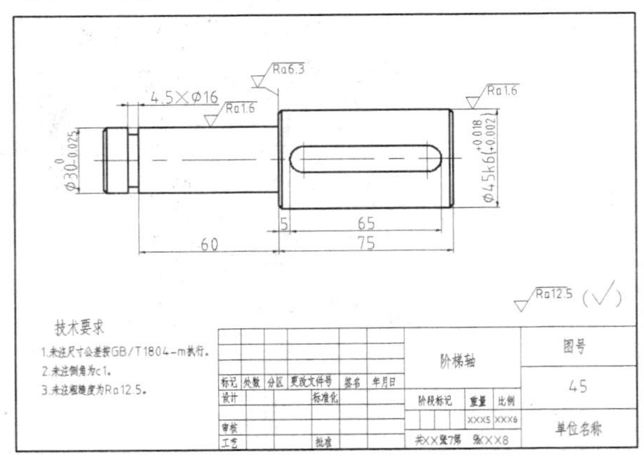

图 4-1　阶梯轴

表 4-1　阶梯轴小批生产工序

小批生产的工艺过程		
工序号	工　序　内　容	设 备
1	车一端面，钻中心孔；调头，车另一端面，钻中心孔	车床 I
2	车大外圆及倒角；调头，车小外圆、切槽及倒角	车床 II
3	铣键槽，去毛刺	铣床

表 4-2　阶梯轴大批量生产工序

大批量生产的工艺过程		
工序号	工　序　内　容	设备
1	铣两端面，钻两端中心孔	铣端面和钻中心孔机床
2	车大外圆及倒角	车床 I
3	车小外圆、切槽及倒角	车床 II
4	铣键槽	专用铣床
5	去毛刺	钳工台

2) 安装

安装是指工件经一次装夹后所完成的工序内容。安装次数越少越好。

3) 工位

工位是指工件与夹具或者设备的可动部分一次装夹后，工件相对于刀具或者设备的固定部分所占据的位置。如图 4-2 所示为多工位加工，分别在 3 个工位上钻、铰圆盘零件上的孔。

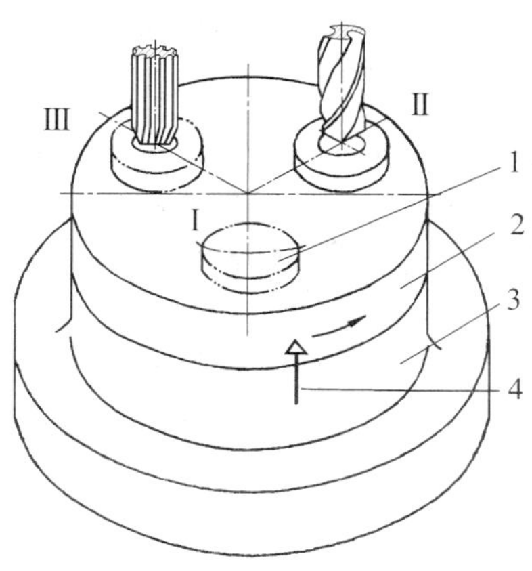

1—工件；2—机床夹具回转部分；3—夹具固定部分；4—分度机构

图 4-2　多工位加工

4) 工步

工步是指加工工具以及加工表面不变条件下连续完成的那一部分工序内容。

复合工步是指几把刀具同时参与切削的工步，如图 4-3 所示。

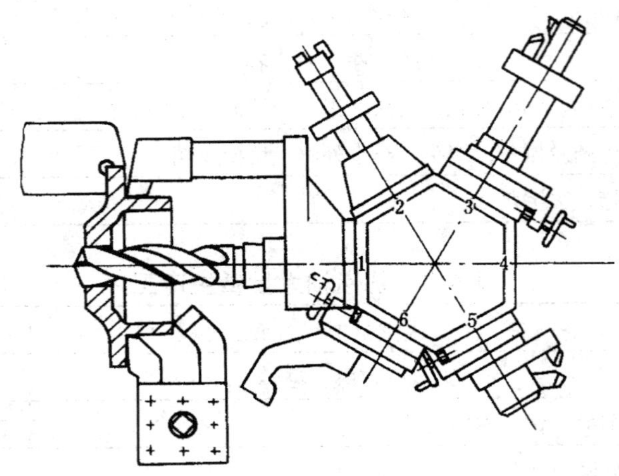

图 4-3　复合工步

5) *走刀*

在一个工步中，由于金属切削层较厚，需分几次切削，则每一次切削称为一次走刀。

在表 4-1 中，阶梯轴的小批生产的工艺过程有 3 道工序，工序 1 有两次安装、4 个工步、两端面各两次走刀；工序 2 有两次安装、5 个工步、大圆柱及小圆柱各两次走刀；工序 3 有 1 次安装，1 个工步。

在表 4-2 中，阶梯轴大批量生产的工艺过程有 5 道工序，工序 1 、2、3、4 各有 1 次安装；工序 1 、2 各有两个工步；工序 3 有 3 个工步；工序 4 有 1 个工步，大圆柱及小圆柱各两次走刀。

由此可见，机械加工工艺过程是由若干个按顺序排列的工序组成的，毛坯依次通过各工序逐渐成为成品。每个工序又可划分为若干个安装、工位、工步和走刀。

3. 工艺规程

工艺规程是规定零件机械加工工艺过程和操作方法等的工艺文件。它是机械制造工厂用来指导生产的最主要的技术文件，是在具体的生产条件下，把较为合理的工艺过程和操作方法，按照规定的形式书写成工艺文件。工艺规程一般包括以下内容。

(1) 工件加工的工艺路线；

(2) 各工序的具体内容及所用的设备和工艺装备；

(3) 切削用量、时间定额等；

(4) 工件的检验项目及检验方法。

1) *工艺规程的作用*

(1) 工艺规程是指导生产的重要技术文件，是指挥现场生产的依据。

工艺规程是获得合格产品的技术保证，是指导企业生产活动的重要文件。生产过程中必须遵守工艺规程，以保证产品质量，提高生产率及经济效益。工艺规程也不是固定不变的，工艺人员应总结工人的革新创造，根据实际生产情况，及时地吸取国内外的先进工艺技术，不断改进、完善现行工艺规程。

(2) 工艺规程是组织生产和管理生产工作的依据。

生产计划的制订，产品投产前毛坯和原材料的供应，工艺装备的设计、制造与采购，机床负荷的调整，作业计划的编排，劳动力的组织，工时定额的制定以及成本的核算等，都是以工艺规程作为基本依据的。

(3) 工艺规程是新建和扩建工厂的技术依据。

在新建和扩建工厂时，生产所需要的机床和其他设备的种类、数量以及规格，车间的面积，机床的布置，生产工人的工种，技术等级及数量，辅助部门的安排等都是以工艺规程为基础，根据生产类型来确定的。典型工艺规程可指导同类产品的生产。

2) 制定工艺规程的原则

制定工艺规程的原则是优质、高产和低成本，即在保证产品质量的前提下，争取最好的经济效益。在具体制定时，还应注意下列问题：

(1) 技术先进。在制定工艺规程前，要先了解国内外本行业工艺技术的发展，并通过必要的工艺试验，尽可能采用先进工艺以及工艺装备。

(2) 经济合理。在一定的生产条件下，当同时有几种加工工艺方案能够保证零件的技术要求时，在满足技术要求的条件下，还应核算其成本，使产品的生产成本达到最低，选择最合理的方案。

(3) 有良好的劳动条件。在制定工艺规程时，要注意保证工人有安全而良好的操作环境。因此，在工艺方案上要尽量采取机械化或自动化措施，以减轻工人繁重的体力劳动。同时，要符合国家环境保护法的有关规定，避免环境污染。

产品质量、生产率以及经济性这三方面有时会相互矛盾。因此，在制定工艺规程时，应合理处理这些矛盾，达到三者的统一。

3) 制定工艺规程的原始资料

制定工艺规程的原始资料如下：

(1) 产品全套零件图和装配图。

(2) 产品的生产纲领。

(3) 毛坯资料(包括各种毛坯图、各型材的品种与规格、毛坯制造方法的技术经济特征等；在无毛坯图情况下，应实际了解毛坯的机械性能、形状与尺寸等。)

(4) 产品验收的质量标准。

(5) 本厂的生产条件。为保证所制定的工艺规程切实可行，必须考虑本厂现有的生产条件。例如，加工设备、工艺装备的性能及规格；工艺装备、专用设备的制造能力；毛坯的生产能力以及技术水平；工人的技术水平等。

(6) 国内外先进工艺及生产技术发展情况。制定工艺规程，要经常研究国内外有关工艺技术资料，积极引进适用的先进工艺技术，不断提高工艺水平，以获得最大的经济效益。

(7) 有关的工艺手册及图册。

4) 制定工艺规程的步骤

制定工艺规程的步骤如下：

(1) 计算年生产纲领，确定生产类型。

(2) 分析产品装配图及零件图，对零件进行结构及工艺分析。

表 4-3 机械加工工艺过程卡片

<table>
<tr><td colspan="2" rowspan="2">企业名称</td><td colspan="3" rowspan="2">机械加工工艺过程卡片</td><td colspan="3">零件图号</td><td colspan="2"></td><td colspan="2">共 页</td></tr>
<tr><td colspan="3">零件名称</td><td colspan="2"></td><td colspan="2">第 页</td></tr>
<tr><td>材料牌号</td><td></td><td>毛坯种类</td><td></td><td>毛坯外形尺寸</td><td colspan="3"></td><td>每件毛坯
可制件数</td><td></td><td>每台
件数</td><td></td></tr>
<tr><td rowspan="2">工序号</td><td colspan="4" rowspan="2">工 序 内 容</td><td rowspan="2">车间</td><td rowspan="2">工段</td><td rowspan="2">设备</td><td colspan="2" rowspan="2">工艺装备</td><td colspan="2">工时</td></tr>
<tr><td>准终</td><td>单件</td></tr>
<tr><td></td><td colspan="4"></td><td></td><td></td><td></td><td colspan="2"></td><td></td><td></td></tr>
<tr><td></td><td colspan="4"></td><td></td><td></td><td></td><td colspan="2"></td><td></td><td></td></tr>
<tr><td></td><td colspan="4"></td><td></td><td></td><td></td><td colspan="2"></td><td></td><td></td></tr>
<tr><td></td><td colspan="4"></td><td></td><td></td><td></td><td colspan="2"></td><td></td><td></td></tr>
<tr><td></td><td colspan="4"></td><td></td><td></td><td></td><td colspan="2"></td><td></td><td></td></tr>
<tr><td></td><td colspan="4"></td><td></td><td></td><td></td><td colspan="2"></td><td></td><td></td></tr>
<tr><td></td><td colspan="4"></td><td></td><td></td><td></td><td colspan="2"></td><td></td><td></td></tr>
<tr><td></td><td colspan="4"></td><td></td><td></td><td></td><td colspan="2"></td><td></td><td></td></tr>
<tr><td></td><td colspan="4"></td><td></td><td></td><td></td><td colspan="2"></td><td></td><td></td></tr>
<tr><td></td><td colspan="4"></td><td></td><td></td><td></td><td colspan="2"></td><td></td><td></td></tr>
<tr><td></td><td colspan="4"></td><td></td><td></td><td></td><td colspan="2"></td><td></td><td></td></tr>
<tr><td></td><td colspan="4"></td><td></td><td></td><td></td><td colspan="2"></td><td></td><td></td></tr>
</table>

(3) 选择毛坯。

(4) 拟定工艺路线。

(5) 确定零件各工序的加工余量，计算工序尺寸及公差。

(6) 确定各工序所用的加工设备、夹具、刀具、量具以及辅助工具。

(7) 确定切削用量及工时定额。

(8) 确定各主要工序的技术要求及检验方法。

(9) 填写工艺文件。

在制定工艺规程的过程中，往往要对前面已初步确定的内容进行调整，以提高经济效益。在执行工艺规程过程中，可能会出现前所未料的情况，如新工艺、新技术的引进，先进设备、新材料的应用，生产条件的变化等，要及时修订并完善工艺规程。

5) 工艺文件的格式

将工艺规程的内容，填入一定格式的卡片，即成为生产准备和施工依据的工艺文件。常用的工艺文件格式有工艺过程卡片和机械加工工序卡片两种。

(1) 工艺过程卡片。工艺过程卡片是一种简要说明零、部件或者产品的加工工艺过程的工艺文件。工艺过程卡片内容主要包括加工零件所经过的所有工艺路线。如表 4-3 所示为机械加工工艺过程卡片，其中粗略介绍了各工序的加工内容、生产车间、工段、加工设备、工艺装备及工时等，是制定其他工艺文件的基础，也是生产技术准备、编排作业计划和组织生产的依据。

在单件、小批生产中一般只编制工艺过程卡片，且编得较详细，可以用来指导生产。在大批量生产中，该卡片虽不能直接指导加工与检验，但可作为生产管理、生产调度以及制定工艺文件的基础。

(2) 工序卡片。工序卡片是指在工艺过程卡片的基础上给每道工序编制的一种工艺文件，其中详细说明了每个工序的每个工步内容、工艺装备、主轴转速、切削用量、走刀次数及工时定额等，如表 4-4 所示。由于工序或者工步的内容难以用文字清晰说明，一般配有工序或者工步示意图。通过示意图说明零件加工部位、工序尺寸及公差、定位基准和工件夹紧方法等。

工序卡片是具体指导零件加工的工艺文件，适用于大批量生产的零件，以及成批生产的重要零件或者重要和复杂工序。

4.1.2　零件的工艺分析

在制定零件的机械加工工艺规程前，先要熟悉该产品的用途、性能及工作条件，分析产品装配图的工作原理，再分析零件的工作原理，明确零件在产品中的作用、位置及与相关零件的位置及配合关系。同时了解并研究各项技术条件制定的依据，找出其主要技术要求和技术关键，以便在拟定工艺规程时采用适当的措施加以保证。最后着重分析零件的结构与技术要求。

1. 零件结构分析

零件的结构分析主要包括以下 3 方面：

表 4-4　机械加工工序卡片

<table>
<tr><td colspan="2" rowspan="2">企业名称</td><td rowspan="2">机械加工工序卡片</td><td colspan="3">零件图号</td><td colspan="7"></td><td colspan="2">共　页</td></tr>
<tr><td colspan="3">零件名称</td><td colspan="7"></td><td colspan="2">第　页</td></tr>
<tr><td colspan="3" rowspan="11">(工序简图)</td><td colspan="2">车间</td><td colspan="5">工序号</td><td colspan="3">工序名称</td><td colspan="2">材料牌号</td></tr>
<tr><td colspan="2"></td><td colspan="5"></td><td colspan="3"></td><td colspan="2"></td></tr>
<tr><td colspan="2">毛坯种类</td><td colspan="5">毛坯外形尺寸</td><td colspan="3">每件毛坯可制件数</td><td colspan="2">每台件数</td></tr>
<tr><td colspan="2"></td><td colspan="5"></td><td colspan="3"></td><td colspan="2"></td></tr>
<tr><td colspan="2">设备名称</td><td colspan="5">设备型号</td><td colspan="3">设备编号</td><td colspan="2">同时加工件数</td></tr>
<tr><td colspan="2"></td><td colspan="5"></td><td colspan="3"></td><td colspan="2"></td></tr>
<tr><td colspan="5">夹具编号</td><td colspan="5">夹具名称</td><td colspan="2">切削液</td></tr>
<tr><td colspan="5"></td><td colspan="5"></td><td colspan="2"></td></tr>
<tr><td colspan="5">工位器具编号</td><td colspan="5">工位器具名称</td><td colspan="2">工序工时</td></tr>
<tr><td colspan="5"></td><td colspan="5"></td><td>准终</td><td>单件</td></tr>
<tr><td colspan="5"></td><td colspan="5"></td><td></td><td></td></tr>
<tr><td rowspan="2">工步号</td><td colspan="2" rowspan="2">工步内容</td><td rowspan="2">工艺装备</td><td colspan="3" rowspan="2">主轴转速
/(r / min)</td><td colspan="2" rowspan="2">切削速度
/(m / min)</td><td colspan="2" rowspan="2">进给量
/(mm / r)</td><td rowspan="2">背吃刀量
/mm</td><td rowspan="2">走刀
次数</td><td colspan="2">工时定额</td></tr>
<tr><td>基本</td><td>辅助</td></tr>
<tr><td></td><td colspan="2"></td><td></td><td colspan="3"></td><td colspan="2"></td><td colspan="2"></td><td></td><td></td><td></td><td></td></tr>
<tr><td></td><td colspan="2"></td><td></td><td colspan="3"></td><td colspan="2"></td><td colspan="2"></td><td></td><td></td><td></td><td></td></tr>
<tr><td></td><td colspan="2"></td><td></td><td colspan="3"></td><td colspan="2"></td><td colspan="2"></td><td></td><td></td><td></td><td></td></tr>
<tr><td></td><td colspan="2"></td><td></td><td colspan="3"></td><td colspan="2"></td><td colspan="2"></td><td></td><td></td><td></td><td></td></tr>
<tr><td></td><td colspan="2"></td><td></td><td colspan="3"></td><td colspan="2"></td><td colspan="2"></td><td></td><td></td><td></td><td></td></tr>
<tr><td></td><td colspan="2"></td><td></td><td colspan="3"></td><td colspan="2"></td><td colspan="2"></td><td></td><td></td><td></td><td></td></tr>
</table>

1) 零件表面的组成和基本类型

零件结构多种多样，从形体上加以分析，一般都是由一些基本表面与特形表面组成。基本表面有平面、内圆柱面、外圆柱面、圆锥面等；特形表面主要有渐开线齿形表面、螺旋面、圆弧面等。在分析零件结构时，要根据零件不同表面之间的组合形成零件的结构特点，再选择与其相适应的加工方法与加工路线。例如，平面通常用车、刨、铣、磨等加工方法获得；内孔通常用钻孔、扩孔、铰孔、镗孔及磨削等加工方法获得；外圆表面通常用车削、磨削等加工方法获得。

在机械制造中，通常按零件的结构与工艺过程的相似性，将零件分为轴类、轴套类或盘类、叉架类、箱体类 4 种。

2) 零件的结构工艺性

零件的结构工艺性是指在满足零件使用要求的前提下，制造该零件的可行性和经济性。功能相同的零件，其结构工艺性可以有很大差异。所谓结构工艺性好，是指在现有工艺条件下，制造既方便，成本又较低。

3) 主要表面与次要表面的区分

根据零件各加工表面要求的不同，可以将零件的加工表面划分为主要加工表面和次要加工表面。在拟定工艺路线时，重点保证主要表面的加工精度。

2. 零件的技术要求分析

零件图上的技术要求要合理和齐全，既要满足设计要求，又要便于加工。其技术要求包括下列几个方面：

(1) 各加工表面间相互的位置精度；

(2) 加工表面的表面质量、尺寸精度以及形状精度；

(3) 工件的热处理以及其他要求，如镀铬处理、动平衡、去磁等。

零件的表面粗糙度、尺寸精度、位置精度和形状精度的要求，对确定加工工艺方案以及生产成本影响较大。因此，在确定工艺方案前必须认真审查零件图，避免采取过高的要求而增加不必要的费用及使工艺变得复杂。认真分析零件技术要求后，结合零件的结构特点，初步确定零件的加工工艺过程。

加工表面的表面粗糙度、尺寸精度及有无热处理等要求，决定加工表面最终的加工方法，从而确定粗加工工序以及中间工序所采用的加工方法。例如，加工轴颈表面粗糙度为 Ra1.6 μm、精度等级为 IT7 的轴类零件，轴颈如果淬火，可采用粗车、半精车(或精车)、磨削的加工方法加工；轴颈如果不淬火，可用粗车、半精车、精车最终完成。各表面间的相互位置精度，基本上决定了各表面的加工顺序。

4.1.3　工艺规程设计

1. 毛坯的选择

毛坯的选择直接影响毛坯制造及机械加工的经济性。确定毛坯时，应根据不同的使用要求及工作条件，选用不同的获得方式、不同的材料以及不同的热处理方式，以获得符合技术要求的零件，使之具有一定的强度、硬度与韧性。

1) 生产类型与工艺特点

生产纲领是指企业在计划期内要完成的产品产量(年产量)及进度计划。零件的年产量用以下公式计算：

$$N = Qn(1 + a + b) \tag{4-1}$$

式中，N——零件的年产量(件/年)；

Q——产品的年产量(件/年)；

n——每台产品中该零件的数量(件/台)；

a——零件的备品率，对易损件应考虑一定数量的备品，以供用户修配的需要；

b——零件的平均废品率。

年产量的多少对于工厂的生产组织及生产过程起决定性作用。生产纲领不同，各工作地的机床设备、工艺装备、所用工艺方法以及专业化程度也不相同。

2) 生产类型的确定

生产类型是指企业(或车间、工作地、工段、班组)生产专业化程度的分类。生产类型按产品的年产量分为以下 3 种：

(1) 单件生产。单件生产的基本特点是生产的产品品种繁多，且每种产品仅生产一件或数件，各个工作地的加工对象经常改变，很少重复生产。

(2) 成批生产。成批生产的基本特点是生产的产品品种多，同一产品有一定的数量，能够成批生产，或者在一段时间之后又重复某种产品的生产。

(3) 大量生产。大量生产的基本特点是生产产品的品种单一且固定，同一产品的产量很大。大多数工作地长期进行一个零件某道工序的加工，生产具有严格的节奏性。

生产类型不同，产品制造所采用的设备、工艺装备、工艺方法以及生产组织形式等均不相同。

如表 4-5 所示为产品年产量与生产类型的关系，供确定生产类型时参考。各种生产类型的工艺特征如表 4-6 所示。

表 4-5　产品年产量与生产类型的关系

生产类型		同类零件的年产量/件		
		轻型零件 (零件质量＜100 kg)	中型零件 (零件质量为 100～2000 kg)	重型零件 (零件质量＞2000 kg)
单件生产		＜100	＜10	＜5
成批生产	小批	100～500	10～200	5～100
	中批	500～5000	200～500	100～300
	大批	5000～50000	500～5000	300～1000
大量生产		＞50000	＞5000	＞1000

表 4-6　各种生产类型的工艺特征

生产类型	单件生产	成批生产	大量生产
加工对象	经常改变	周期性改变	固定不变
机床设备及其布置形式	采用通用机床，机床按类别和规格大小采用“机群式”排列布置	采用部分通用机床和部分高生产率的专用机床，机床设备按加工零件类别分“工段”排列布置	广泛采用高生产率的专用机床及自动机床，按流水线形式排列布置
毛坯制造方法与加工余量	锻件用自由锻；铸件用木模，手工造型；毛坯精度低，加工余量大	部分锻件采用模锻，部分铸件用金属模，毛坯精度中等，加工余量中等	锻件广泛采用模锻以及其他提高生产率的毛坯制造方法，铸件广泛采用金属模，机器造型；毛坯精度高，加工余量小
刀具和量具	采用通用刀具与万能量具	较多采用专用刀具和专用量具	广泛采用提高生产率的刀具和量具
夹具	多用标准夹具，很少采用专用夹具，靠划线及试切法达到尺寸精度	广泛采用专用夹具，部分靠划线进行加工	广泛采用先进高效夹具，靠夹具及调整法达到加工要求
工艺文件	有简单的工艺过程卡片	有较详细的工艺规程，对重要零件需编制工序卡片	有详细编制的工艺文件
对操作工人的要求	需要技术熟练的操作工人	操作工人需要达到一定的技术熟练程度	对操作工人的技术要求较低，对调整工人的技术水平要求较高
零件的互换性	广泛采用钳工修配	零件大部分有互换性，少数用钳工修配	零件全部有互换性，某些配合要求很高的零件采用分组互换
单件加工成本	高	中等	低
生产率	低	中等	高

2. 基准的选择

基准是指用来确定生产对象上各几何要素间几何关系所依据的那些点、线、面。根据功用不同，基准可分为设计基准和工艺基准两大类。

1) 设计基准

设计基准是指设计图样上采用的基准。如图 4-4(a)所示的钻套各内孔及外圆表面的设计基准是轴线 $O—O$；内孔表面 D 的轴心线是 ϕ40h6 外圆表面的径向圆跳动和端面 B 的端面跳动的设计基准；端面 A 是端面 B、C 的设计基准。同样，如图 4-4(b)所示的 F 面是 C 面和 E 面的设计基准，也是两孔垂直度和 C 面平行度的设计基准；A 面为 B 面的距离尺寸及平行度设计基准。

作为设计基准的点、线、面，在工件上有时不一定具体存在，如表面的几何中心、对称线、对称面等，常常由某些具体表面来体现，这些具体表面称为基面。

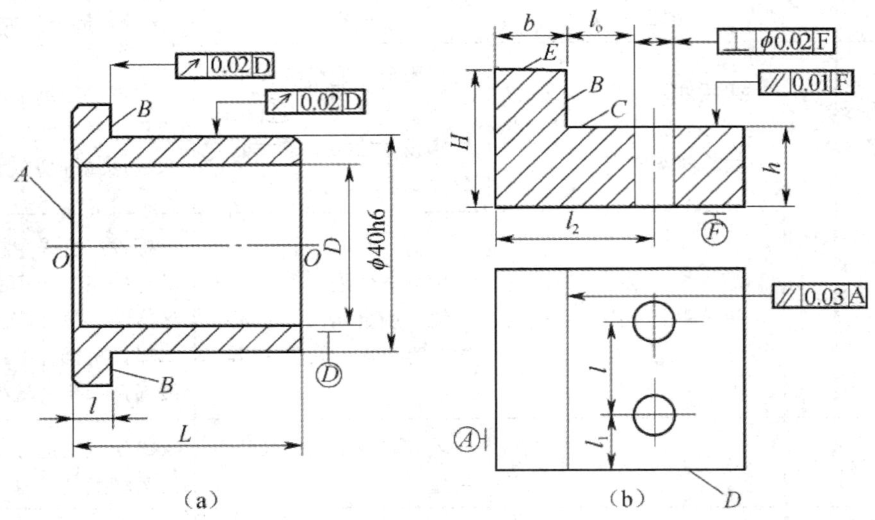

图 4-4　基准分析示例

2) 工艺基准

工艺基准是指在机械加工工艺过程中用来确定本工序的加工表面加工后的尺寸、位置、形状的基准。工艺基准按不同的用途可分为定位基准、工序基准、装配基准和测量基准。

(1) 定位基准。定位基准是指在加工中用作定位的基准。机械加工时，为使工件的被加工表面获得规定的尺寸和位置精度要求，必须使工件在机床上或夹具中占有某一正确位置，这个过程称为定位。在加工过程中，工件在各种力的作用下保持这一正确位置不变，就需要夹紧。制定机械加工规程时，定位基准的选择是否合理，直接影响零件加工表面的尺寸精度和相互位置精度。同时，对加工顺序的安排也有重要影响。定位基准选择不同，工艺过程也将随之而异。

(2) 工序基准。在工序图上用来确定本工序的加工表面加工后的尺寸、形状、位置的基准，称为工序基准。

(3) 装配基准。装配时用来确定零件或部件在产品中相对位置时所用的基准称为装配基准。

(4) 测量基准。测量时采用的基准称为测量基准。

3) 基准重合的概念

在实际生产中，应尽量使以上的各种基准重合，以消除基准不重合误差，具体体现在以下方面：

(1) 设计零件时应尽量以装配基准作为设计基准，以便保证装配技术要求；

(2) 在制定加工工艺路线时，应尽量以设计基准作为工序基准，以保证零件的加工精度；

(3) 在加工和测量零件时，要尽量使定位基准、测量基准和工序基准重合，以减少加工误差和测量误差。

如图 4-5 所示为各基准示例，图(a)所示满足装配基准与设计基准重合原则，图(b)所示满足加工基准与设计基准重合原则，图(c)所示满足测量基准与设计基准重合原则。

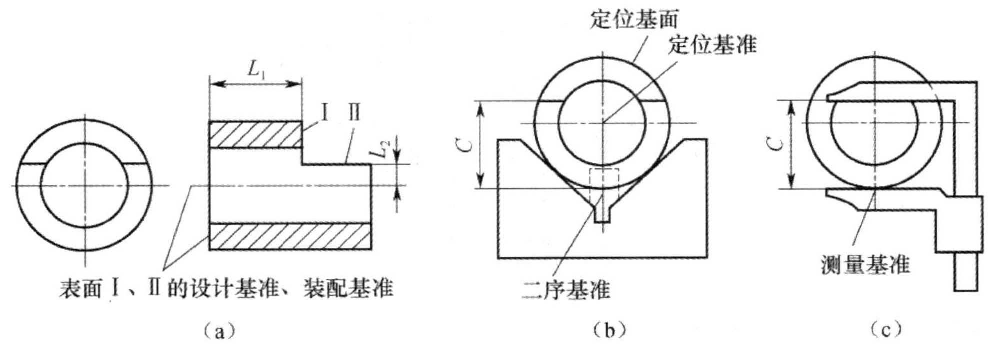

图 4-5　各基准示例

4) 工件定位原理

工件在夹具中的定位涉及定位原理、定位误差、夹具上采用的定位元件和工件上选用的定位基准等几方面的问题。

工件在夹具中的定位目的，是要使同一工序中的所有工件在加工时按加工要求在夹具中占有一致的正确位置(不考虑定位误差的影响)。怎样才能使各个工件按加工要求在夹具中保持一致的正确位置呢？要弄清楚这个问题，先来讨论与定位相反的问题，工件放置在夹具中的位置可能有哪些变化？如果能消除这些可能的位置变化，那么工件也就定位了。

任一工件在夹具中未定位前，可以看成空间直角坐标系中的自由物体，它可以沿 3 个坐标轴平行方向放在任意位置，即具有沿 3 个坐标轴 X、Y、Z方向移动的自由度；同样，工件沿 3 个坐标轴转角方向的位置也是可以任意放置的，即具有绕 3 个坐标轴 X、Y、Z转动的自由度。因此，要使工件在夹具中占有一致的正确位置，就必须限制工件在 X、Y、Z方向的移动和 X、Y、Z方向转动的 6 个自由度，如图 4-6 所示。

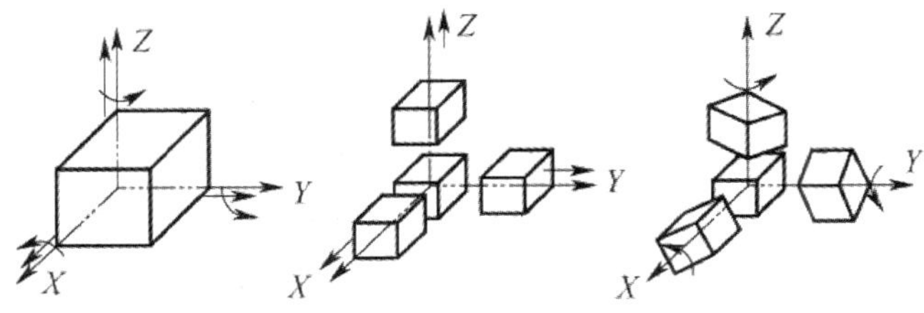

图 4-6　工件的 6 个自由度

为了限制工件的自由度，在夹具中通常用 1 个支承点限制工件 1 个自由度，这样用合理布置的 6 个支承点限制工件的 6 个自由度，使工件的位置完全确定，称为“6 点定位规则”，简称“6 点定则”。使用 6 点定则时，6 个支承点的分布必须合理，否则不能有效限制工件的 6 个自由度，如图 4-7 所示。

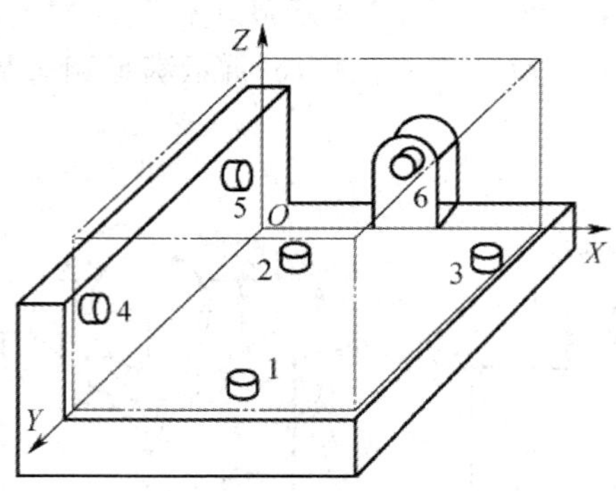

图 4-7　6 点定位规则

5) 常见定位方式及定位元件

工件定位的主要目的是保证工件的加工面与加工面的设计基准之间的位置公差(如同轴度、平行度、垂直度等)和距离尺寸精度。工件加工面的设计基准与机床的正确位置是工件加工面与加工面的设计基准之间的位置公差的保证；工件加工面的设计基准与刀具的正确位置是工件加工面与加工面的设计基准之间的距离尺寸精度的保证。所以工件定位时要满足以下两点要求：

(1) 为了保证加工面与其设计基准间的位置公差(同轴度、平行度、垂直度等)，工件定位时应使加工表面的设计基准相对于机床占据一个正确的位置。

(2) 为了保证加工面与其设计基准间的距离尺寸精度，工件定位时，应使加工面的设计基准相对于刀具有一个正确的位置。

常见的工件定位方式有 3 种：以点和平面定位、以外圆柱面定位、以内孔表面定位。

(1) 工件以平面定位。在机械加工中，大多数工件都以平面作为主要定位基准，如箱体、机体、支架、圆盘等零件。当工件进入第一道工序时，只能使用粗基准定位；在进入后续工序时，则可使用精基准定位。

① 工件以粗基准平面定位。铸造、锻造毛坯表面较粗糙，且有较大的平面度误差。当此面接触定位支承面时，接触点为随机分布的 3 个点，易造成较大加工误差。粗基准平面常用的定位元件有 B 形球头支承钉、C 形齿纹支承钉、可调支承钉等，如图 4-8 和图 4-9 所示。

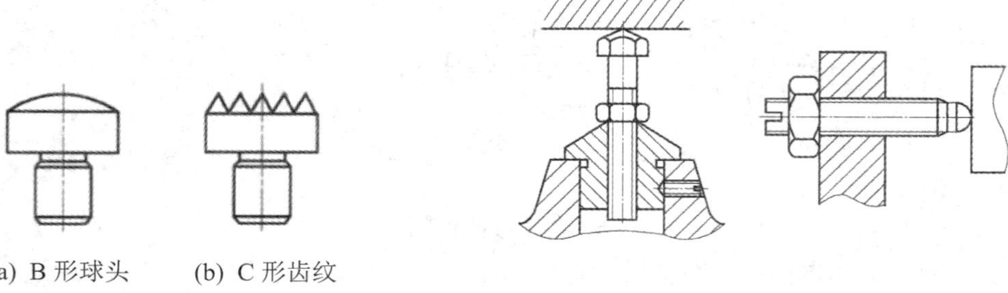

(a) B 形球头　(b) C 形齿纹

图 4-8　支承钉

图 4-9　可调支承钉

② 工件以精基准平面定位。工件的基准平面经切削加工后，可直接放在平面上定位。经过刮削、磨削的平面具有较小的表面粗糙度值和平面度误差，故可获得较精确的定位。

精基准平面常用的定位元件有平头支承钉、支承板等，如图 4-10 和图 4-11 所示。

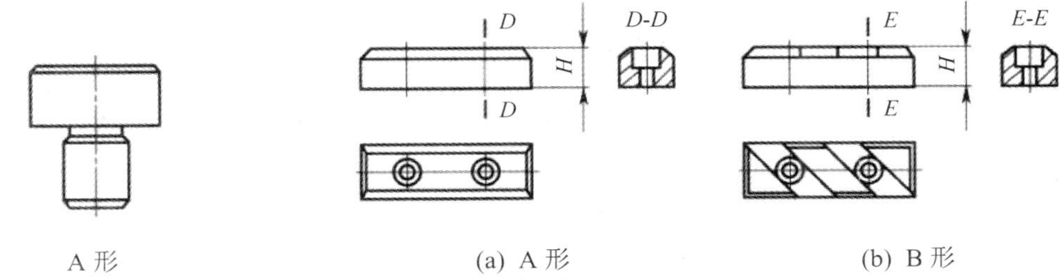

A 形　　(a) A 形　　(b) B 形

图 4-10　平头支承钉　　图 4-11　支承板

在加工大型机体和箱体零件时，为了克服因支承面不足而引起的变形和振动，通常需要考虑提高平面的支承刚度。在加工刚度较低的薄板状零件时也要注意这个问题。常用的方法是采用辅助支承(见图 4-12)或者浮动支承(见图 4-13)，以减小工件变形和振动。

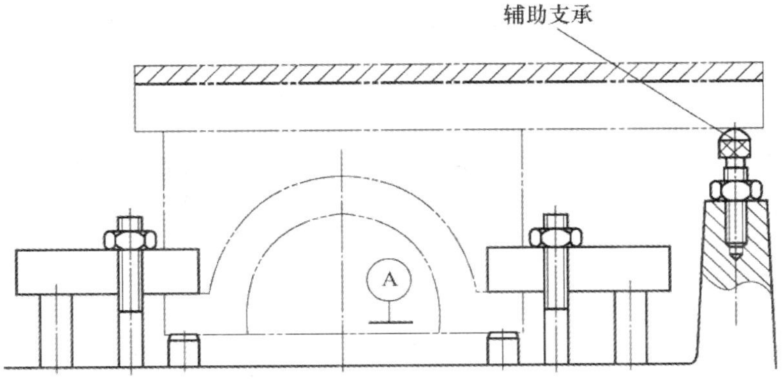

辅助支承

A

图 4-12　辅助支承

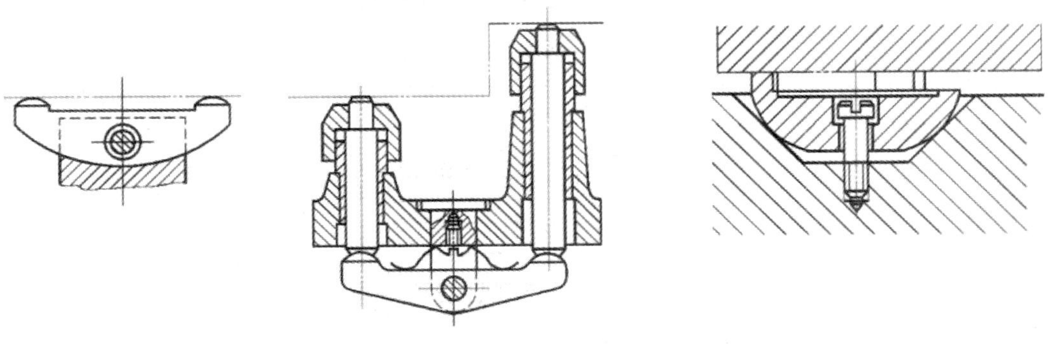

(a)　　(b)　　(c)

图 4-13　浮动支承

(2) 工件以内孔表面定位。

工件以内孔表面定位是一种中心定位，通常要求内孔基准面有较高的精度。工件中心定位的方法是用定位销(见图 4-14(a))、菱形销(见图 4-14(b))、定位插销(见图 4-15) 和各种定位芯轴(见图 4-16)等与孔的配合实现的。

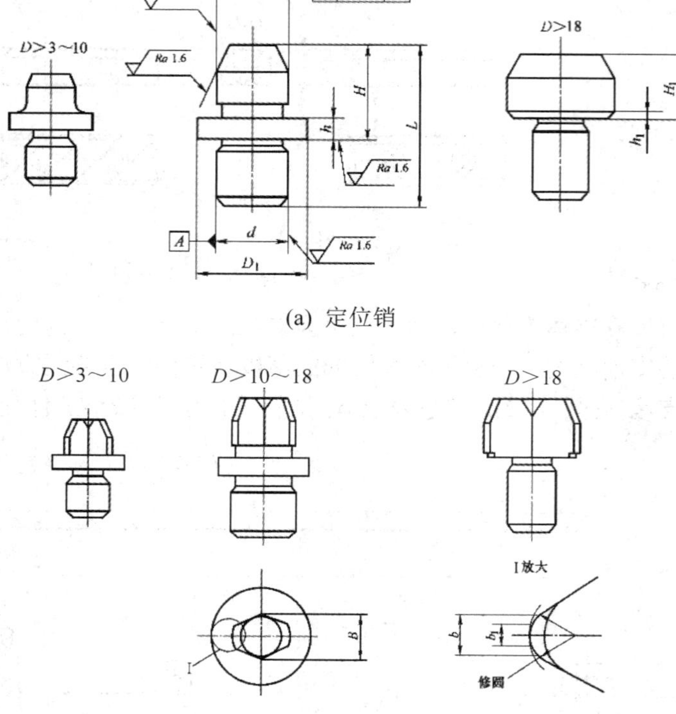

图 4-14　定位销和菱形销

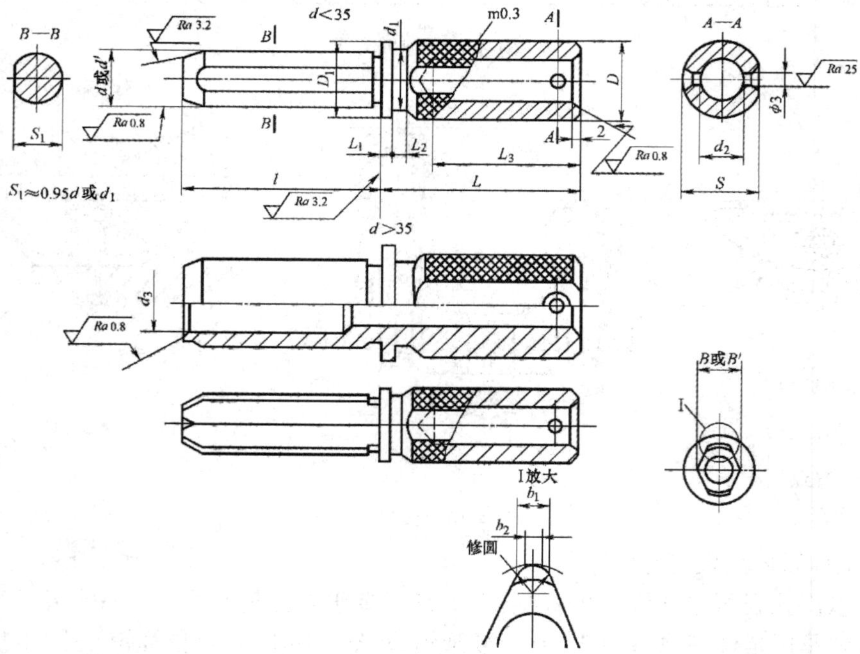

图 4-15　定位插销

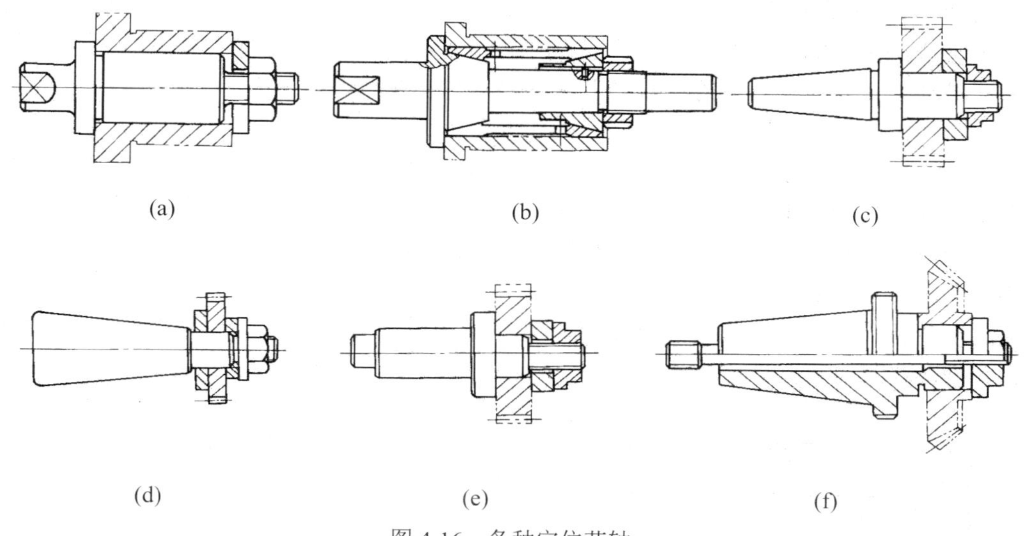

图 4-16　各种定位芯轴

(3) 工件以外圆柱面定位。

当采用工件以外圆柱面定位时，最常用的定位元件有 V 形块、半圆套、定位套等，它们常用作中心定位。常用 V 形块如图 4-17 所示。常用定位套如图 4-18 所示。

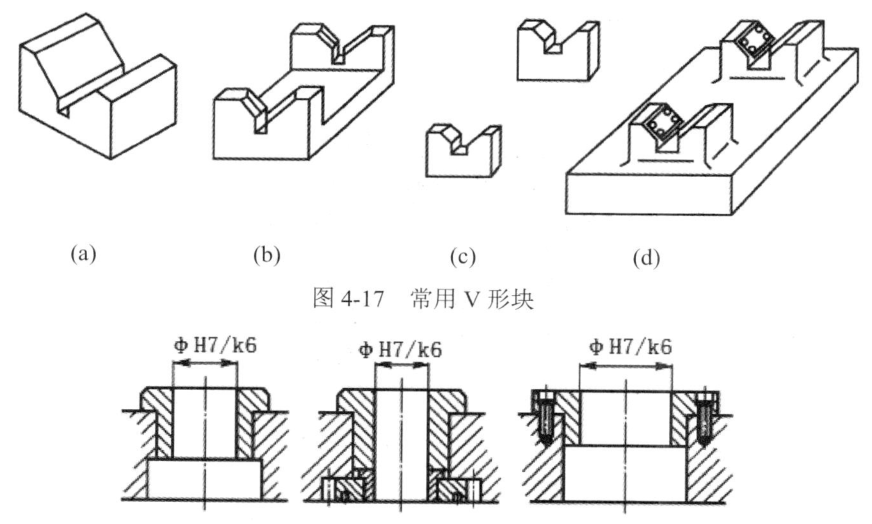

图 4-17　常用 V 形块

图 4-18　常用定位套

6) 定位基准的选择

定位基准的选择是十分关键的问题，选择正确与否，直接影响到零件表面的尺寸精度与位置精度。定位基准有粗基准和精基准之分。粗基准是指零件开始加工时，所有的面均未加工，只能以毛坯面作定位的基准。精基准是指以加工过的表面作定位的基准。

(1) 粗基准的选择。粗基准选择是指选择第一道机械加工工序的定位基准，为后续工序提供精基准。选择时，主要考虑各加工表面的余量如何进行合理分配，以保证加工余量均匀，达到加工表面与不加工表面之间的相互位置与尺寸要求。

① 对于同时具有不加工表面与加工表面的工件，为保证加工表面与不加工表面之间的位置要求，粗基准应选择不加工表面，如图 4-19(a)所示。如果零件上有多个不加工表面，则应选择与加工面间相互位置有较高要求的表面作粗基准，如图 4-19(b)所示的零件，其上有 3 个不加工表面。在加工台阶孔 4 时，当表面 4 与表面 2 所组成的壁厚均匀度要求较高时，应选择表面 2 作为粗基准。对于大小头存在中心偏差的结构零件，粗基准的选择应使加工余量足够，如图 4-19(c)所示，由于存在 3 mm 的中心偏差，粗基准应尽量选取小头，若以ϕ108 mm 大头外圆为粗基准，先车小头，此时若毛坯大小头同轴度误差大于 2.5 mm，则会因小头的加工余量不足而导致废品；反之，若以ϕ55 mm 小头为粗基准，先车大头，则可避免出现废品。对于存在如图 4-19(d)所示的位置关系的结构件，应尽量采用最长外圆表面作为粗基准，可保证孔加工后壁厚均匀。

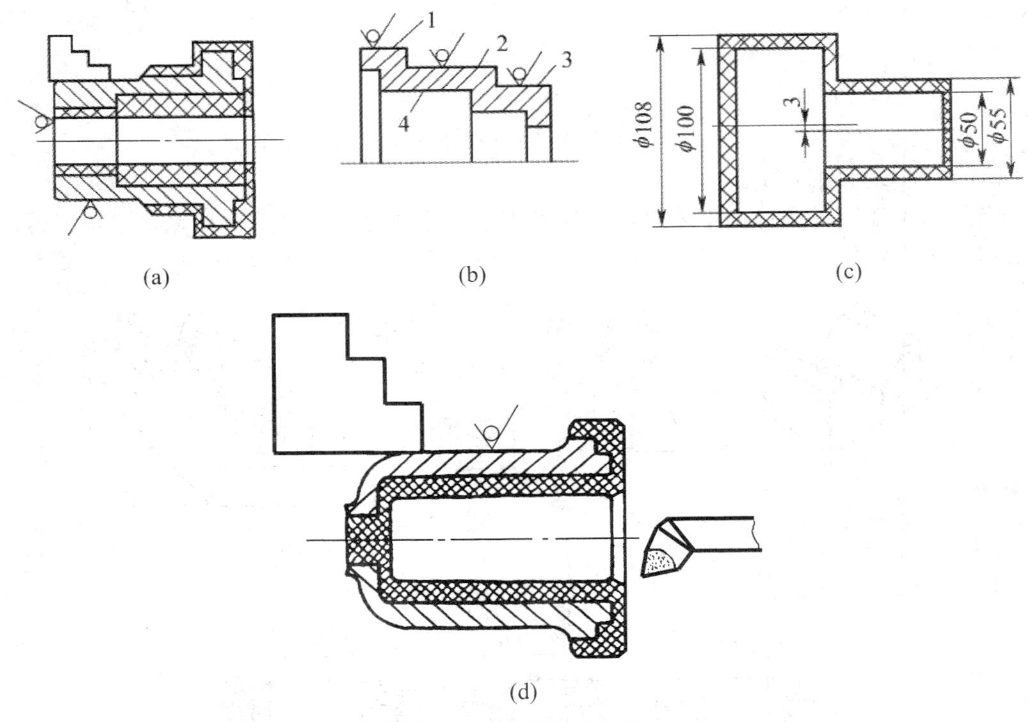

图 4-19　粗基准的选择

② 应避免重复使用粗基准。

③ 作为粗基准的表面要求应平整，没有浇口、冒口或者飞边等缺陷，以便定位可靠。

④ 对于具有较多加工表面的工件，选择粗基准时，应考虑合理地分配各表面的加工余量。在加工余量的分配上应考虑两点：一是应保证各主要加工表面都有足够的余量；二是对于工件上的某些重要表面(如床身导轨面和箱体的重要孔等)，为了尽可能使其加工余量均匀，应选择重要表面作粗基准。

(2) 精基准的选择。精基准是指零件以已加工的表面作为定位基准。合理地选择定位精基准是保证零件加工精度的关键。选择精基准应先考虑零件关键表面的加工精度(尤其是有位置精度要求的表面)，同时还要考虑所选基准的装夹是否稳定可靠、操作方便，选定精基准所用的夹具结构要简单。

精基准的选择原则：

① 基准统一原则。尽量选择多个加工表面共享的定位基准面作为精基准，以保证各加工面的相互位置精度，避免误差，简化夹具的设计和制造。

② 基准重合原则。尽量选择设计基准作为精基准，避免基准不重合引起的定位误差。

③ 互为基准原则。当两个表面相互位置精度以及各自的形状和尺寸精度都要求很高时，可以采取互为基准原则，反复多次地进行加工。

④ 自为基准原则。精加工或光整加工工序应尽量选择加工表面本身作为精基准，该表面与其他表面的位置精度则由先行工序保证。

⑤ 在选择基准时不能同时遵循各选择原则时，应具体情况具体分析，以关键表面的加工为主，兼顾次要表面的加工精度。

4.2　典型表面与典型零件的加工工艺

4.2.1　典型表面的加工工艺

1. 外圆加工

外圆面是指各种轴、盘类、套筒以及大型筒体等回转体零件的主要表面，常用的加工方法有车削、磨削及光整加工。外圆加工方法的选择如表 4-7 所示。

表 4-7　外圆加工方法的选择

序号	加工方案	经济精度	经济表面粗糙度 Ra/μm	适用范围
1	粗车	IT11～IT14	12.5～50	适用于除淬火钢以外的各种金属和部分非金属材料
2	粗车—半精车	IT8～IT10	3.2～6.3	
3	粗车—半精车—精车	IT7～IT8	0.8～1.6	
4	粗车—半精车—精车—滚压(抛光)	IT6～IT7	0.4～0.8	
5	粗车—半精车—磨削	IT6～IT7	0.4～0.8	主要用于淬火钢，也可用于未淬火钢及铸铁，不宜加工有色金属
6	粗车—半精车—粗磨—精磨	IT5～IT6	0.2～0.4	
7	粗车—半精车—粗磨—精磨—超精加工	IT4～IT6	0.012～0.1	
8	粗车—半精车—精车—金刚石精细车	IT5～IT6	0.1～0.4	主要用于要求较高的有色金属加工
9	粗车—半精车—粗磨—精磨—高精度磨削	IT3～IT5	0.008～0.1	极高精度的外圆加工
10	粗车—半精车—粗磨—精磨—研磨	IT3～IT5	0.008～0.1	

2. 孔加工

孔是盘类、套类、支架类、箱体和大型筒体等零件的重要表面之一。孔加工方法有钻孔、扩孔、铰孔、锪孔、拉孔、镗孔、磨孔、光整加工等。常用孔加工方案的选择如表 4-8 所示。

表 4-8　常用孔加工方案的选择

<table>
<tr><th>序号</th><th colspan="2">加工方案</th><th>经济精度</th><th>经济表面粗糙度 Ra/μm</th><th colspan="2">适用范围</th></tr>
<tr><td>1</td><td>钻削类</td><td>钻</td><td>IT11～IT14</td><td>12.5～50</td><td colspan="2">用于任何批量生产中工件实体部位的孔加工</td></tr>
<tr><td rowspan="4">2</td><td rowspan="4">铰削类</td><td>钻—铰</td><td>IT8～IT9</td><td>1.6～3.2</td><td>Φ10mm 以下</td><td rowspan="3">用于成批生产及单件、小批量生产中的小孔和细长孔加工，可加工不淬火的钢件、铸铁件及非铁金属件</td></tr>
<tr><td>钻—扩—铰</td><td>IT7～IT8</td><td>0.8～1.6</td><td rowspan="2">Φ10～Φ80mm</td></tr>
<tr><td>钻—扩—粗铰—精铰</td><td>IT6～IT7</td><td>0.4～1.6</td></tr>
<tr><td>粗镗—半精镗—铰</td><td>IT7～IT8</td><td>0.8～1.6</td><td colspan="2">用于成批生产中加工 Φ30～Φ80mm 铸锻孔</td></tr>
<tr><td>3</td><td>拉削类</td><td>钻—拉或粗镗—拉</td><td>IT7～IT8</td><td>0.4～1.6</td><td colspan="2">用于大批量生产中加工不淬火的钢铁材料和非铁金属件的中、小孔</td></tr>
<tr><td rowspan="4">4</td><td rowspan="4">镗削类</td><td>(钻)—粗镗—半精镗</td><td>IT9～IT10</td><td>3.2～6.3</td><td colspan="2" rowspan="4">多用于单件、小批量生产中加工除淬火钢外的各种钢件、铸铁件和非铁金属件。以珩磨为终加工的，多用于大批量生产，并可以加工淬火钢件</td></tr>
<tr><td>(钻)—粗镗—半精镗—精镗</td><td>IT7～IT8</td><td>0.8～1.6</td></tr>
<tr><td>(钻)—粗镗—半精镗—精镗—研磨</td><td>IT6～IT7</td><td>0.008～0.4</td></tr>
<tr><td>(钻)—粗镗—半精镗—精镗—珩磨</td><td>IT5～IT7</td><td>0.012～0.4</td></tr>
<tr><td rowspan="3">5</td><td rowspan="3">镗磨类</td><td>(钻)—粗镗—半精镗—磨</td><td>IT7～IT8</td><td>0.4～0.8</td><td colspan="2" rowspan="3">用于淬火钢、不淬火钢及铸铁件的孔加工，但不宜加工韧性大、硬度低的非铁金属件</td></tr>
<tr><td>(钻)—粗镗—半精镗—粗磨—半精磨—精磨</td><td>IT6～IT7</td><td>0.2～0.4</td></tr>
<tr><td>(钻)—粗镗—半精镗—粗磨—精磨—研磨</td><td>IT6～IT7</td><td>0.008～0.2</td></tr>
</table>

注：(钻)表示毛坯上若无孔，则需先钻孔；若毛坯上已铸出或锻出孔，则可直接粗镗。

3. 平面加工

平面是盘形与板形零件的主要表面，也是箱体、导轨及支架类零件的主要表面之一。其加工方法主要有车削、铣削、刨削、拉削、磨削及光整加工等。平面加工方案的选择如表 4-9 所示。

表 4-9　平面加工方案的选择

序号	加工方案	经济精度	经济表面粗糙度 Ra/μm	适用范围
1	粗车—精车	IT6～IT7	1.6～3.2	成批盘类零件端面
2	粗铣或粗刨	IT12～IT14	12.5～50	成批生产块类零件
3	粗铣—精铣	IT7～IT9	1.6～3.2	成批生产直线类较窄平面
4	粗刨—精刨	IT7～IT9	1.6～3.2	成批生产面类零件
5	粗拉—精拉	IT6～IT7	0.4～0.8	单件生产
6	粗铣(车、刨)—精铣(车、刨)—磨	IT5～IT6	0.2～0.8	成批生产面类零件
7	粗铣(刨)—精铣(刨)—磨—研磨	IT3～IT5	0.008～0.1	单件生产面类高精零件
8	粗刨—精刨—宽刀细刨	IT7～IT8	0.4～0.8	单件生产
9	粗铣(刨)—精铣(刨)—刮研	IT6～IT7	0.4～0.8	单件生产

4. 成形面加工

成形面有回转成形面、直线成形面、立体成形面、复合运动成形面等。成形面加工方法有简单刀具加工、成形刀具加工、展成法加工等。曲面是最典型的成形面，其常用的加工方法如表 4-10 所示。

表 4-10　曲面常用的加工方法

<table>
<tr><th colspan="3">加工方法</th><th>经济加工精度</th><th>经济表面粗糙度 Ra/μm</th><th>生产率</th><th>机床</th><th>适用范围</th></tr>
<tr><td rowspan="8">曲面的切削加工</td><td rowspan="4">成形刀具</td><td>车削</td><td>较高</td><td>较小</td><td>较高</td><td>车床</td><td>成批生产尺寸较小的曲面</td></tr>
<tr><td>铣削</td><td>较高</td><td>较小</td><td>较高</td><td>铣床</td><td>成批生产尺寸较小的外直线曲面</td></tr>
<tr><td>刨削</td><td>较低</td><td>较大</td><td>较高</td><td>刨床</td><td>成批生产尺寸较小的外直线曲面</td></tr>
<tr><td>拉削</td><td>较高</td><td>较小</td><td>高</td><td>拉床</td><td>大批大量生产各种小型直线曲面</td></tr>
<tr><td rowspan="4">简单刀具</td><td>手动进给</td><td>较低</td><td>较大</td><td>低</td><td>各种普通机床</td><td>单件、小批量生产各种曲面</td></tr>
<tr><td>靠模装置</td><td>较低</td><td>较大</td><td>较低</td><td>各种普通机床</td><td>成批生产各种直线曲面</td></tr>
<tr><td>仿形装置</td><td>较高</td><td>较大</td><td>较低</td><td>仿形机床</td><td>单件、小批量生产各种曲面</td></tr>
<tr><td>数控装置</td><td>高</td><td>较小</td><td>较高</td><td>数控机床</td><td>单件及中、小批各种曲面</td></tr>
<tr><td rowspan="4">曲面的磨削加工</td><td colspan="2">成形砂轮磨削</td><td>较高</td><td>小</td><td>较高</td><td>平面、工具、外圆磨床</td><td>成批生产加工外直线曲面和回转曲面</td></tr>
<tr><td colspan="2">成形夹具磨削</td><td>高</td><td>小</td><td>较低</td><td>成形、平面磨床，成形磨削夹具</td><td>单件、小批量生产加工外直线曲面</td></tr>
<tr><td colspan="2">砂带磨削</td><td>高</td><td>小</td><td>高</td><td>砂带磨床</td><td>各种数量生产加工外直线曲面和回转曲面</td></tr>
<tr><td colspan="2">连续轨迹数控坐标磨削</td><td>很高</td><td>很小</td><td>较高</td><td>坐标磨床</td><td>单件、小批量生产加工内外直线曲面</td></tr>
</table>

4.2.2　典型零件的加工工艺过程

根据在机器(或部件)中的形状特征和作用，零件可分为轴类、盘盖类、叉架类及箱体类 4 大类。本节以典型的轴类零件为例来说明零件的加工工艺过程。

1. 分析轴类零件的技术资料

1) 轴类零件的功用

轴类零件主要用于支承传动零部件，比如带轮、齿轮等，起传递扭矩及承受载荷的作用，以保证在轴上零件的回转精度。根据结构形状的不同，轴类零件可分为光轴、阶梯轴、空心轴和异形轴等，如图 4-20 所示。

(a) 阶梯轴　(b) 空心轴　(c) 异形轴

图 4-20　典型轴类零件

2) 轴类零件的结构特点

常见的轴类零件是阶梯轴，其长度大于直径，主体由多段不同直径的回转体组成。轴上一般有轴颈、轴肩、键槽、螺纹、挡圈槽、销孔、内孔、螺纹孔等要素，以及中心孔、退刀槽、倒角、圆角等机械加工工艺结构。如图 4-21 所示为传动轴零件图，如图 4-22 所示为传动轴立体图。

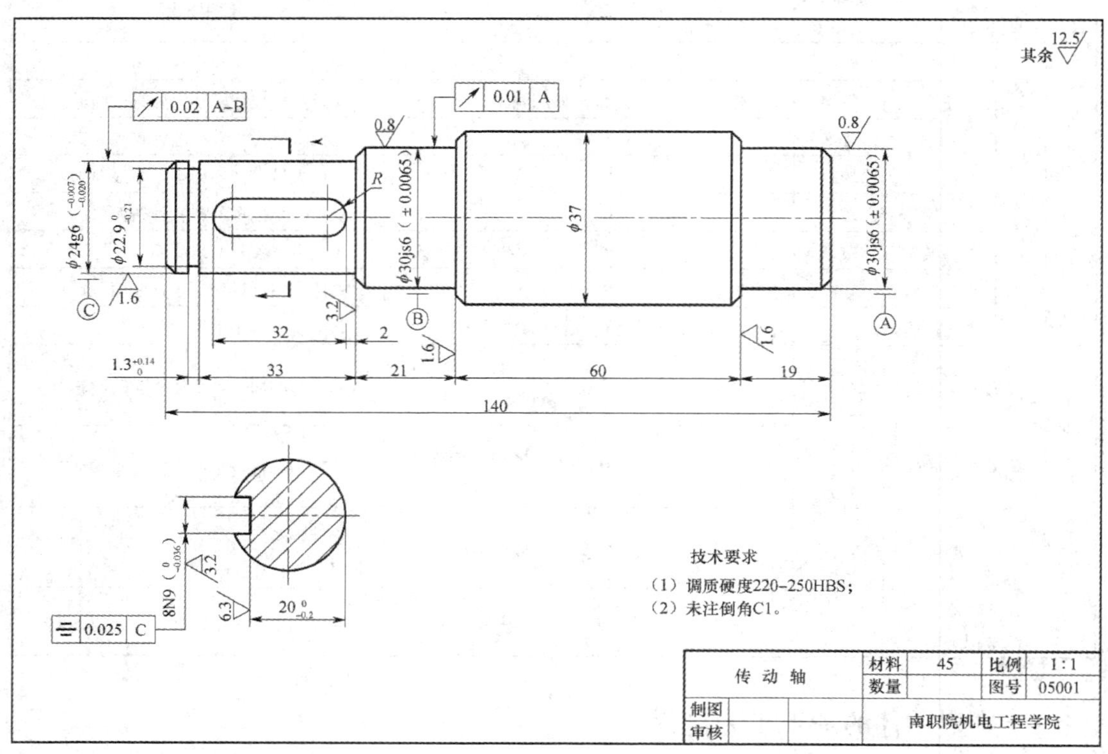

图 4-21　传动轴零件图

图 4-22　传动轴立体图

3) 轴类零件的材料

制造轴类零件的材料一般为碳钢，其中 45 号优质碳素钢最为常用。对于受力较小或者不重要的轴，可采用普通碳素钢 Q235-A 等。外形较复杂的轴一般采用高强度铸铁或者球墨铸铁。

2. 确定传动轴的生产类型

1) 计算传动轴的生产纲领

已知：

(1) 产品的生产纲领 $Q = 150$ 台/年；

(2) 每台产品中传动轴的数量 $n = 1$ 件/台；

(3) 传动轴的备品百分率 $a = 5\%$；

(4) 传动轴的废品百分率 $b = 0.5\%$；

传动轴的生产纲领计算如下：

$$N = Qn(1 + a + b) = 150 \times 1 \times (1 + 5\% + 0.5\%) = 158(\text{件/年})$$

2) 确定传动轴的生产类型及其工艺特征

传动轴属于中型机械类零件。根据生产纲领(158 件/年)及零件类型(中型机械)，按照机械加工工艺归类的通常惯例，传动轴的生产类型一般归为小批生产，其工艺特点如表 4-11 所示。

表 4-11　传动轴的工艺特点

生产纲领	生产类型	工 艺 特 点
158 件/年	小批生产	(1) 采用自由锻造毛坯，加工余量大，精度低； (2) 采用通用机床加工； (3) 采用通用夹具或者组合夹具、通用刀具、标准附件及通用量具等工艺装备； (4) 编制简单的加工工艺过程卡片； (5) 采用划线、试切等加工方法保证尺寸，要求操作工人技术熟练，生产效率低

3. 确定轴类零件的毛坯类型及其制造方法

1) 选择传动轴毛坯类型及其制造方法

传动轴的制造材料常采用 45 号优质碳素钢，查《机械设计手册》中轴类零件常用毛坯类型可确定，可采用型材或者锻件毛坯类型。此处传动轴的毛坯选用锻件，采用自由锻造的方法来制造。

2) 绘制传动轴毛坯简图

(1) 确定传动轴毛坯的余量。根据《自由锻件机械加工余量计算公式》中阶梯轴的自由锻造机械加工余量计算公式($D<65$ mm 时，按 65 mm 计算，$L<300$ mm 时，按 300 mm 计算)，传动轴锻件余量计算如下：

$$A = 0.26L^{0.2}D^{0.5} = 0.26 \times 300^{0.2} \times 65^{0.5} = 6.56(\text{mm})$$

传动轴毛坯的余量取整数 7 mm。

(2) 绘制传动轴毛坯简图。传动轴毛坯简图的绘制方法和步骤如表 4-12 所示。

表 4-12　传动轴毛坯简图的绘制方法和步骤

步　骤	图　例
(1) 只画传动轴的主视图，用双点画线表示。只画主要结构，省略次要细节，不画由毛坯制造出来的孔	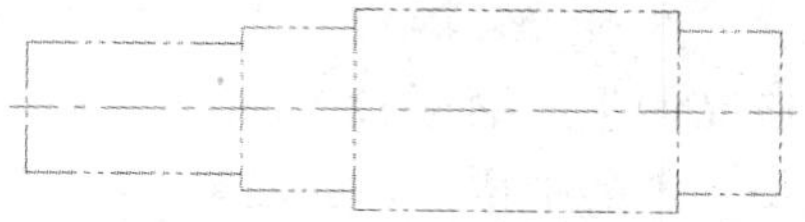
(2) 用粗实线按尺寸将加工总余量画在加工表面上	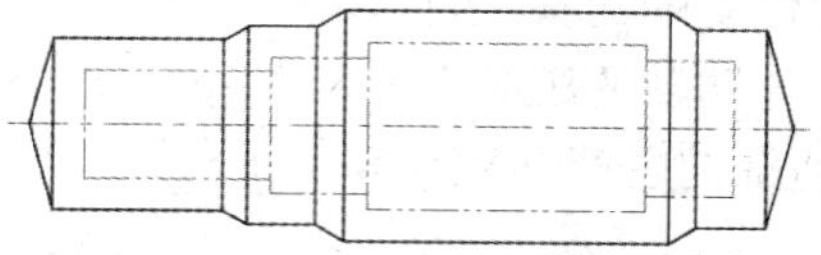
(3) 标注毛坯的主要尺寸	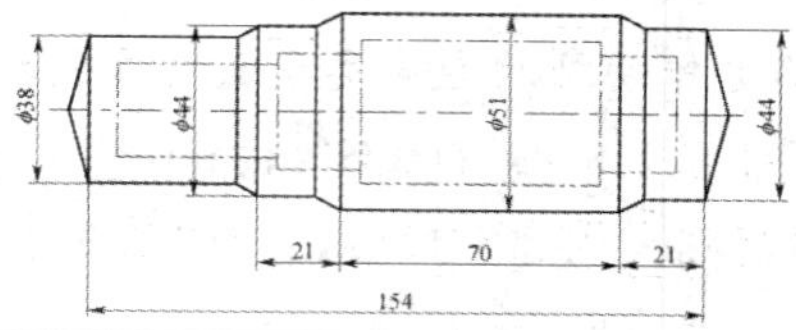 φ38　φ44　φ51　φ44　21　70　21　154

4. 选择轴类零件的定位基准和加工装备

1) 轴类零件粗基准的选择

(1) 以毛坯表面作为定位基准。

(2) 粗基准选择要考虑下列原则：

① 粗基准应选用面积较大，平整光洁，无浇口、冒口、飞边等缺陷的表面，这样工件的定位才稳定可靠。

② 选用的粗基准必须便于加工精基准，以尽快获得精基准。

③ 当工件的加工表面与某不加工表面之间有相互位置精度要求时，应选择该不加工表面作为粗基准。

④ 当有多个不加工表面时，应选择与加工表面位置精度要求较高的表面作为粗基准。

⑤ 粗基准在同一尺寸方向上应只使用一次。

⑥ 当要求工件某些重要表面的加工余量均匀时，应选择该表面作为粗基准。

(3) 轴类零件的粗加工可选择外圆表面作为定位粗基准，以此定位加工两端面和中心孔，为后续工序准备精基准。

2) 轴类零件精基准的选择

轴类零件精基准的选择原则如下：

(1) 当不能用两端中心孔定位(如带内孔的轴)时，可采用外圆表面或者外圆表面与孔一端口作为精基准。

(2) 轴类零件的加工，多以轴两端的中心孔作为定位精基准。因为轴的设计基准是中心线，这样既符合基准重合原则，又符合基准统一原则，还能在一次装夹中最大限度地完成多个外圆及端面的加工，易于保证各轴颈间的同轴度以及端面的垂直度。

3) 轴类零件加工装备的选择

(1) 机床夹具的分类。

① 通用夹具：指形状已标准化、尺寸已系列化、稍加调整或者无需调整就可用于装

夹不同工件的夹具，如三爪自定心卡盘、四爪单动卡盘、平口钳、中心架、顶尖、回转工作台、分度头、跟刀架和电磁吸盘等。这类夹具的最大特点是通用性好，生产准备周期短，但定位夹紧过程费时费力，效率较低，主要应用于单件、小批量的生产中。一般以机床附件的形式由机床制造厂提供给用户，也可在市场采购或向专业制造厂定购。

② 专用夹具：专门为工件的某道加工工序而设计制造的夹具。其特点是结构紧凑，操作方便，生产效率高。但设计、制造的周期长，费用高。专用夹具主要应用于产品固定且大批量生产中。

③ 组合夹具：是指由通用元件和部件组合而成的夹具。夹具进行拆卸后，可通过重新组装形成不同的夹具，可加工出不同的工件。其特点是生产周期短、专用夹具的品种和数量少。组合夹具适用于小批量、多品种的生产及新产品的试制。

(2) 车床常用夹具及夹紧方法。车床常用夹具及夹紧方法如表 4-13 所示。

表 4-13　车床常用夹具及夹紧方法

名称	装夹简图	装夹特点	应用
三爪自定心卡盘	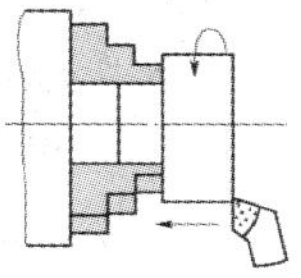	3 个卡爪可同时移动，自动定心，装夹迅速方便，但重复定位精度不够高	长径比小于 4，截面为圆形、六方形的中、小型工件
四爪单动卡盘	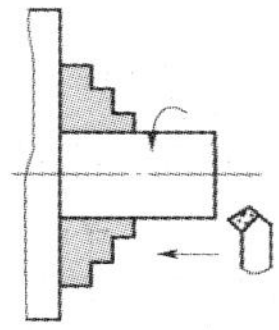	4 个卡爪都可单独移动，装夹工件慢，需要找正，精度好	长径比小于 4，截面为方形、椭圆形的较大、较重的工件
花盘	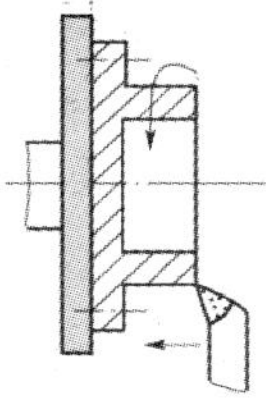	盘面上有多通槽和 T 型槽，使用螺钉、压板装夹，装夹前需要找正，适应性好	形状不规则的工件，孔或外圆与定位基面垂直的工件
双顶尖	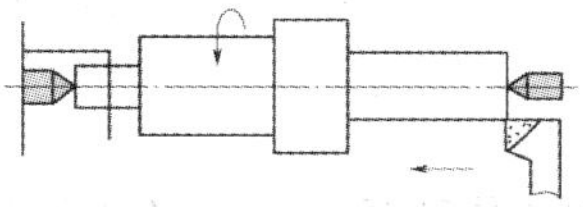	定心准确，装夹稳定，易于确保同轴度的要求	长径比为 4～15 的实心传动轴
双顶尖+中心架	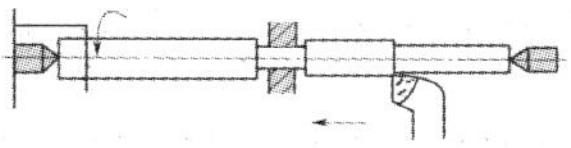	支爪可调，增加工件刚性，可确保同轴度的要求	长径比大于 15 的细长轴工件的粗加工
一夹一顶+跟刀架	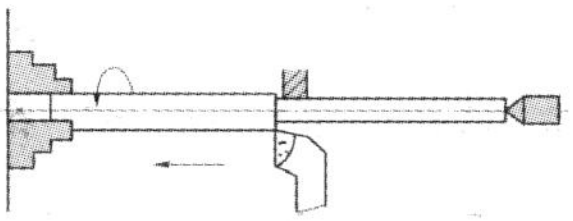	支爪随刀具一起运动，无接刀痕，可确保同轴度的要求	长径比大于 15 的细长轴的半精加工、精加工
传动轴	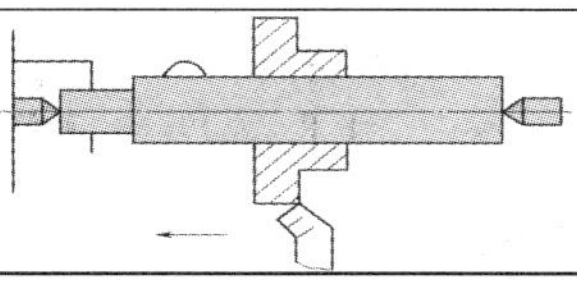	能保证外圆、端面对内孔的位置精度	以孔为定位基准的套类零件

(3) 车床常用夹具的特点。

工件的装夹方法大体上可分为卡盘装夹、传动轴装夹、顶尖装夹 3 种。

① 卡盘装夹。卡盘主要有三爪自定心卡盘、四爪单动卡盘及花盘等种类。

a. 三爪自定心卡盘简称三爪卡盘，其结构如图 4-23(a)所示，其特点是能自动定心，装夹方便，应用广泛。但其夹紧力较小，且对于外形不规则的工件不便于夹持。三爪卡盘主要应用于装夹轴类、盘套类零件。

b. 四爪单动卡盘全称是机床用手动四爪单动卡盘，它是由 1 个盘体、4 个丝杆和 1 副卡爪组成的。工作时，4 个丝杠分别带动 4 个卡爪，因此常见的四爪单动卡盘没有自动定心的功能，其结构如图 4-23(b)所示。

c. 花盘是安装在车床主轴上的一个大圆盘，盘面上的许多长槽用以穿放螺栓，工件可用螺栓直接安装在花盘上，其结构如图 4-23(c)所示。

(a) 三爪自定心卡盘

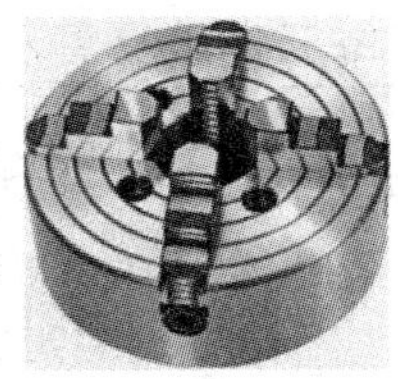
(b) 四爪单动卡盘

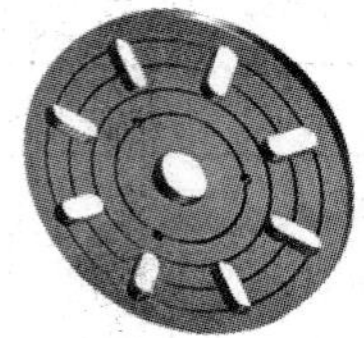
(c) 花盘

图 4-23　卡盘结构

② 传动轴装夹。以孔为定位基准的盘套类工件，通常采用传动轴进行装夹，易于保证外圆、内孔和端面之间的位置精度。如图 4-24 所示为常用的圆柱传动轴与花键传动轴。

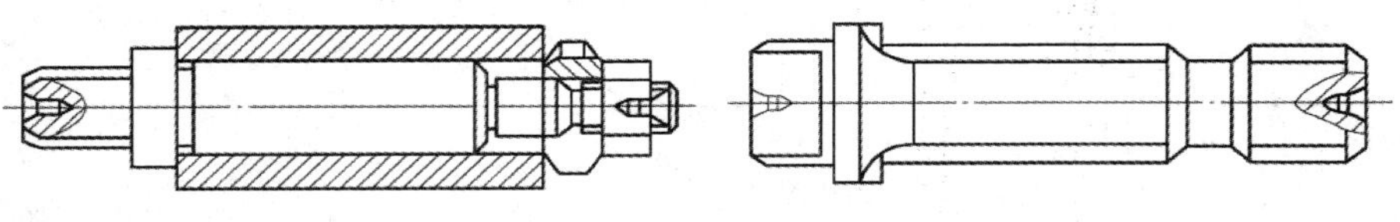
(a) 圆柱传动轴　　(b) 花键转动轴

图 4-24　常用的传动轴

③ 顶尖装夹。双顶尖装夹主要适用于较长的轴类工件(4＜长径比＜15)。加工细长轴(长径比＞15)时，为减小工件振动和弯曲变形，常用中心架或者跟刀架作辅助支承，以增加工件的刚性。

4) 传动轴的定位基准和加工装备

(1) 选择传动轴的粗基准和夹紧方案。选择毛坯ϕ51 外圆作为粗基准，能方便地加工两端面和中心孔，可以尽快获得精基准，如图 4-25 所示。

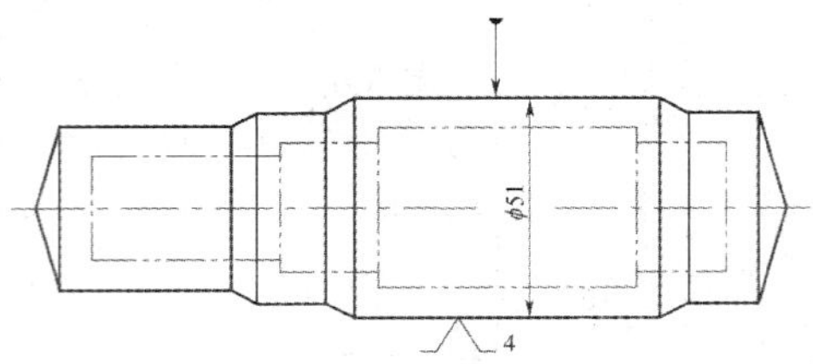

图 4-25　选择传动轴粗基准

(2) 选择传动轴的精基准和夹紧方案。根据基准重合原则，考虑选择传动轴的轴线作为定位精基准是最理想的，即采用两端中心孔作为精基准，如图 4-26 所示。

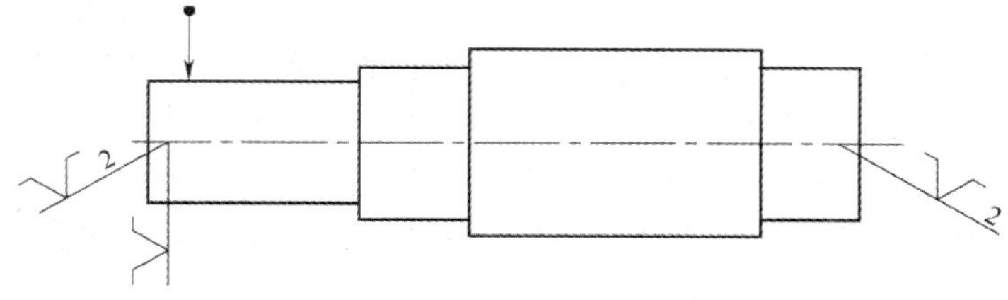

图 4-26　选择传动轴精基准

(3) 选择传动轴的加工装备。根据传动轴的工艺特性，加工装备采用通用机床，即普通车床、立式铣床、万能磨床均可。工艺装备采用通用夹具(三爪自定心卡盘及顶尖)、通用刀具(标准车刀、键槽铣刀、砂轮等)、通用量具(游标卡尺、外径千分尺等)。

5. 拟定轴类零件的工艺路线

1) 轴类零件表面常用的加工方法

(1) 轴类零件外圆的加工方法。

① 车削加工。车削加工是轴类零件外圆的主要加工方法。根据生产批量不同，可在卧式车床、多刀半自动车床或仿形车床上进行。

轴类零件外圆车削的工艺范围很广，根据毛坯的类型、制造精度以及轴的最终精度要求不同，可采用粗车、半精车、精车和细车等不同的加工阶段。

② 磨削加工。磨削加工是轴类零件外圆精加工的主要方法。它既能加工淬火零件，也能加工非淬火零件。通过磨削加工能有效地提高轴类零件，尤其是淬硬件的加工质量。

磨削加工可以达到的经济精度为 IT6，表面粗糙度 *Ra* 可达到 0.32～1.25 μm。根据不同的精度和表面质量要求，磨削可分为粗磨、精磨、细磨和镜面磨削等。

(2) 轴类零件键槽的加工方法。

键槽是轴类零件上常见的结构，其中以普通平键应用最为广泛，通常在普通立式铣床上用键槽铣刀加工。

键槽加工工序一般放在外圆精车或者粗磨之后、精加工之前进行。如果安排在精车之前铣键槽，在精车时会由于断续切削而产生振动，既影响加工质量，又容易损坏刀具；另一方面，键槽的尺寸也较难控制。如果安排在主要表面的精加工之后，则会破坏主要表面的已有精度。

2) 加工阶段的划分

(1) 按加工性质和作用，加工阶段可分为粗加工、半精加工和精加工 3 个阶段。

(2) 划分加工阶段有以下作用：

① 避免粗加工时切削力所引起的变形及较大的夹紧力对精加工的影响。

② 避免加工残余应力释放过程中引起的工件变形。

③ 热处理工序的安排要求。

④ 便于精密机床长期保持精度。

⑤ 及时发现毛坯的缺陷，避免不必要的损失。

3) 切削加工顺序的安排原则

切削加工顺序的安排原则如下：

(1) 按“先基面、后其他”的顺序，先加工基准表面，后加工其他表面。

(2) 按“先主后次、先粗后精”的原则，先加工主要表面(指装配基面、工作表面等)，后加工次要表面(指沉孔、螺孔等)，先安排粗加工工序，后安排半精加工、精加工工序。

(3) 对于与主要表面有位置要求的次要表面，应安排在主要表面加工之后再加工。

(4) 除各工序操作者自检外，零件全部加工结束之后应单独安排检验工序。

4) 中心孔的应用与加工

(1) 中心孔的形式与尺寸参数如表 4-14 所示。

表 4-14　中心孔的形式与尺寸参数

型式		公称尺寸 D													
		0.5	0.63	0.8	1.0	1.25	1.6	2.0	2.5	3.15	4.0	5.0	6.3	8.0	10.0
R 型	*D*1	—	—	—	2.12	2.65	3.35	4.25	5.3	6.7	8.5	10.6	13.2	17.0	21.2
A 型	*D*1	1.06	1.32	1.70	2.12	2.65	3.35	4.25	5.30	6.70	8.50	10.60	13.20	17.00	21.20
	t	0.5	0.6	0.7	0.9	1.1	1.4	1.8	2.2	2.8	3.5	4.4	5.5	7.0	8.7
B 型	*D*1	—	—	—	3.15	4	5	6.3	8	10	12.5	16	18	22.4	28
	t	—	—	—	0.9	1.1	1.4	1.8	2.2	2.8	3.5	4.4	5.5	7.0	8.7
C 型	*D*	M3		M4	M5	M6	—	M8	M10		M12	M16		M20	M24
	*D*2	5.8		7.4	8.8	10.5	—	13.2	16.3		19.8	25.3		31.3	38.0

注：(1) 尽量避免选用括号中的尺寸。

(2) 尺寸 l 取决于中心钻的长度，不能小于 t。

(3) 尺寸 L 取决于零件的功能要求。

(2) 两端中心孔(或两端孔口 60° 倒角)作为工件车削和磨削加工的定位基准，其误差会直接影响工件的加工精度。中心孔误差如图 4-27 所示。其中，图(a)中的中心孔为椭圆；图(b)、图(c)中的中心孔加工不到位；图(d)中的中心孔倾斜；图(e)中的中心孔偏离了中心线；图(f)中的中心孔倒角偏大；图(g)中的中心孔倒角偏小。

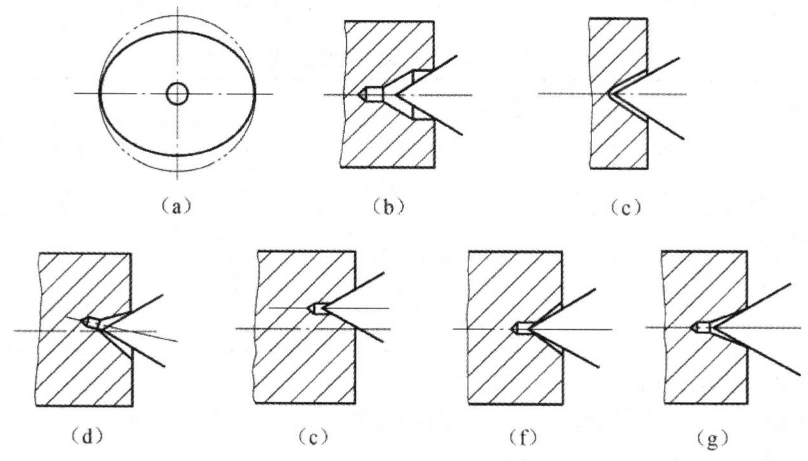

图 4-27　中心孔误差

(3) 中心孔在使用过程中的磨损及热处理后产生的变形都会影响加工精度。因此，在热处理之后、精加工之前，应安排研修中心孔工序，以消除误差。中心孔的研修方法如图 4-28 和表 4-15 所示。

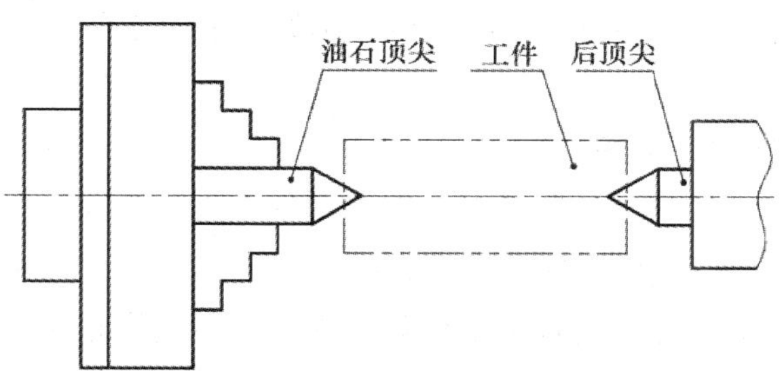

图 4-28　中心孔的研修方法

表 4-15　中心孔的研修方法

方　法	研 修 要 点
用铸铁顶尖研修	将铸铁顶尖夹在车床卡盘上，将工件顶在铸铁顶尖和尾架顶尖之间研磨，研修时加研磨剂
用油石或橡胶砂轮研修	方法同上，用油石或橡胶砂轮代替铸铁顶尖。研修时加少量润滑剂(如轻机油)
用成形内圆砂轮修磨	主要用于研修淬火变形和尺寸较大的中心孔。将工件夹在内外圆磨床卡盘上，校正外圆后，用成形内圆砂轮修磨
用硬质合金顶尖刮研	在立式中心孔研磨机上，用四棱硬质合金顶尖进行刮研；刮研时加入氧化铬磨剂
用中心孔磨床修磨	修磨时，砂轮作行星运动，并沿 30° 方向进给，适于修磨淬硬的精密零件中心孔，圆度可达 0.8 μm

5) 拟定传动轴的工艺路线

(1) 确定传动轴各表面的加工方法。根据加工表面的精度和表面粗糙度要求，通过查

《工艺设计手册》“外圆表面加工方案”可得各加工表面的加工方案，详见表 4-16。

表 4-16 各加工表面的加工方案

加工表面	精度要求	表面粗糙度 Ra/μm	加工方案
ϕ30js6 外圆轴肩	IT6～IT11 以上	0.8 或 1.6	粗车—半精车—精车—粗磨—精磨
ϕ24g6 外圆轴肩	IT6～IT11 以上	1.6 或 3.2	粗车—半精车—精车
键槽侧面 8N9 底面	IT9～IT11 以上	3.2 或 6.3	粗铣—精铣
挡圈槽 22.9 × 1.3	IT11 以上	12.5	粗车
各倒角	IT11 以上	12.5	粗车

(2) 初步拟定传动轴机械加工工艺路线。

① 划分加工阶段。根据以上相关知识和分析可知，传动轴主要表面的加工可划分为粗加工、半精加工和精加工 3 个阶段。

② 安排加工顺序。根据机械加工的安排原则，先安排基准和主要表面的粗加工，然后再安排基准和主要表面的精加工。先以ϕ51 作为粗基准加工两端中心孔(精基准)，加工两端中心孔前需车平两端面。

③ 初步拟定工艺路线。拟定零件加工的工艺路线主要考虑各工序的具体加工内容、切削用量、工时定额以及所采用的设备和工艺装备等，可以采用简易工艺流程图进行辅助构思。

6. 设计轴类零件的加工工序

1) 时间定额

时间定额是指在一定的生产条件下，规定生产一件产品或完成一道工序所消耗的时间。时间定额是安排作业计划、进行成本核算、确定设备数量和人员编制、规划生产面积的重要依据。

2) 时间定额及其组成

时间定额由基本时间、辅助时间、布置工作地时间、休息和生理需要的时间、准备与终结时间组成。

(1) 基本时间。指直接改变生产对象的尺寸、形状、性能和相对位置关系的时间。

(2) 辅助时间。指为配合基本加工工作完成的各种辅助动作所消耗的时间。确定辅助时间的方法与零件生产类型有关。基本时间与辅助时间的总和称为作业时间。

(3) 布置工作地时间。为使加工正常进行，照管工作地所消耗的时间，称为布置工作地时间，又称工作地点服务时间，一般按作业时间的 2%～7%估算。

(4) 休息和生理需要的时间。指工人在工作班内为恢复体力和满足生理需要所消耗的时间，一般按作业时间的 2%估算。

(5) 准备与终结时间。指工人为生产一批工件而进行准备和结束工作所消耗的时间。

3) 时间定额的制定方法

(1) 经验估算法。指工时定额员和工人根据经验对产品工时定额进行估算的一种方法，主要应用于新产品试制。

(2) 统计分析法。指对多人生产同一种产品测出的数据进行统计，计算出最优数、平均达到数、平均先进数，并以平均先进数为工时定额的一种方法，主要应用于大批、重复生产的产品工时定额的修订。

(3) 类比法。主要用于有可比性的系列产品。

(4) 技术定额法。分为实测法和计算法两种，是目前最常用的方法。

4) 设计传动轴的加工工序

(1) 确定传动轴各工序加工余量及工序尺寸。

传动轴的加工过程如图 4-29 所示，各工序工件尺寸、公差和加工余量如表 4-17 所示。

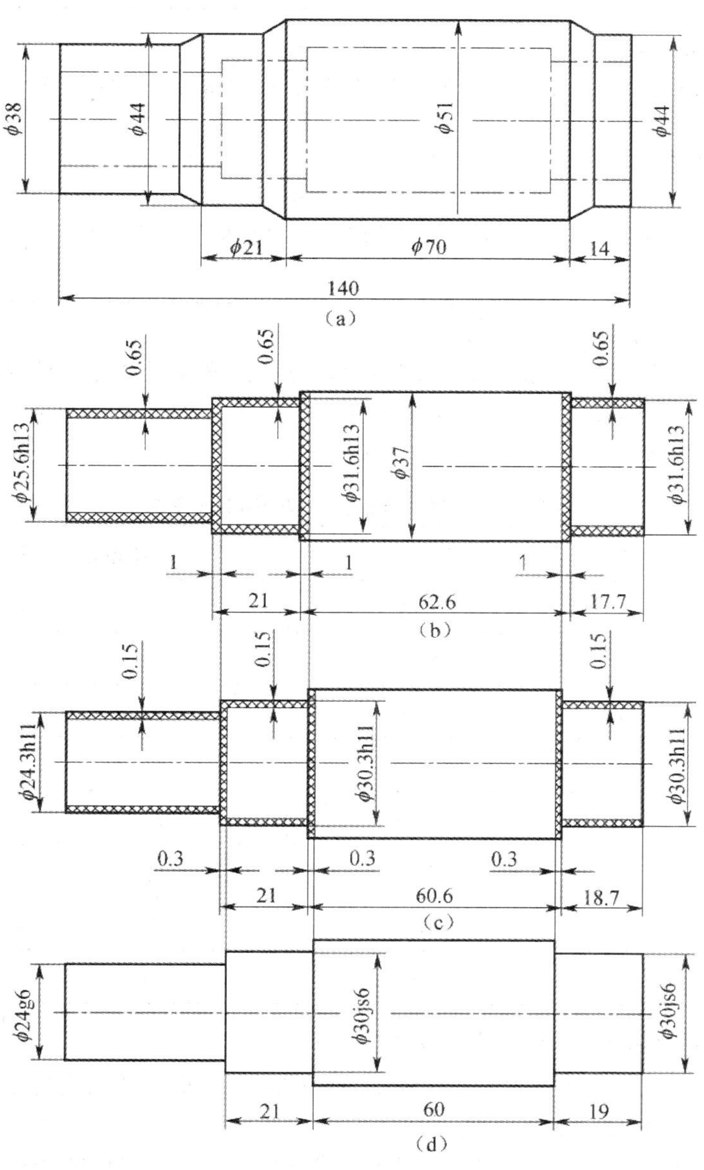

图 4-29　传动轴的加工过程

表 4-17　各工序工件尺寸、公差和加工余量

工序	外圆尺寸及公差	加工余量	端面(长度)尺寸
毛坯	ϕ44 ϕ38		
粗车	ϕ31.6h13 ϕ25.6h13	44-31.6 = 12.4 38-25.6 = 12.4	17.7 62.6 21
半精车	ϕ30.3h11 ϕ24.3h11	1.3 (查表《粗车及半精车外圆的加工余量及偏差》)	18.7 60.6 21
磨削	ϕ30js6 ϕ24g6	0.3 (查表《磨削外圆的加工余量及偏差》)	19 60 21

(2) 计算传动轴各工序工时定额。

因传动轴为小批生产，因此可以采用经验估算法计算各工序的工时定额，主要利用经过实践积累的统计数据及进行部分计算来确定，计算结果如表 4-18 所示。在实际生产中，时间定额需要不断修正。

表 4-18　传动轴各工序时间估算表

工序号	工序名称	工序工时/min
3	车钻	8
4	粗车	12
6	研修	10
7	半精车	9
8	磨削	11
9	铣削	15
10	车削	5
	合计	70

7. 填写轴类零件的机械加工工艺文件

根据上述分析，按机械加工工艺文件中各栏的填写要求，详细填写传动轴《机械加工工艺过程卡片》。因传动轴的生产类型是小批生产，故只需编制机械加工工艺过程卡片。过程卡片的编制内容只有比较详细，才能用于指导生产，填写完成的传动轴机械加工工艺过程卡片见如 4-19 所示。

表 4-19　传动轴机械加工工艺过程卡片

<table>
<tr><td colspan="2" rowspan="2">企业名称</td><td colspan="3" rowspan="2">机械加工工艺过程卡片</td><td colspan="3">零件图号</td><td colspan="2">05001</td><td colspan="2">共 1 页</td></tr>
<tr><td colspan="3">零件名称</td><td colspan="2">传动轴</td><td colspan="2">第 1 页</td></tr>
<tr><td>材料牌号</td><td>45</td><td>毛坯种类</td><td>锻件</td><td>毛坯外形尺寸</td><td colspan="3">$\phi51\times154$</td><td>每件毛坯可制件数</td><td>1</td><td>每台件数</td><td>1</td></tr>
<tr><td rowspan="2">工序号</td><td colspan="4" rowspan="2">工 序 内 容</td><td rowspan="2">车间</td><td rowspan="2">工段</td><td rowspan="2">设备</td><td colspan="2" rowspan="2">工艺装备</td><td colspan="2">工时</td></tr>
<tr><td>准终</td><td>单件</td></tr>
<tr><td>1</td><td colspan="4">锻造：锻造毛坯</td><td>锻造车间</td><td></td><td></td><td colspan="2"></td><td></td><td></td></tr>
<tr><td>2</td><td colspan="4">热处理：正火处理</td><td>热加车间</td><td></td><td>正火平炉</td><td colspan="2"></td><td></td><td></td></tr>
<tr><td>3</td><td colspan="4">车钻：分别车两端面，钻两端 A6.3 中心孔，总长车至 140</td><td>机加工</td><td>二班</td><td>CA6140</td><td colspan="2">三爪自定心卡盘、端面车刀、中心钻、游标卡尺</td><td></td><td>8 min</td></tr>
<tr><td>4</td><td colspan="4">粗车：分别粗车左、右端各外圆至$\phi31.6$h13、$\phi25.6$h13 和$\phi37$，轴肩端面均留余量 1.6</td><td>机加工</td><td>二班</td><td>CA6140</td><td colspan="2">三爪自定心卡盘、顶尖、外圆车刀、游标卡尺</td><td></td><td>12 min</td></tr>
<tr><td>5</td><td colspan="4">热处理：调质处理</td><td>机加工</td><td>二班</td><td></td><td colspan="2"></td><td></td><td></td></tr>
<tr><td>6</td><td colspan="4">研修：研修中心孔</td><td>机加工</td><td>二班</td><td>CA6140</td><td colspan="2">顶尖、研修顶法、游标卡尺</td><td></td><td>10 min</td></tr>
</table>

续表

工序号	工 序 内 容	车间	工段	设备	工艺装备	工时	
						准终	单件
7	半精车：(1) 半精车右端$\phi30$外圆及轴肩端面，外圆车至$\phi30.3h11$，长度车至18.7 (2) 调头半精车左端$\phi24$和$\phi30$外圆及轴肩端面，外圆车至$\phi24.3h11$、$\phi30.3h11$，长度车至21、60.6	机加工	二班	CA6140	夹头、顶尖、外圆车刀、游标卡尺		9 min
8	磨削：粗磨、精磨$2\times\phi30js6$、$\phi24g6$外圆及轴肩端面，保证各外圆及长度尺寸符合图纸要求	机加工	二班	M131W	夹头、顶尖、外径千分尺、深度游标卡尺		11 min
9	铣削：粗铣键槽至7×19(宽×长)，精铣键槽$8N9\times20^{0}_{-0.2}$至尺寸，去毛刺	机加工	二班	X5032	三爪自定心卡盘、顶尖、$\phi8$立铣刀、键槽铣刀、游标卡尺		15 min
10	车削：车左端槽$\phi22.3\times1.3$至尺寸，去毛刺	机加工	二班	CA6140	三爪自定心卡盘、顶尖、切槽车刀、游标卡尺		5 min
11	终检：按零件图样尺寸及技术要求检验	质检处					
	合计						70 min

第 5 章　先进制造技术

5.1　特种加工概述

特种加工是指直接利用电能、热能、光能、声能、化学能等进行加工的总称(有时也被称为现代加工)，这种加工方法采用的是常规切削加工以外的新的加工方法，利用电、磁、声、光、化学等能量或其各种组合作用在工件的被加工部位上，实现对材料的去除、变形、改变性能和镀覆，从而达到加工目的。特种加工与传统的切削加工的区别在于：

(1) 不依靠机械能，而是用其他能量去除工件上的多余材料；

(2) 工具硬度可以低于被加工材料的硬度；

(3) 加工过程中工具与工件之间一般不存在显著的切削力。

5.1.1　特种加工的产生和发展

1. 特种加工的产生

材料越来越难加工，零件结构和形状越来越复杂，对表面粗糙度和精度的要求越来越高，因而对机械制造部门提出了加工超硬材料、复杂表面和超精零件等一系列新的要求。

2. 特种加工的特点

特种加工不用机械能；加工作用力极小；可进行微细加工；无大面积热应变等。

3. 特种加工的发展趋势

特种加工有以下两种发展趋势：

(1) 充分融合现代电子技术、计算机技术、信息技术和精密制造技术等高新技术，使加工设备向自动化和柔性化方向发展。

(2) 大力开发新的特种加工方法，包括微细加工和复合加工。

5.1.2　特种加工对机械制造工艺技术的影响

特种加工对机械制造工艺技术的影响如下：

(1) 提高了材料的可加工性；

(2) 改变了零件的工艺路线；

(3) 缩短了新产品的试制周期；

(4) 对产品和零件的结构设计产生了较大影响；

(5) 需重新评估传统的结构工艺性。

5.1.3　特种加工方法

特种加工方法按其能量来源和加工原理分类，可分为电火花加工、电化学加工、高能束加工、物料切蚀加工、化学加工、成形加工和复合加工等多种方法。

传统的机械加工，除磨削以外一般都安排在淬火热处理工序之前，特种加工的出现，改变了这个一成不变的程序。由于特种加工工具往往不直接接触工件，其硬度可以低于被加工材料的硬度，而且为了避免淬火引起的变形，可将某些工序放在淬火后，加工效果更好，如电火花线切割加工、电火花成形加工和电解加工等。

特种加工还对工艺过程的安排产生了影响，如粗、精加工分开以及工序集中与分散等。由于特种加工时没有显著的切削力，所以机床、夹具、工具、工件的刚度、强度不再是主要矛盾，即使是复杂的、精度要求高的加工表面也常常只用一个复杂工具，简单的运动轨迹，一次安装，一道工序就可加工出来。

5.2　电 解 加 工

5.2.1　电解加工的原理

电解加工是利用金属在电解液中可以产生阳极溶解的电化学原理来进行去除加工的。这种电化学现象在机械工业中早已被用来实现电抛光和电镀。其加工原理如图 5-1 所示。加工时，工件连接直流电源的正极(阳极)，工具(模具)连接负极(阴极)。两极之间的电压一般为 5～25 V 的低电压。两极之间保持 0.1～0.8 mm 的间隙，电解液以 5～60 m/s 的速度流过，使两极间形成导电通路，并在电源电压下产生电流，于是工件被加工表面的金属材料将由于电化学反应而不断溶解到电解液中，电解的产物则被电解液带走。加工过程中工具阴极不断地向工件恒速进给，工件金属不断溶解，使工件与工具各处的间隙趋于一致，工具阴极的形状尺寸就被复制到工件上，从而得到所需要的零件形状。

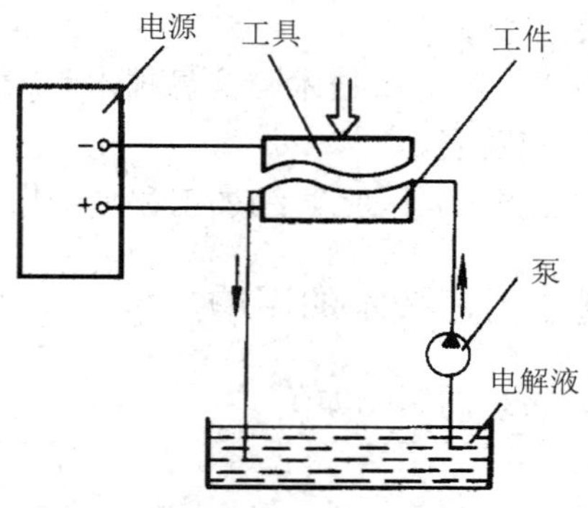

图 5-1　电解加工原理示意图

电解加工成形的原理如图 5-2 所示。电解加工刚开始时，工件毛坯的形状与工具形状不同，两电极之间间隙不相等，如图 5-2(a)所示，间隙小的地方电场强度高，电流密度大(如图中间隙小处竖线较密)，金属溶解速度也较快；反之，间隙较大处加工速度就慢。随着工具不断向工件进给，阳极表面的形状就逐渐与阴极形状接近，各处间隙和电流密度逐渐趋于一致，如图 5-2(b)所示。

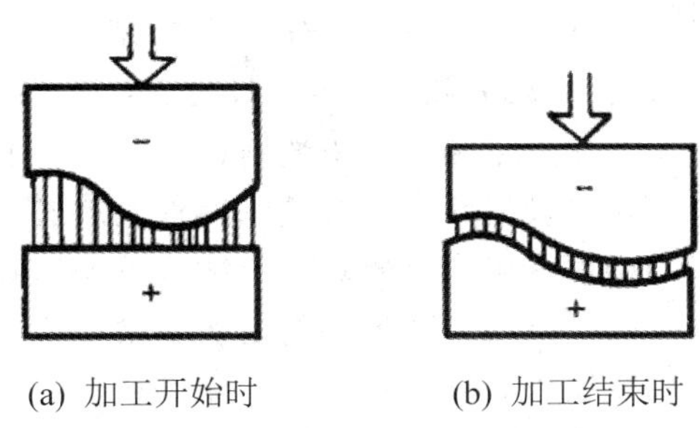

(a) 加工开始时　　(b) 加工结束时

图 5-2　电解加工成形原理示意图

5.2.2　电解加工的特点

电解加工的特点如下：

(1) 加工范围广，能加工任何高强度、高硬度、高韧性的导电材料，如硬质合金、淬火钢、不锈钢、耐热合金等难加工材料。

(2) 生产率高，是特种加工中材料去除速度最快的方法之一，约为电火花加工的 5～10 倍。

(3) 加工过程中无切削力和切削热，也没有因此给工件带来的变形，因而可以加工刚性差的薄壁零件。加工表面残留应力和毛刺小，能获得较光洁的表面和一定的加工精度。表面粗糙度 *Ra* 值一般为 0.8～0.2 μm，平均尺寸精度为±0.1 mm。

(4) 加工过程中工具阴极基本无损耗，可长期保持工具的精度。

(5) 电解加工不需要复杂的成形运动，即可加工复杂的空间曲面。

(6) 只能加工导电的金属材料，对加工窄缝、小孔及棱角很尖的表面则比较困难，加工精度受到限制。

(7) 复杂加工表面的工具电极的设计和制造比较费时，因而在单件、小批生产中的应用受到限制。

(8) 附属设备较多，占地面积大、投资大，电解液腐蚀机床，容易污染环境，需采取一定的防护措施。

5.2.3　电解加工的应用

电解加工主要用于切削加工困难的领域，如难以加工材料、形状复杂的表面和刚性较差的薄板的加工等。常用的工艺包括电解穿孔、电解成形、电解去毛刺、电解切割、电解抛光、电解刻蚀等。

(1) 电解穿孔。一些形状复杂、尺寸较小的型孔(四方孔、六方孔、椭圆、半圆等形状的通孔和不通孔)是很难采用机械加工方法加工的，但如果采用电解加工则往往很容易解决，既可保证加工质量，又可提高生产率。目前，电解穿孔工艺已广泛应用于炮管、枪管内孔等的加工，以及各种型孔、深孔的加工。

型孔加工大多采用端面进给方式。为了避免形成锥度，阴极(工具)侧面必须绝缘，一般用环氧树脂作为绝缘层与阴极侧面粘牢。电解穿孔时工作液均匀地进入工作区，使工件和工具都浸在电解液中，接通电源后发生电化学反应来加工出型孔。

(2) 电解成形。电解加工可以使用成形阴极(工具)对复杂的工件型腔一次成形，生成率高，表面粗糙度值小，可以节省大部分修磨工时，但加工精度不高，可控制在 0.1～0.2 mm，目前多应用于锻模模腔加工，如汽车和拖拉机的连杆、曲轴、十字轴、凸轮轴等零件以及汽轮机和发动机的叶片、链轮以及摆线齿轮等复杂零件的加工。

目前，电解成形加工的精度受电场、磁场、电解液状态以及进给速度等因素的影响，仍难掌握。在实际生产中可以根据均匀间隙的理论初步设计工具的形状，然后通过多次试验、修正，直到满足加工精度要求。

为了减小加工余量对精度的影响，可先进行粗加工，然后进行电解精加工，如用电火花加工机床进行粗加工，再用电解加工机床进行精加工。

5.3　激 光 加 工

激光加工是利用功率密度极高的激光束照射工件的加工部位，使其材料瞬间熔化或蒸发，并在冲击波作用下，将溶融物质喷射出去，从而对工件进行穿孔、蚀刻、切割等的加工方法。

5.3.1　激光加工的原理

激光是一种亮度高、方向性好、单色性好的相干光。因此激光束具有发散角小、单色性好、亮度集中的特性。利用激光的这种特性，再经过光学透镜聚焦，可使其焦点处光斑直径理论上达 1 μm 以下，故该处功率密度可达 10^7～10^{11} W/cm^2。如图 5-3 所示为激光加工原理。

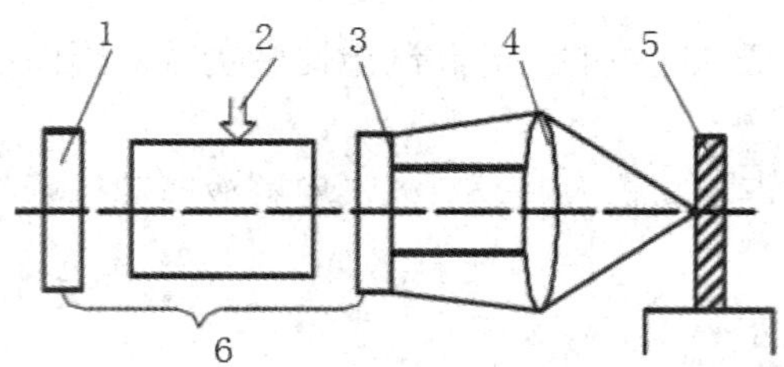

1—全反射镜；2—激励能源；3—部分反射镜；4—透镜；5—工件；6—光谐振腔

图 5-3　激光加工原理示意图

5.3.2　激光加工的特点与应用

1. 激光加工的特点

激光加工的特点如下：

(1) 加工范围广。激光加工的功率密度是各种加工方法中最高的一种，几乎能加工任何金属和非金属材料，如高熔点材料、耐热合金、硬质合金、有机玻璃及陶瓷、宝石、金刚石等硬脆材料。

(2) 操作简便。激光加工不需要真空条件，可在各种环境中进行。

(3) 适合于精密加工。激光聚焦后的焦点直径小至几微米，形成极细的光束，可以加工深而小的微孔和窄缝。

(4) 无工具损耗。激光加工不需要加工工具，是非接触加工，工件不受明显的切削力，可对刚性差的薄壁零件进行加工。

(5) 加工速度快、效率高，可减少热扩散带来的热变形。

(6) 可控性好，易于实现加工自动化。

(7) 激光加工装置小巧简单，维修方便。

2. 激光加工的应用

在机械加工中利用激光能量高度集中的特点，可进行打孔、切割、焊接、雕刻、表面处理等加工，利用激光的单色性还可以进行精密测量。

(1) 激光打孔。激光打孔是激光加工中应用最广的方法。它是利用凸镜将激光在工件上聚焦，焦点处的高温使材料瞬时熔化，汽化，蒸发，好像一个微型爆炸。

(2) 激光切割。激光切割与激光打孔的原理基本相同，都是将激光能量聚焦到很微小的范围内把工件“烧穿”，但切割时要移动工件或激光束，沿切口连续打一排小孔，即把工件割开。激光可以切割各种金属、陶瓷、玻璃、半导体材料、布、纸、橡胶、木材等材料，切割效率很高，切缝很窄，并可十分方便地切割出各种曲线形状。

(3) 激光焊接。激光焊接与激光打孔的原理有所不同，不需将材料“烧穿”，只需把材料烧熔，使其熔合在一起即可，因此所需的能量比打孔小些。激光焊接时间短、生产率高、没有焊渣、被焊材料不易氧化、热影响小，不仅能焊接同种材料，而且还可焊接不同种材料，这是普通焊接无法实现的。

(4) 激光雕刻。激光雕刻与激光切割的原理基本相同。只是工件的移动由两个坐标的数控系统控制，可在平板上蚀除出所需图样，一般多用于印染行业及美术作品。

(5) 激光表面处理。激光表面处理主要是用激光对金属工件表面进行扫描加热，根据扫描所引起的工件表面金属组织发生的变化不同可分为表面淬火、粉末黏合等，此外还包括激光除锈、激光消除工件表面沉积物等。用激光进行表面淬火时，工件表面的加热速度极快，内部受热极少，工件不产生热变形，特别适合于对齿轮、汽缸筒等复杂的零件进行表面淬火，国外已将该技术应用于自动生产线上，对齿轮进行表面淬火。同时由于不必用炉子加热，是敞开式的，故也适合于大型零件的表面淬火。

5.4 电火花加工

5.4.1 电火花加工的原理

在加工过程中，利用工具电极和工件电极之间产生脉冲性火花放电时局部产生的瞬时高温使工件表面的金属熔化、汽化、抛离工件表面，来达到对零件的尺寸、形状及表面质量预定的加工要求，如图 5-4 所示即为电火花加工的原理。

如图 5-4(a)所示，工具 4 和工件 1 分别与脉冲电源 2 的两极相接，均浸在有一定绝缘度的工作液(通常用煤油或矿物油)中。脉冲电压加到两极之间，在工具电极向工件电极运动过程中，极间最近点的液体介质被击穿，形成火花放电。由于放电通道截面积很小，通道中的瞬时高温使材料熔化和汽化。单个脉冲能使工件表面形成微小凹坑，而无数个脉冲的积累会将工件上的高点逐渐熔蚀，如图 5-4(b)所示。随着工具电极不断地向工件作进给运动，工具电极的形状便被复制在工件上，如图 5-4(c)所示。加工过程中产生的金属微粒则被流动的工作液流带走。同时，总能量的一小部分也释放到工具电极上形成一定的工具损耗。

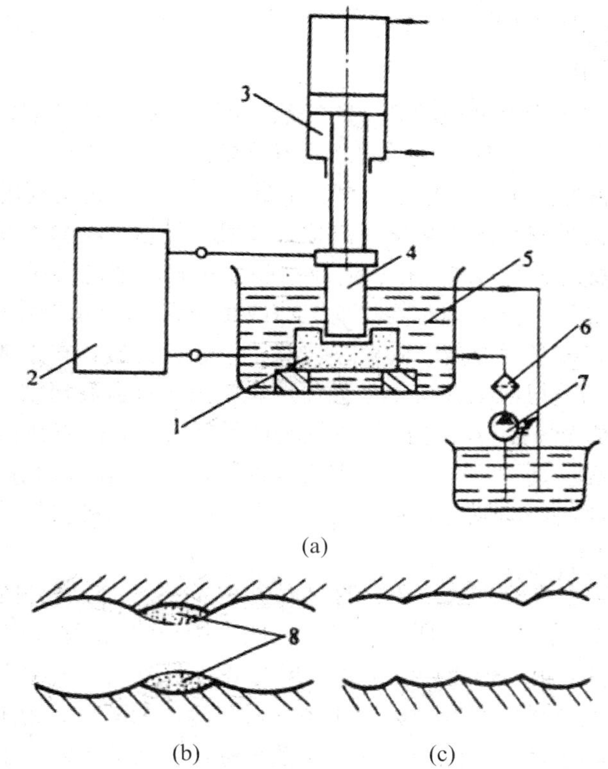

1—工件；2—脉冲电源；3—自动进给调节装置；4—工具；
5—工作液；6—过滤器；7—工作液泵；8—被蚀除的材料

图 5-4　电火花加工的原理示意图

5.4.2　电火花加工的特点

电火花加工的特点如下：

(1) 可加工难切削加工的导电材料，如淬火钢、硬质合金、不锈钢、工业纯铁等。

(2) 工具的硬度可以低于被加工材料的硬度。

(3) 加工时工具与工件不直接接触，工件无机械变形，有利于小孔、窄槽、型孔、曲线孔及薄壁零件的加工，也适合于精密细微加工。

(4) 脉冲参数可任意调节，加工中只要更换工具电极或采用阶梯形工具电极就可以在同一机床上连续进行粗、半精和精加工。

(5) 通常效率低于切削加工，可先用切削加工粗加工，再用电火花精加工。

(6) 放电过程中有一部分能量消耗在工具电极，导致工具电极损耗，对成形精度有一定影响。

5.4.3　电火花加工的应用

1. 电火花穿孔加工

电火花穿孔加工常指加工贯通的等截面或变截面的二维型孔(圆孔、方孔、多边孔、异形孔)、曲线孔(弯孔、螺旋孔)、小孔、微孔等，如图 5-5 所示。

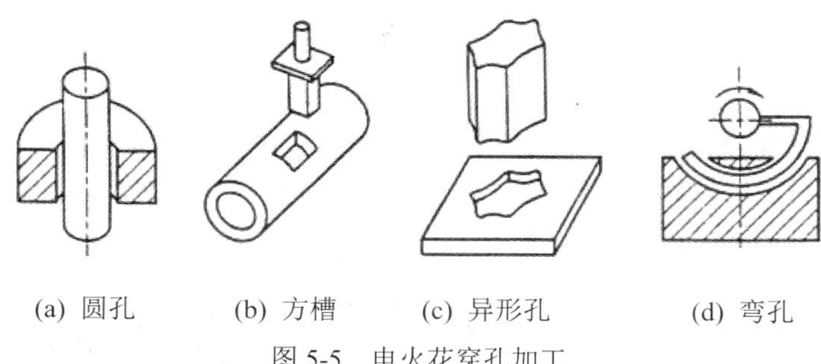

(a) 圆孔　(b) 方槽　(c) 异形孔　(d) 弯孔

图 5-5　电火花穿孔加工

电火花穿孔加工的尺寸精度主要取决于工具电极的尺寸和放电间隙。工具电极的截面轮廓尺寸要比预定加工的型孔尺寸均匀地缩小一个加工间隙，其尺寸精度要比工件高一级，表面粗糙度应比工件的小。一般电火花加工后，工件的尺寸公差可达 IT7，表面粗糙度 Ra 值可达 1.25 μm。

用电火花加工较大孔时，一般要先预制孔，并留合适余量(单边余量为 0.5～1 mm 左右)，余量太大，生产率低，电火花加工时不好定位。

目前国外可加工出深径比为 5，直径为 0.015 mm 的细微孔。国内一般可加工出深径比为 10，直径为 0.05 mm 的细微孔。但加工细微孔的效率较低，因为工具电极制造困难，排屑也困难，单个脉冲的放电能量须有特殊的脉冲电源控制，对伺服进给系统要求更严。

电火花穿孔加工主要应用于加工直径为 0.3～3 mm 的高速小孔，可避免小直径钻头(d≤1 mm)易折断问题。还适用于在斜面和曲面上加工小孔，并可达到较高尺寸精度和形状精度。

在电火花穿孔加工时可采用管状电极，内通高压工作液，工具电极在回转的同时又作轴向进给运动，速度可达 60 mm/min，如图 5-6 所示为管状电极结构。

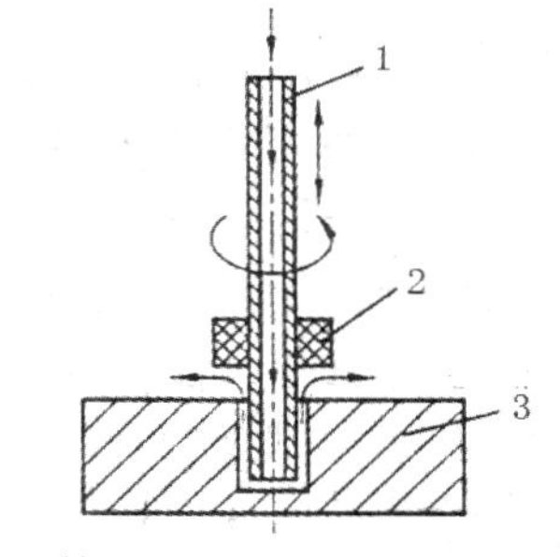

1—管形工具电极；2—导向器；3—工件

图 5-6　管状电极结构

2. 电火花型腔加工

电火花型腔加工一般指加工三维型腔和型面，如挤压模、压铸模、塑料模及胶木模等型腔的加工及整体式叶轮、叶片等曲面零件的加工，如图 5-7 所示为电火花加工三维型腔和型面。

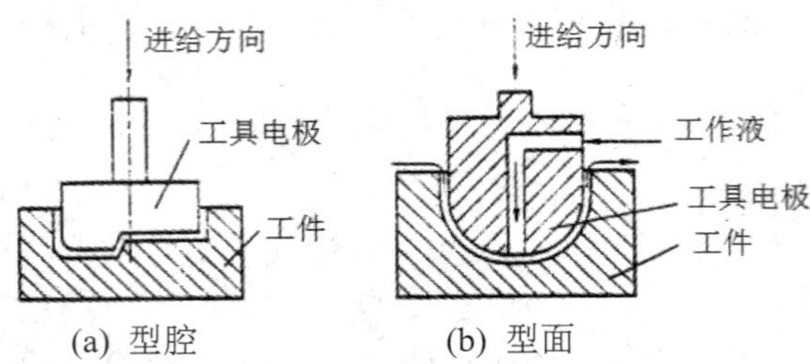

图 5-7　电火花加工三维型腔和型面

型腔多为盲孔加工，且形状复杂，致使工作液难以循环，蚀渣排出困难，因此型腔加工比穿孔加工困难。为了改善加工条件，有时在工具电极中间开冲油孔，以便冷却和排出加工产物。

3. 电火花线切割加工

电火花线切割加工简称“线切割”，它是通过将线状工具电极(铜丝或钼丝)按规定的轨迹移动，与工件间作相对运动，切割出所需工件的，如图 5-8 所示，

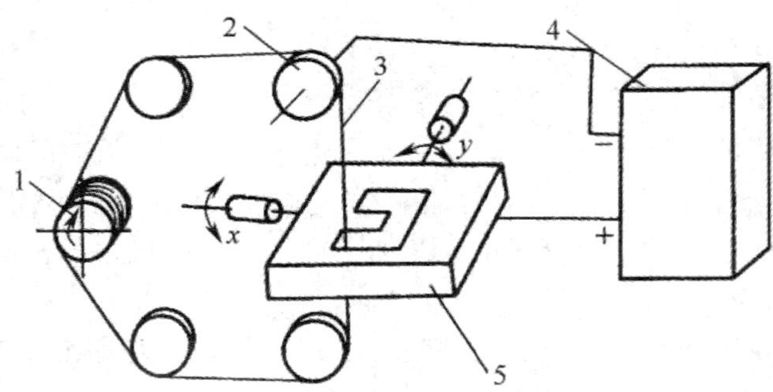

1—储丝筒；2—导轮；3—电极丝；4—脉冲电源；5—工件

图 5-8　电火花线切割加工

目前，国内一般采用高速往复走丝方式来进行线切割，一般走丝速度为 8～10 m/s；国外则多采用慢速单向走丝方式来进行线切割，通常走丝速度低于 0.2 m/s。

线切割机床普遍采用计算机数字控制(CNC)。

电火花线切割加工的特点如下：

(1) 由于加工表面的轮廓是由 CNC 控制的复合运动所获得，所以可切割复杂表面。

(2) 可加工细微的几何形状、切缝和很小的内角半径。线电极在加工中不断运动，使单位长度金属丝损耗较少，对加工精度影响小。

(3) 无需特定形状的工具电极，节约了生产成本，缩短了准备工时。

(4) 在电参数相同情况下，比穿孔加工生产率高，自动化程度高，操作使用方便。

(5) 加工同样的工件，其总蚀除量少，材料利用率高，对加工贵重金属有着重要意义。

(6) 线切割的缺点是不能加工盲孔类零件和阶梯成形表面。

4. 电火花磨削和镗削加工

电火花磨削和镗削加工可用来磨削各种工件，如小孔、深孔、内圆、外圆、平面等，如图 5-9 所示。

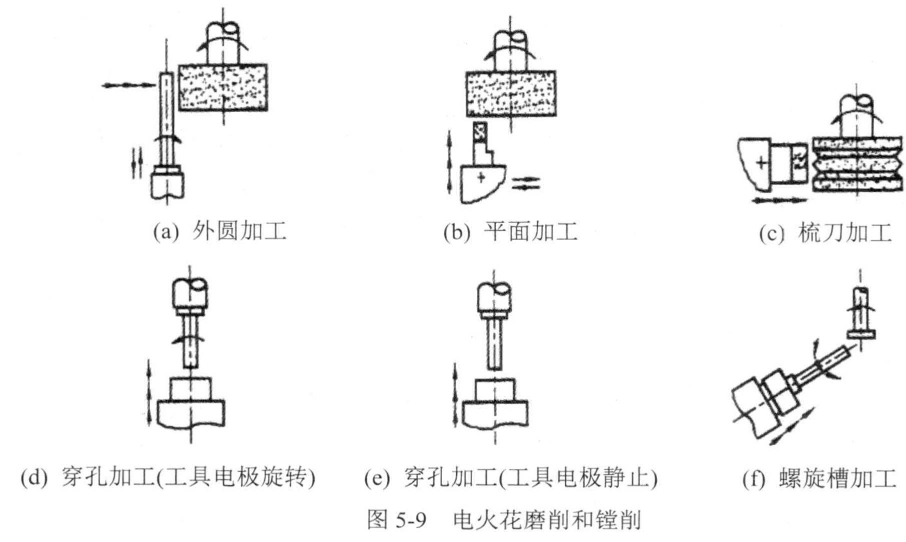

(a) 外圆加工　(b) 平面加工　(c) 梳刀加工

(d) 穿孔加工(工具电极旋转)　(e) 穿孔加工(工具电极静止)　(f) 螺旋槽加工

图 5-9　电火花磨削和镗削

5.5 超 声 加 工

5.5.1 超声加工的工作原理

如图 5-10 所示为超声加工原理，由超声发生器 1 产生高频电振荡(一般为 16～30 kHz)，施加于超声换能器 3 上，将高频电振荡转换成超声频机械振动。超声振动通过变幅杆 4 放大振幅，并驱动以一定的静压力固定在工件表面上的工具 5 产生相应频率的振动。工具端部通过磨料不断地捶击工件，使加工区的工件材料粉碎成很细的微粒，被损坏的磨料由磨料悬浮液带走，工具便逐渐进入到工件 7 中，从而加工出与工具相应的形状。

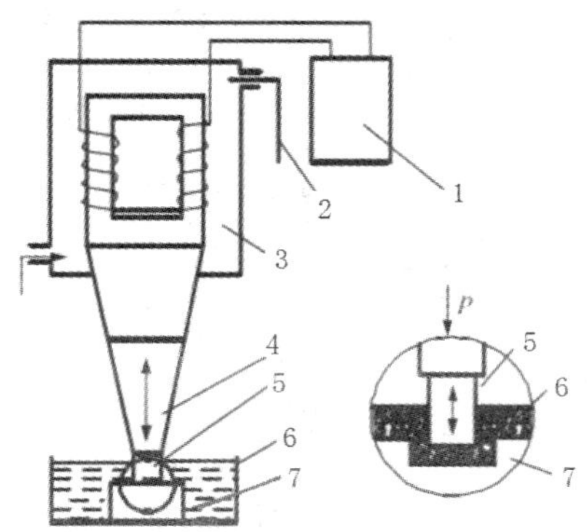

1—超声发声器；2—冷却水；3—超声换能器；4—变幅杆；5—工具；6—磨料悬浮液；7—工件

图 5-10　超声加工原理示意图

5.5.2　超声加工的主要特点

超声加工的主要特点如下：

(1) 不受材料是否导电的限制，工具对工件的作用力小、热影响小，因而可加工薄壁、窄缝和薄片工件；

(2) 被加工材料的脆性越大越容易加工，材料越硬或强度、韧性越大则越难加工；

(3) 由于工件材料的粉碎去除主要靠磨料的作用，磨料的硬度应比被加工材料的硬度高，而工具的硬度可以低于工件材料；

(4) 可以与其他多种加工方法结合应用，如超声振动切削、超声电火花加工和超声电解加工等。

5.5.3　超声加工的应用

超声加工主要用于各种脆性材料，如对玻璃、石英、陶瓷、硅、锗、铁氧体、宝石和玉器等进行打孔(包括圆孔、异形孔和弯曲孔等)、切割、开槽、套料、雕刻、去毛刺、抛光和砂轮修整等加工。

变幅杆起着放大振幅和聚能的作用，按截面积变化规律不同，变幅杆有锥形、指数曲线形、悬链线形，阶梯形等。超声加工的机床本体一般有立式和卧式两种类型，超声振动系统则相应地垂直放置和水平放置。

5.6　电子束加工和水射流加工

5.6.1　电子束加工

1. 电子束加工原理

在真空条件下，将具有很高速度和能量的电子射线聚集(一次或二次聚焦)到被加工材料上，电子的动能大部分转变为热能，使被冲击部分材料的温度升高至熔点，瞬时熔化、汽化及蒸发而去除，达到加工目的，其原理示意图如图 5-11 所示。

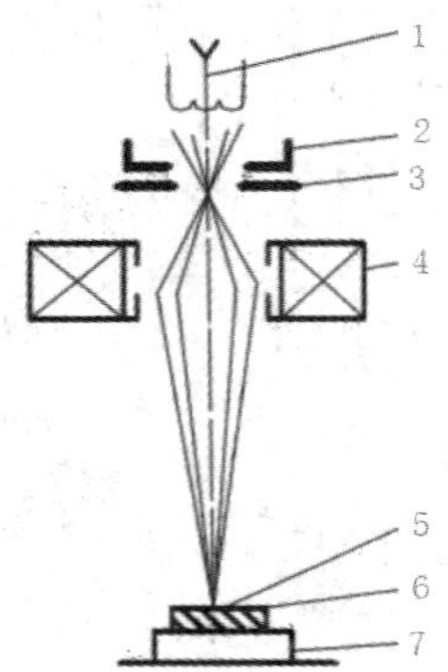

1—电子枪；2—控制栅极；3—加速阳极；4—聚集系统；5—集束斑点；6—工件；7—移动台

图 5-11　电子束加工原理示意图

2. 电子束加工的特点

电子束加工的特点如下：

(1) 由于在极小的面积上具有高能量(能量密度可达 10^6～10^9 W/cm^2)，故可加工微孔、窄缝等，其生产率比电火花加工高数十倍至数百倍。

(2) 加工中电子束的压力很微小，主要是靠瞬时蒸发，所以工件产生的应力及应变均很小。

(3) 电子束加工是在真空度为 1.33×10^{-1}～1.33×10^{-3} Pa 的真空加工室中进行的，加工表面无杂质渗入，不易氧化，加工材料范围广泛，特别适宜加工易氧化的金属和合金材料，以及纯度要求高的半导体材料。

(4) 电子束的强度和位置比较容易用电、磁的方法实现控制，加工过程容易实现自动化，可进行程序控制和仿形加工。

3. 电子束加工装置

电子束加工装置由电子枪、真空系统、控制系统和电源等部分组成

(1) 电子枪。电子枪是获得电子束的核心部件，由电子发射阴极、控制栅极和加速阳极等组成。发射阴极用钨或钽制成，在加热状态下可发射大量电子；控制栅极为一中间有孔的圆筒件，其上加以较阴极为负的偏压，既能控制电子束的强度，又具有初步聚焦作用；加速阳极通常接地，为了使电子流得到更大的加速运动，常在阴极上施加很高的负电压。

(2) 真空系统。只有在高真空室内才能实现电子的高速运动，为防止发射阴极及工件表面被氧化，需要真空系统保证电子束加工系统的高真空度要求，一般要求真空度维持在 1.33×10^{-2}～1.33×10^{-4} Pa。

(3) 控制系统。控制系统的主要作用是控制电子束聚焦直径、束流强度、束流位置和工作台位置。电子束经过聚焦而成为很细的束斑，它决定着加工点的孔径或缝宽大小。

5.6.2　水射流加工

1. 水射流加工基本原理

水射流加工是利用高速水流对工件的冲击来侵蚀材料的，如图 5-12 所示。采用带有添加剂的水，以高达 3 倍声速的速度冲击工件进行加工或切削，水由水泵抽出，通过增压器增压。

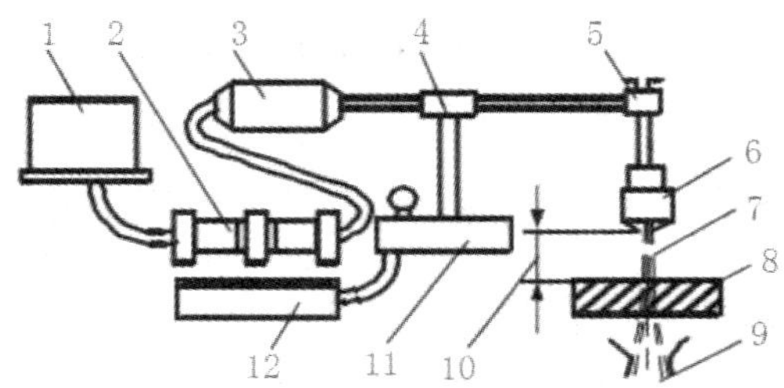

1—带有过滤器的水箱；2—水泵；3—贮液蓄能器；4—控制器；5—针型阀；6—蓝宝石喷嘴；7—射流；8—工件；9—排水口；10—压射距离；11—液压机构；12—增压器

图 5-12　水射流加工原理

2. 材料去除速度和加工精度

材料去除速度主要由工件材料决定，并与功率大小成正比，和材料的厚度成反比。加工精度主要受机床精度的影响，切缝比喷嘴孔径大 0.025 mm，加工复合材料时，采用的射流速度要高，喷嘴直径要小，并具有小的前角，压射距离小。

3. 水射流加工设备

水射流加工设备和元件要能够承受 400～800 MPa 的系统压力，液压系统通过小的柱塞泵使液体增压到 1500～4000 MPa，增压后的液体，通过内外径之比为 5～10 的不锈钢管道和特殊的管道配件，再经过针型阀，通过蓝宝石喷嘴对工件进行加工。

4. 喷嘴

水射流加工设备是通过喷嘴把高压液体转变成高速射流的，为了使侵蚀最小，喷嘴材料应是极其坚硬的，但为了有光滑的轮廓结构，喷嘴材料应具有一定韧性和易机械加工性，如图 5-13 所示为喷嘴的组件。

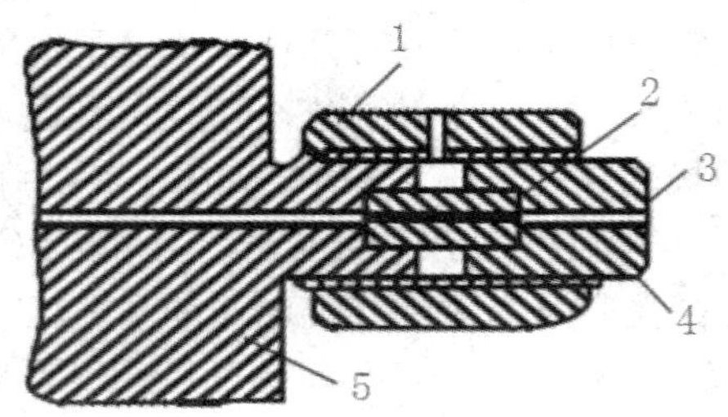

1—连接螺母；2—圆锥体；3—喷口；4—喷嘴；5—接头

图 5-13　喷嘴组件

5. 实际应用

水射流加工的液体流束直径为 0.05～0.38 mm，可以加工很薄、很软的金属和非金属材料，如加工铜、铝、铅、塑料、木材、橡胶、纸等多种材料。

由于水射流加工的切缝较窄，故可节约材料和降低加工成本。又由于加工温度较低，因而可以加工木板和纸品，还能在一些化学制品的保护层表面上画线等。

5.7　数控高速切削

5.7.1　数控高速切削的概念、特点和应用

1. 高速切削的概念和基本原理

高速切削技术是以比常规高数倍的切削速度对零件进行切削加工的一项先进制造技术。高速切削是个相对的概念，是相对常规切削而言的。高速切削包括高速软切削、高速硬切削、高速干切削和大进给切削等。高速切削的速度范围因不同的刀具材料、工件材料和切削方式而异，通常认为，高速切削时切削速度要比常规切削高 5～10 倍以上。

高速切削各种材料的切削速度范围：切削钢和铸铁及其合金时可达 500～1500 m/min，切削铸铁时最高可达 2000 m/min(钻削 100～200 m/min、攻螺纹 100m/min、滚齿 300～600 m/min)；切削淬硬钢(35～65 HRC)时可达 100～400 m/min；切削铝及其合金时可达到 2000～4000 m/min，最高可达 7500 m/min；切削耐热合金时可达 90～500 m/min；切削钛合金时可达 150～1000 m/min；切削纤维增强塑料时可达 2000～9000 m/min。各种切削工艺的切削速度范围：车削为 700～7000 m/min；铣削为 300～6000 m/min；钻削为 200～1100 m/min；磨削为 9000 m/min 以上。

2. 高速切削的特点

高速切削的特点如下：

(1) 随切削速度的提高，单位时间内材料切除率增加，切削加工时间减少，切削效率提高 3～5 倍，加工成本可降低 20%～40%。

(2) 在高速切削加工范围内，随切削速度的提高，切削力可减少 30%以上，减少了工件变形。对大型框架件、刚性差的薄壁件和薄壁槽形零件的高精度高效加工，高速铣削是目前最有效的加工方法。

(3) 高速切削加工时，切屑以很高的速度排出，切削热大部分被切屑带走，切削速度提高越大，带走的热量越多，传给工件的热量大幅度减少，工件整体温升较低，工件的热变形相对较小。因此，有利于减少加工零件的内应力和热变形，提高加工精度，适合于热敏感材料的加工。

(4) 转速的提高使切削系统的工作频率远离机床的低阶固有频率，加工中鳞刺、积屑瘤、加工硬化、残余应力等也受到抑制。因此，高速切削加工可大大降低加工表面粗糙度，加工表面质量可提高 1～2 个等级。

(5) 高速切削可加工硬度为 45～65 HRC 的淬硬钢铁件，例如，高速切削加工淬硬后的模具可减少甚至取代放电加工和磨削加工，满足加工质量的要求，加快产品开发周期，大大降低制造成本。

3. 高速切削的应用

由于高速切削加工具有生产效率高、切削力较小、加工精度和表面质量提高、生产成本降低并且可加工高硬度材料等许多优点，已在汽车和摩托车制造业、模具业、轴承业、航空航天业、机床业、工程机械、石墨电极等行业中广泛应用。高速切削可加工的工件材料包括钢、铸铁、有色金属及其合金、高温耐热合金以及碳纤维增强塑料等，其中以铝合金和铸铁的高速加工最为普遍。

目前高速切削工艺主要应用在车削和铣削，各类高速切削机床的发展使高速切削工艺范围进一步扩大，从粗加工到精加工，从车削、铣削到镗削、钻削、拉削、铰削、攻螺纹、磨削等。目前，高速切削的应用范围如下：

(1) 有色金属及其合金的高速切削。高速切削的应用领域首先是航空工业轻合金的加工。飞机制造业是最早采用高速铣削的行业，飞机机体材料的 60%～70%为铝合金，而且绝大多数坯料的去除需要切削加工，零件通常都采用“整体制造法”制造，即在整块毛坯上切除大量材料后，形成高精度的铝合金复杂构件，其切削工时占整个零件制造总工时的比例很大。

对大型、薄壁、加强肋复杂的铝合金零件进行高精度、高效率加工是切削加工技术中的一个难题。采用高速切削加工，可大幅度提高生产效率，高速切削效率为传统切削的2.5～2.8倍，并可节省经费，降低制造成本。目前，在美国的航天工业中，采用5000～7500 m/min的切削速度高速铣削铝合金工件已比较普遍，波音公司采用高速切削加工整体铝合金零件，既缩短了制造周期，又提高了飞机性能。

(2) 模具特别是淬硬模具的高速加工。模具制造业也是高速切削加工应用的重要领域。模具型腔加工过去一直为电加工所垄断，其加工效率较低，采用高速切削可以直接将模具切出，节约了大量工时。目前，高速切削已经可以达到很高的表面质量，因此，可省去电加工后面的磨削和抛光的工序，而且切削中形成的已加工表面的压应力状态还会提高模具工件表面的耐磨度，锻模和铸模仅经铣削就能完成加工已成为可能。这样可使生产效率大大提高，生产周期缩短。钢的高速切削速度可达600～800 m/min。

(3) 汽车零件的高速切削。汽车制造业中需要应用高速切削加工技术完成高效率、高精度生产，以提高产品质量、降低成本，获得市场竞争优势。汽车发动机的箱体、气缸盖以前多用组合机床加工，现在多用高速加工中心来加工。铸铁的高速切削速度可达750～4500 m/min。

(4) 镍基高温合金和钛合金的切削。镍基高温合金和钛合金常用来制造发动机零件，因它们很难加工，一般采用很低的切削速度。如果采用高速切削加工，则可大幅度提高生产效率、减小刀具磨损、提高零件的表面质量。

(5) 纤维增强复合材料切削。纤维增强复合材料切削时对刀具有十分严重的刻划作用，刀具磨损非常快。若采用聚晶金刚石PCD刀具进行高速加工，则会收到满意效果，可防止出现“层间剥离”，加工效率高、质量好。

(6) 石墨高速加工。在模具的型腔制造中，由于多采用电火花腐蚀加工，因而石墨电极被广泛使用。但石墨很脆，采用高速切削能较好地对石墨进行成形加工。

(7) 干切削和硬切削也是高速切削扩展的领域。

5.7.2　高速切削加工刀具材料的种类及其合理选择

1. 高速切削加工对刀具材料的要求

高速切削加工时切削温度很高，因此，高速切削刀具的失效主要取决于刀具材料的热性能(包括刀具的熔点、耐热性、抗氧化性、高温力学性能、抗热冲击性能等)。高速干切削、高速硬切削和高速切削加工黑色金属时的最高切削速度主要受限于刀具材料的耐热性。因此，高速切削加工除了要求刀具材料具备普通刀具材料的一些基本性能之外，还突出要求刀具材料具备高的耐热性、抗热冲击性、良好的高温力学性能以及高的可靠性。

2. 高速切削加工刀具材料的种类

目前，国内外广泛用于高速切削的刀具材料主要包括聚晶金刚石(PCD)刀具、聚晶立方氮化硼(PCBN)刀具、陶瓷刀具、TiC(N)基硬质合金、超细晶粒硬质合金、涂层硬质合金、粉末冶金高速钢刀具等。它们各有特点，适应的工件材料和切削速度范围都不同。一般而言，PCBN、陶瓷刀具、涂层硬质合金及TiC(N)基硬质合金刀具适合于钢铁等黑色金属的高速加工；而PCD刀具适合于对有色金属及其合金和非金属材料的高速加工。

3. 高速切削加工刀具材料的选用

应用高速切削加工技术时，在数控机床和加工中心上加工前，应根据工件材料及其毛坯状态和加工要求，正确选择刀具材料、刀具结构和几何参数以及切削用量等。不同加工方式和不同工件材料选用不同的刀具材料，且有不同的高速切削速度范围。

1) 有色金属及其合金的高速切削

(1) 铝及其合金的高速切削。铝及其合金是现代工业中用途最广泛的轻金属材料，广泛应用于飞机、仪表、发动机、机械制造等行业。选择切削用量时，要考虑铝合金的含硅量，随含硅量的增加，所选择的切削速度应降低。

(2) 镁合金的高速切削。镁合金具有低密度和高强度的优良特性，在汽车、电子电器、航空等众多领域中获得了广泛应用。镁合金切削力小，切削能耗低，切削过程中发热少，切屑易断，刀具磨损小，寿命显著延长。因此，加工镁合金可进行高速、大切削量切削。

(3) 铜、黄铜及铜合金的高速切削。铜、黄铜及铜合金应用于内燃机、船舶、电极、电子仪器及通用机械等。大多数铜合金的加工选用 YG 类硬质合金刀具就能达到加工要求；若选用 PCD 刀具进行高速切削加工，切削速度可达 200～1000 m/min，可以获得很高的刀具寿命，而且能获得很高的表面质量。

2) 铸铁的高速切削

目前，铸铁进行高速切削加工的最高速度约为 500～1500 m/min，精铣灰铸铁可达 2000 m/min。

3) 钢的高速切削

目前，对钢进行高速切削加工的最高转速能达到加工铝合金的 1/5～1/3，高速精加工钢时，切削速度约为 300～800 m/min。

4) 高温镍基合金的高速切削

高温镍基合金优良的高温强度、热稳定性及抗热疲劳性能，使该类材料成为最难加工的工程材料之一，其相对加工性仅为 45 钢的 20%。Inconel 718 镍基合金就是典型的高温镍基合金，具有较高的高温强度、动态抗剪强度，热扩散系数较小而被广泛应用于航空发动机制造。采用普通刀具切削时易产生加工硬化，这将导致刀具切削区温度高、刀具磨损速度加快。添加了铬、铝、钛、钴、钼等多种元素的高温镍基合金具有更优异的使用性能，但这些优异的性能进一步限制了加工刀具寿命。目前适宜高速切削镍基高温合金的刀具主要是陶瓷和 PCBN 刀具，高速切削时产生的高切削温度可达到软化工件材料的效果，在合适的切削温度范围内，工件材料硬度下降较快，而刀具材料仍旧保持较高硬度，可以利用工件与刀具材料在高温时较大的硬度差来获得较好的高速切削性能。

5) 钛及其合金的高速切削

钛及其合金的强度和冲击韧度大，其加工硬化非常严重，故在切削加工时易出现温度高、刀具磨损严重的现象。目前钛及钛合金的高速切削加工选用的刀具材料以不含或少含 TiC 的硬质合金刀具为主。

6) 非金属复合材料的高速切削

非金属材料种类繁多，包括石墨、塑料、橡胶、粘接材料和隔热耐火材料等，选用正确的刀具材料进行高速切削加工是非常重要的。

石墨是一种非金属材料，但其有良好的导电性、优良的耐腐蚀性能，同时具有极好的自润滑性、低摩擦系数和很高的导热系数，在机械、模具、电工等许多行业的应用不断扩大，精加工时，一般选用 PCD 刀具较合理，陶瓷刀具不适合切削石墨材料。

橡胶是重要的工业材料，广泛用于制造轮胎、软管、板材和棒料以及多种零件。由于其具有显著的高弹性和黏弹性，传统切削加工方法很难保证加工尺寸，也难以得到良好的加工表面。采用高速铣削时可产生粉末状的切屑，不需要冷却即可得到很好的加工质量。橡胶的高速切削加工刀具可选用硬质合金刀具。

4. 高速干切削

1) 干切削的基本原理和特点

切削液在机械加工中起着重要的作用，但随着切削液用量的增加，也形成了一定的负面影响，主要包括以下几方面：

(1) 增加制造成本。增加制造成本不仅包括切削液用量增加带来的成本增加，还包括运输、储存、废液处理等间接成本增加。

(2) 污染环境。

(3) 损害工人健康。

为了降低生产成本，减少环境污染，最好的办法是不使用或少使用切削液，即采用干切削。干切削并不是简单地把原有工艺中的切削液去掉，也不是消极地靠降低切削参数来保证刀具的使用寿命，而是采用全新的耐热性更好的刀具材料，设计合理的刀具结构及几何参数，选择最佳的切削速度，形成新的工艺条件。它是实现清洁高效加工的新工艺，是当前制造技术的发展趋势之一。采用干切削技术，可降低生产成本，减少环境污染。

2) 干切削刀具材料及其合理选择

干切削时，由于缺少切削液的润滑、冷却、排屑等作用，刀具与工件、刀具与切屑之间的摩擦增加，切削力增加，切削热也大大增加，切削区温度急剧上升，引起刀具寿命下降，同时工件加工质量变差。因此，干切削刀具材料应具备很好的高温力学性能，如高温硬度、高温强度、高温韧性和高温化学稳定性，如超细晶粒硬质合金、涂层硬质合金、TiC(N)基硬质合金、陶瓷刀具、聚晶立方氮化硼(PCBN)等材料。就热硬性和热稳定性来说，PCBN是最适合高速干切削工艺的刀具材料。

另外，工件材料的热特性也是决定其是否适于干切削的重要因素。熔点较高、导热系数和热膨胀系数较小的材料适合干切削。由于高速干切削时切削力大、温度高，为减少高温下刀具与工件材料之间的扩散和粘接，还应特别注意刀具材料与工件材料之间的合理匹配。

5. 高速切削加工刀具刀柄的构造特点

高速切削加工刀具刀柄的构造特点如下：

(1) 可实现快速装卸刀具。

(2) 刀柄的锥体在拉杆轴向拉力的作用下，紧紧地与主轴的内锥面接触，实心的锥体直接在主轴内锥孔内支承刀具，可以减小刀具的悬伸量。

(3) 只有一个尺寸即锥角需加工到很高的精度，所以成本较低而且可靠，多年来应用非常广泛。

5.8　超精密加工

5.8.1　超精密加工概述

超精密加工是一种能在纳米尺度上加工出高质量表面的加工技术。由于超精密加工是一个复杂的机械过程，任何一种加工参数和外部影响都有可能对加工工件的表面产生重大的性能改变。一般来说，对加工质量产生影响的因素包括加工刀具的参数、切削环境因素、刀具几何构造、外部环境影响、材料性能、切屑形貌特征、刀具抗磨损能力、机床振动反馈等。本节主要介绍在超精密加工的过程中外部因素对加工表面质量的影响。

随着现代科技的发展，人们对高质量的产品表面有着越来越高的需求，超精密的机械加工技术是能满足这种需求中唯一高效且低成本的一种方式。例如，在制造 CCD 镜头，VCD 镜头以及 DVD 镜头的过程中，使用超精密加工可以在没有后期研磨的条件下加工出直接可使用的高质量镜头。在光源镜头制造领域、通信设备制造领域、医疗器械制造领域、汽车制造领域、航空航天领域以及军事领域，超精密加工都有着十分广泛且重要的应用。随着信息和多媒体技术在最近几十年的飞速发展，在光学设备的制造中应用超精密加工技术有着十分广阔的市场前景。

超精密加工的加工精度在 0.2 μm 以下，表面粗糙度可控制在 10 nm 以下。超精密加工设备的分辨率和可再现精度都控制在 10 nm 以下。超精密加工在加工精度和加工表面粗糙度方面都是传统加工方式的 100 倍以上。

图 5-14 给出了各种精度的加工方式的发展趋势。尤其在最近的 10 年中，超精密加工已经达到了纳米级的加工精度。早在 20 世纪 60 年代，超精密加工技术即开始在军事工程上应用，到 70 年代，超精密加工技术开始在计算机工程、电子工程、国防工程上广泛使用，特别是在这些工程领域中的特殊关键部件的制造过程中有着更为深刻的应用。随着科学和技术的不断进步，超精密加工在 20 世纪 80 年代至 90 年代开始蓬勃发展。在最近 10 年中，多轴控制的超精密加工技术已经能够使用户在复杂结构上获得高精度的加工表面。

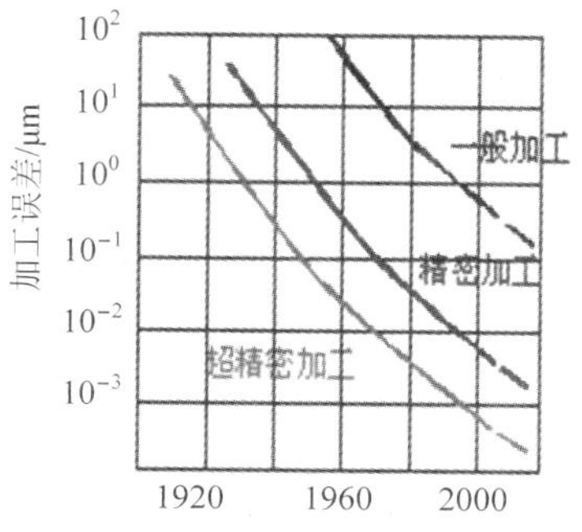

图 5-14　精密加工的发展趋势

虽然超精密加工技术具有十分优秀的加工能力，但是在发展过程中仍然要面对来自刀具材料、刀具几何外形、切削条件、被加工材料的特性、切屑形貌特征、刀具抗磨损性、机床振动等诸多方面带来的挑战。这些因素对于获得高精度的工件表面是极其敏感的。

5.8.2　超精密加工表面的几何特征

在超精密加工过程中，表面的几何特征主要是由刀具和工件之间的相对作用与去除机理造成的。因此加工表面的几何特征是刀具与工件相互作用的直接表征。同样，在加工表面的几何特征中也隐藏了其他静态或动态的环境因素。

如图 5-15 所示，在使用超精密加工的工件表面上可以看到诸如刀痕，材料膨胀和回复、振动引起的波浪纹，材料堆叠，材料的起皱和微裂纹等现象。

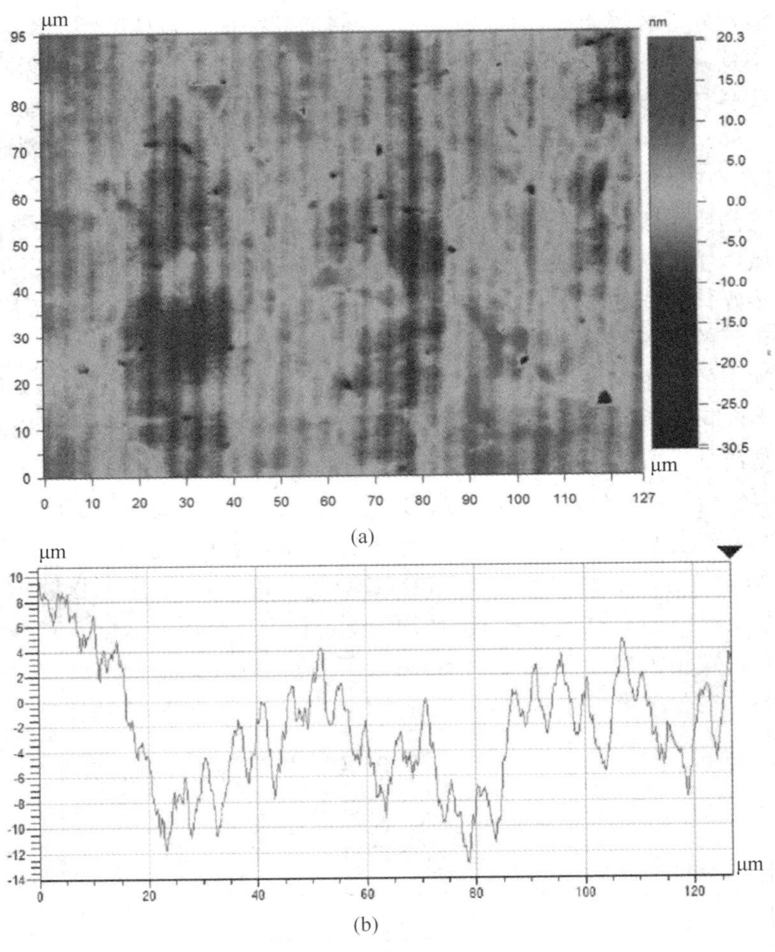

图 5-15　起皱和微裂纹

为了描述表面形貌的特征，我们使用的手段大致分为表面生成、表面度量以及电镜扫描等。通过这些方法，我们可以研究表面的生成机理。例如，我们可以根据加工后的表面波纹形态研究各种频率下的毫米波振动对表面的影响。高频振动会对表面产生开裂、起皱等影响；中频振动会对表面产生刀痕、表面材料堆叠等影响；低频振动会产生其他方面的影响。我们可以收集这些振动的数据，然后进行一些有效的数据处理，从而对加工后表面的形态进行预测。在超精密加工领域中，对表面形态的预测和研究是一个十分深刻而有趣的研究课题，大量的科研人员在这个领域中提出了许多先进和创新的方法，使超精密加工的精确度不断提升。

5.8.3 超精密加工表面粗糙度的影响因素

虽然超精密加工可以在微观尺度加工出高精度的表面，但是任何因素的变动都可以在一定程度上影响超精密加工的表面粗糙度。我们可以通过控制这些因素来减少对表面质量的影响，尤其是那些对表面质量影响较大的因素。例如，加工使用的机床、加工环境、刀具的几何外形、材料属性、切屑变形程度、刀具的磨损程度、机床振动、加工热变形等因素，可以直接或间接地在很大程度上影响超精密加工零件的表面粗糙度。从以下这些因素展开研究可以很好地揭示出超精密加工的表面粗糙度特性。

1. 加工机床

在超精密加工中，机床是能够在最大程度上影响加工零件的性能的因素，加工机床的性能直接决定了加工零件的精度和表面粗糙度，对表面质量起到了决定性的作用。机床的运动精度、整体的结构刚性、运行稳定性是超精密加工机床的关键要素。在过去的十几年中，超精密加工机床的运动精度和运行稳定性都得到了很大的提升，特别是对超精密机床的热稳定性、高精度轴承、高精度导轨、高分辨率的移动和转动模式都做出了大幅度的优化。

在早期的超精密加工技术的发展历程中，由于液压主轴具有较高的稳定性，液压主轴就被广泛应用在机床中。而到了 20 世纪 60 年代，空气主轴的问世给超精密机床带来了质的飞跃。直到现在，由于具有超低的摩擦系数和超低的生热性质，空气主轴已经成为主流超精密机床不可分割的一部分。

此外，随着运用高刚度的机床结构、纳米级激光定位的传感器、液压或气压的滑动导轨、高热稳定性的结构等部件的超精密加工机床不断出现，不断刷新了超精密加工的加工性能。

2. 切削条件

除了机床和切削刀具等带来的影响，切削条件也是影响超精密加工表面粗糙度的因素，如切削转速和进给量等动态条件。在车削过程中，最后的切削表面质量主要由切削速度、进给量和刀尖圆角决定。在超精密加工中，为获得高质量的加工表面，对于动态因素的研究和选择是至关重要的。在理想的切削条件下，我们需要反复考量主轴每旋转一圈进给量的选择，从而获得最好的加工表面质量。总的来说，正确的选择合理的加工参数不仅能够提高加工效率，而且可以获得高质量的加工零件。通常来说，切削表面的粗糙度随着主轴转速的提高而降低，同时随着进给量增高而增高。当采用较低的进给率时，可以获得较低的表面粗糙度，但是随着进给率的减小达到某个临界值，表面粗糙度反而增高；这其中主要的原因是过低的进给率会导致材料变形时粘滞，滑移效应占主导作用。

虽然切削深度与表面粗糙度之间没有直接的联系，但是切削力与表面粗糙度之间存在着近似的线性关系，因为切削力是导致热变形、弹塑性变形和振动等的主要原因。随着切削深度的减小表面粗糙度也同时变小，但是切削深度减小到低于某个临界值时粗糙度反而上升，这是由于当切削深度降低至超过某个临界深度时，刀具在被加工表面会产生一种类似耕犁式效应。当这种耕犁效应占主导时，材料的去除剥离效应就会变得不明显，从而导致了粗糙度的上升。在切削脆性材料时，切削深度应该低于某个临界值，因为当切削深度高于这个值的时候，材料的去除性质会由延展性转变为脆性，从而会改变加工表面的粗糙度。

3. 刀具的几何外形

在超精密加工中，单晶的金刚石刀具是获得优良加工表面的重要工具，单晶金刚石刀具经常被用来加工不含铁的材料，如铜与铝合金材料。这主要是因为单晶金刚石刀具拥有纳米级的刀尖圆角，并且拥有较高的可靠性、可重复性、耐磨性以及抗变形性。因此，单晶金刚石刀具在超精密加工中具有广泛的应用，并可以获得镜面级的加工表面。刀具的几何外形可以在很大程度上影响切屑的形成、切削热的产生、刀具磨损程度和表面粗糙度等。刀具的几何外形是研究切削机理的关键依据。单晶金刚石刀具是超精密加工中十分理想的刀具之一。刀具的刀尖圆角、刃口半径、前刃倾角、后刃倾角等参数对加工表面的粗糙度影响很大，对这些参数展开研究和选择是十分重要的。

4. 环境因素的影响

获得优质的加工表面通常主要依赖于加工机床和加工刀具，但是环境因素却是影响加工机床和刀具的更上一层次的因素。在机床所处的环境中，任何振动都会导致刀尖与工件之间的相对运动，从而使得加工表面恶化。这些环境干扰因素通常包括温度、冷却液传递、额外的振动、电子噪声、高压气流和热源等。其中热源是最为关键的因素。

在超精密加工的工厂中，加工环境是有严格要求的，加工机床都处于恒温、恒湿度、低灰尘度和振动隔绝的空间中。由于超精密加工对环境具有很高的依赖性，维持超精密加工所需要的环境是十分费钱的。在整个超精密加工的环境中，加工系统的热变形对加工工件的质量影响是最为突出的，如果不能稳定控制热变形的程度，则可能会带来十分不利的影响。

在切削过程中同样会产生大量的热，这些热会导致一定程度的加工偏差，同时也会影响加工工件的表面粗糙度。切削过程中的热导致材料变形同时使得刀具与工件材料之间的定位产生偏差，同样也影响了材料的膨胀和回复程度。

5. 材料性能

材料性能是超精密加工过程中对加工质量影响较大的因素，特别是材料的尺度效应是对表面粗糙度影响最大的因素。在现有的研究中，对材料的各向同性、各向异性、材料基体的一致性等方面的分析是最为活跃的。对于不同的各向同性材料，在相同的切削条件下表面粗糙度的大小是不同的。

6. 切屑形貌

在金属切削方面，切屑的形成和切屑的形貌在切削过程中是十分重要的，这些指标给出了金属材料去除的内在机理。为了研究材料的可加工性，通常我们都是从刀具和机床的振动特性着手展开的。刀具的形状和机床的振动特性直接影响了加工表面的粗糙程度。例如，在钛合金的切削过程中，切屑的锯齿状的突起与机床转动时周期性的切削力有直接关系。切削力不仅通过震荡的形式影响了加工表面局部材料的膨胀和回复的均匀性，而且还影响了加工过程中刀具与材料之间的振动状态，从而改变了表面的粗糙程度。这种振动的状态直接影响了切屑形成过程中剪切带形成的规律，特别是在非铁质金属材料的超精密加工中，具有规律性剪切带的切屑是十分常见的，而且较大的剪切角能够提高加工表面的质量。

7. 刀具磨损

在超精密加工中，单晶金刚石刀具是十分常用的工具，而单晶金刚石刀具的切削刃磨损对加工表面的粗糙度具有十分巨大的影响，现在对超精密加工的研究也逐步由研究振动、切削力、温度、切屑速度等方面转为更多的对刀具磨损的研究上来了。即便是刀具的轻微磨损也会导致十分低劣的表面粗糙度。为对刀具的磨损有更好的观察和认识，在超精密加工领域，人们开始普遍采用超声波、电子显微镜等先进的设备来监测刀具的磨损程度。刀具的磨损可以通过刀尖圆角磨损、切削刃磨损、坑洞缺口密度等方面来衡量。

8. 刀具振动

在超精密加工中，振动是一种不可避免的自然物理现象。在刀尖和工件之间的振动如果没有得到有效的控制，将会使得加工表面粗糙度大打折扣。我们可以大致将超精密加工的振动类型分为材料力学性能导致的振动、刀尖振动、主轴振动和自激振动。

(1) 材料力学性能导致的振动：在超精密加工中，切削深度是与材料的平均晶粒尺寸相关的，因此不同的被加工材料的各种力学特性基本上决定了加工过程中的切削力和剪切角的大小，而切削力和剪切角的大小反过来又影响工件的表面质量。

(2) 刀尖振动：刀尖振动的频率一般为 12 kHz 以上，刀尖振动因素通常是在纳米级尺度上影响表面质量的。

(3) 主轴振动：主轴振动是超精密加工中影响表面质量的主要因素之一，主轴振动又可分为轴向振动、径向振动和倾斜振动 3 种模式。其中轴向振动是影响最大的，轴向振动通常会导致加工材料的表面空穴和周期性的不平整。

参考文献

[1] 隗东伟. 机械工程材料及热加工基础[M]. 北京：化学工业出版社，2008.
[2] 苏德胜，张丽敏. 工程材料与成形工艺基础[M]. 北京：化学工业出版社，2008.
[3] 孙希禄，曹丽娜. 机械制造工艺[M]. 北京：北京理工大学出版社，2012.
[4] 涂序斌，高宗华，蔡天作. 机械制造基础[M]. 北京：北京理工大学出版社，2012.
[5] 林江. 浙江省高等教育重点教材，机械制造基础[M]. 北京：机械工业出版社，2004.
[6] 谭雪松，漆向军. 机械制造基础[M]. 北京：人民邮电出版社，2011.
[7] 余承辉，姜晶. 机械制造工艺与夹具[M]. 上海：上海科学技术出版社，2010.
[10] 王绍俊. 机械制造工艺设计手册[M]. 北京：机械工业出版社，1985.
[11] 杨雪玲，李晓静. 金属切削原理与刀具[M]. 西安：西北工业大学出版社，2012.
[12] 周同玉. 机械制造技术与设备[M]. 北京：机械工业出版社，2006.
[13] 徐海枝. 机械加工工艺编制[M]. 北京：北京理工大学出版社，2009.
[14] 刘守勇. 机械制造工艺与机床夹具[M]. 北京：机械工业出版社，2010.
[15] 王泓. 机械制造基础[M]. 北京：北京理工大学出版社，2006.
[16] 高波，张双侠，陈强. 机械制造基础[M]. 2 版. 大连：大连理工大学出版社，2011.
[17] 周超梅，王淑君. 机械工程材料[M]. 北京：机械工业出版社，2013.